# 中国成功实施天舟任务

4月20日，搭载着天舟一号货运飞船的长征七号遥二运载火箭，在中国文昌航天发射场点火发射。飞船入轨后，按预定程序与在轨运行的天宫二号先后进行自动交会对接、自主快速交会对接等3次交会

对接，完成了3次推进剂在轨补加，开展了空间应用和航天技术等领域的多项实（试）验。作为中国首个货运飞船，天舟一号主要承担向空间实验室运输货物和推进剂在轨补加等任务。9月22日，天舟一号在完成空间实验室阶段任务及后续拓展试验后受控离轨再入大气层。至此，中国载人航天工程第二步任务全部完成，阔步迈进"空间站时代"。

# 2017 世界载人航天重大事件

## NASA 发布一年期任务最初研究结果

2月，NASA 研究人员发布国际空间站一年期任务研究最初的研究成果。一年期任务研究初步结果发现，在太空停留时间的长短可能会影响视力，此外，乘组在精细操作任务中精准度下降和反应时间延长。但是大部分其他测试并没有显示6个月任务和一年期任务之间存在实质性差异，还需要进行更多的测试来证实此结论。

## 俄罗斯"联盟"U 火箭退役

2月22日，俄罗斯"联盟"U 运载火箭搭载"进步"MS-05 飞船从哈萨克斯坦的拜科努尔发射场发射升空，这是"联盟"U 运载火箭最后一次执行发射任务。此次发射后，"联盟"U 运载火箭正式退役，其发射任务将由"联盟"2 和"安加拉"A3 系列的中型运载火箭执行。"联盟"U 运载火箭共执行786次发射，765次成功，发射成功率为97.3%。

## 美、加为未来空间任务补充航天员新生力量

6月8日，NASA 宣布新一批预备航天员人选，共计选出 12 名航天员，其中包括 7 名男性和 5 名女性。这是 NASA 自 2000 年以来选出的最大规模班底，也是 NASA 团队以及美国载人航天团队的重要补充力量。7月1日，加拿大航天局宣布第 4 次航天员选拔结果：珍妮·赛迪和约书亚·库特里克加入加拿大空间探索者团队。这两位新入选的加拿大航天员同期加入 NASA 2017 年航天员训练班，并于 8 月到 NASA 约翰逊航天中心开始为期两年的预备航天员训练。

## 美国 SpaceX 公司实现火箭与飞船的重复使用

6月和12月，SpaceX公司的"猎鹰"9火箭使用回收的"龙"飞船执行国际空间站货运任务，特别是12月任务使用的火箭一子级也为重复使用。SpaceX公司致力于研究可以完整、快速回收利用的航天飞行系统，两次发射任务的成功标志着火箭和飞船重复使用的目标向前迈出一大步。

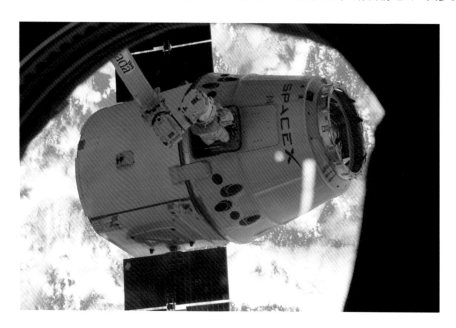

## 美国重新组建国家航天委员会

美国总统特朗普6月30日签署总统指令，决定重新建立国家航天委员会，直接隶属于总统行政办公室。该委员会将从国家层面对载人航天、商业航天与军事航天进行顶层规划，负责审议美国的国家航天政策，制定国家航天活动战略，以确保美国在空间探索和技术创新中的领先地位。

## 印度 GSLV-MK3 火箭实现首飞

6月5日，印度空间研究组织（ISRO）研制的新型地球同步轨道卫星运载火箭 MK3（GSLV-MK3）从萨迪什·达万航天中心的第2发射台起飞，成功地将质量为3136千克的 GSAT-19 卫星送到地球同步转移轨道。这表明印度在航天发射领域取得突破，逐渐减轻依赖国外发射运营商的状态。另外，GSLV-MK3 的首飞成功也成为了印度未来开展载人航天任务的基础。

## 美、俄联手打造"深空之门"月球轨道空间站

在9月召开的第68届国际宇航大会上，美国和俄罗斯就在月球轨道联合建成"深空之门"月球轨道空间站达成一致，将于2024—2026年发射首个舱段。在第一阶段建成空间站后，其技术将应用到月球开发及探索火星任务中。随后欧洲、日本等纷纷表示愿意参与该计划，希望借此"搭车"实现载人登月。

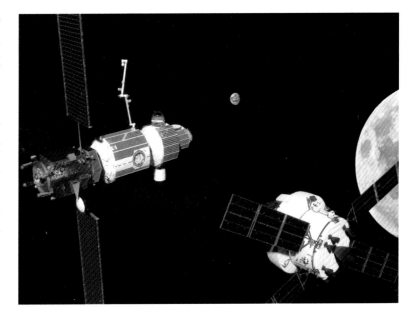

## 美国"卡西尼"探测器坠落土星

9月15日，美国"卡西尼"探测器受控坠落土星大气层。"卡西尼"探测器于1997年升空、2004年抵达土星轨道，在将登陆器释放到土卫六表面后，它便开始了漫长的观察土星的岁月。在长达13年的任务周期中，"卡西尼"探测器传输了近500 GB的土星相关数据，极大地提升了人类对土星乃至太阳系的认知。

## 美国宣布重返月球

12月11日，美国总统特朗普签署总统令，正式重启"重返月球"计划。美国将重新执行载人登月计划，为未来载人登陆火星和其他目标奠定基础，并通过月球探索，加强美国在载人航天领域的商业化和国际化合作。

# 2017 世界载人航天发展报告

中国载人航天工程办公室　编

中国宇航出版社

·北京·

# 内 容 简 介

本书在全面跟踪2017年世界载人航天活动及技术发展的基础上,以独特的视角,展现了年度主要国家载人航天领域的发展动态与趋势。本书系统综述了2017年中国载人航天飞行任务取得的显著成就,对天舟任务进行了全面的总结,指出这标志着中国载人航天工程第二步任务全部完成,阔步迈进"空间站时代"。该书还深入研究了美国重启载人登月的计划,深刻分析了其发展背景与未来趋势;围绕美国"航天发射系统"的发展,详尽梳理该火箭系统在2017年的最新进展;对美国载人航天技术转移进行了全面的介绍,分析了其主要特点。同时,报告按照载人运载器、载人航天器、航天员、空间科学与应用、发射场系统及航天测控,对国外2017年的发展概况进行了综述。

本书力求覆盖世界载人航天领域2017年发展全貌,内容具体全面,分析深入浅出,适合本领域工程管理人员、相关专业工程技术人员和航天爱好者阅读。

## 版权所有　侵权必究

**图书在版编目(CIP)数据**

2017世界载人航天发展报告 / 中国载人航天工程办公室编 . --北京:中国宇航出版社,2018.6

ISBN 978 - 7 - 5159 - 1487 - 9

Ⅰ. ①2… Ⅱ. ①中… Ⅲ. ①载人航天飞行—研究报告—世界—2017 Ⅳ. ①V529

中国版本图书馆 CIP 数据核字(2018)第 141515 号

责任编辑　赵宏颖　　　装帧设计　宇星文化

**中国宇航出版社**

| | | | | | |
|---|---|---|---|---|---|
| 出 版发 行 | 中国宇航出版社 | | | | |
| 社　址 | 北京市阜成路 8 号 | 邮　编 | 100830 | 版　次 | 2018 年 6 月第 1 版 |
| | (010)60286808　(010)68768548 | | | | 2018 年 6 月第 1 次印刷 |
| 网　址 | www.caphbook.com | | | 规　格 | 880×1230 |
| 经　销 | 新华书店 | | | 开　本 | 1/16 |
| 发行部 | (010)60286888　(010)68371900 | | | 印　张 | 18.5　彩　插　16 面 |
| | (010)60286887　(010)60286804(传真) | | | 字　数 | 232 千字 |
| 零售店 | 读者服务部 | | | 书　号 | ISBN 978 - 7 - 5159 - 1487 - 9 |
| | (010)68371105 | | | 定　价 | 108.00 元 |
| 承　印 | 河北画中画印刷科技有限公司 | | | | |

本书如有印装质量问题,可与发行部联系调换

# 《2017 世界载人航天发展报告》
## 撰 稿 人

（按姓氏音序排列）

| | | | |
|---|---|---|---|
| 陈银娣 | 慈元卓 | 范唯唯 | 方　勇 |
| 管春磊 | 郭丽红 | 韩　淋 | 胡畔畔 |
| 李　华 | 廖小刚 | 龙雪丹 | 强　静 |
| 曲　晶 | 任奇野 | 宋　尧 | 王海名 |
| 王　霄 | 王岩松 | 韦　玮 | 魏晨曦 |
| 肖武平 | 杨　帆 | 杨　开 | 张恩源 |
| 张　峰 | 张　杰 | 张　蕊 | 赵　晨 |

# 前　言

2017 年中国载人航天工程发展取得重大进展,成功发射天舟一号货运飞船,并按预定程序与在轨运行的天宫二号空间实验室先后进行自动交会对接、自主快速交会对接等 3 次交会对接,完成了 3 次推进剂在轨补加,开展了空间应用和航天技术等领域的多项实(试)验。天舟任务的顺利实施,标志着中国载人航天工程第二步任务全部完成,阔步迈进"空间站时代"。

2017 年也是世界载人航天取得显著进展的一年。美国重新确立了重返月球的目标,月球再次成为美国和全球载人航天未来发展的重要目的地;美、俄等国初步意向联合建设月球轨道空间站,为载人登陆月球提供支持;"航天发射系统"、"猎户座"飞船等载人深空探索系统继续稳步推进;以"猎鹰"9 火箭和"龙"飞船等近地轨道运输系统实现重复使用为代表,商业航天的技术与能力不断跃升;无人月球、火星等深空探测任务继续升温。

为了密切关注和跟踪世界载人航天发展动向,把握世界载人航天发展趋势,编辑部组织编撰了《2017 世界载人航天发展报告》。参与编撰的单位有:军事科学信息研究中心、北京跟踪与通信技术研究所、中国航天员科研训练中心、北京特种工程设计研究院、中国科学院科技战略咨询研究院、北京航天长征科技信息研究所和北京空间科技信息研究所等,在此一并表示感谢!

中国载人航天工程办公室
2018 年 3 月

# 目　次

# 综 述 篇

# 附 录 篇

# 天舟一号飞行任务综述

**摘要：** 2017 年是中国载人航天空间实验室阶段任务圆满完成的一年，成果丰硕的一年。根据载人航天工程空间实验室飞行任务规划，经过工程全线精心准备，顺利实施了天舟一号飞行任务，实现了准确进入轨道、精准操控对接、稳定组合运行、顺利实施补加、安全受控再入的任务目标，标志着我国已经完全掌握了载人往返运输、空间交会对接和推进剂在轨补加技术，具备建造和运营近地轨道空间站的能力，具备执行长期载人飞行的能力，具备将人类送入近地轨道以远拓展生存空间的能力，也标志着中国载人航天进入"空间站时代"。

## 一、任务目标

天舟一号飞行任务为新研制的货运飞船和长征七号运载火箭组成的空间站货物运输系统的首次飞行试验。主要目标是：

(1) 在文昌航天发射场利用长征七号运载火箭发射天舟一号货运飞船，并与天宫二号空间实验室完成交会对接，实施推进剂在轨补加，突破和掌握推进剂补加技术。

(2) 考核工程各相关系统执行飞行任务的功能、性能，以及系统间的匹配性和协调性。

(3) 开展空间科学实验和技术试验。

同时，通过本次飞行任务开展了绕飞交会对接、货运飞船控制组合体、自主交会对接、受控再入等相关验证试验，为空间站的建造和运营奠定基础。

# 二、天舟一号飞行任务基本情况

依据任务规划，在天舟一号飞行任务准备过程中，工程总体及时明确了飞行任务目标、各系统主要任务和技术要求、系统间接口关系等重大问题；研究制定了飞行任务大纲、测发流程、飞控要点、故障预案等总体技术文件，细化明确了测试发射工作流程、质量控制节点、任务性质与目的、任务要求、各系统参试状态、飞行任务方案要点和各飞行阶段飞控工作要点、放行要求及任务考核标准等，为任务明确了具体的目标要求，为各系统进行扎实有效的任务准备工作创造了先决条件。工程各相关系统和单位据此完成了任务实施方案和相关预案制定工作，以及产品研制和任务准备工作，各系统主管部门依据工程管理规定和任务放行准则，对研制工作进行了严格的审查把关和出厂放行评审。

## （一）任务方案和主要技术状态

### 1. 天舟一号货运飞船

天舟一号货运飞船为新研产品，由货物舱和推进舱组成，全长 10.6 米，舱段最大直径 3.35 米，太阳翼展宽 14.9 米，起飞质量不大于 13000 千克，上行物资总装载量不小于 6000 千克，具备独立飞行不小于 3 个月的能力。

天舟一号货运飞船安装差分卫星导航兼容接收机、微波雷达、激光雷达、交会对接光学成像敏感器、手控遥操作支持设备以及 S 波段空空通信机、舱外照明设备等交会测量相关设备；配置 USB 应答机、S 波段数传机、Ka 和 S 波段窄波束中继终端、S 波段宽波束中继终端；货物舱前端安装主动式对接机构；配置平移和反推发动机。具备自动和手控遥操作交会对接与分离、避撞以及对接后信息并网功能。

天舟一号货运飞船还搭载了 10 项应用载荷，装载了补加用推进剂、航天员系统和空间站系统部分货物，以及能够覆盖各类典型货物安装工况的模拟货物。

## 2. 长征七号运载火箭

长征七号运载火箭为捆绑式二级液体火箭，采用液氧和煤油推进剂。火箭全长约 53 米，起飞质量约 597 吨，运载能力不小于 13500 千克。芯一级直径 3.35 米，捆绑 4 枚直径 2.25 米助推器，整流罩直径 4.20 米。长征七号运载火箭由箭体结构、发动机及增压输送、控制及测量、总控网及测发控、地面发射支持系统组成。

## 3. 文昌航天发射场

文昌航天发射场，包括技术区、发射区及配套设施设备。发射支持系统采用新型活动发射平台完成火箭和有效载荷的垂直运输，地面设备放置在发射平台前置设备间，通过脐带塔摆杆和箭体连接，实现转场过程气、液、电等接口不断开，进入发射区后可实现短期内快速发射。

## 4. 天宫二号空间实验室

天宫二号空间实验室由实验舱和资源舱组成，全长约 10.4 米，舱体最大直径 3.35 米，太阳翼展宽约 18.4 米。密封舱为航天员驻留场所，可储存消耗品；实验舱前端框安装被动式对接机构，舱外安装交会支持设备；推进分系统增加配置压气机、浮动断接器被动端等设备，用于推进剂补加技术验证。

## （二）实施情况

空间应用系统于 2017 年 2 月 9 日进场，先后完成了产品自测、验收交付、货船总装等工作；航天员系统产品于 2 月 13 日随天舟一号货运飞船进场，完成了气体采样分析、舱外航天服力学传感器安装及打包交付、23 个上行乘员生活物资货包安装确认、货物信息收集整理、微生物采样分析等工作；天舟一号货运飞船于 2 月 13 日进场，完成了货物舱和推进舱总装、两舱对接、状态设置、电测和推进剂转注等工作；长征七号遥二火箭于 3 月 10 日进场，完成了箭体恢复、总装、测试、总检查、转运和推进剂加注等工作；发射场系统完成了火箭、航天器等产品进场各项保障工作，发射场流程总时间为 64 天。

2017 年 4 月 20 日 19：41：28，天舟一号货运飞船由长征七号遥二火箭从文昌航天发射场 2 号塔架发射，火箭飞行 601.2 秒后船箭分离，天舟一号货运飞船准确入轨。经远距离导引段、自主控制段和对接段的飞行，2017 年 4 月 22 日与天宫二号空间实验室对接形成组合体，随后天舟一号货运飞船开展相关验证试验。4 月 23 日~4 月 28 日顺利完成了第一次推进剂补加试验，同时天舟一号货运飞船与天宫二号空间实验室组合体开展相关试验。6 月 14 日~6 月 19 日，天宫二号空间实验室顺利完成了与天舟一号货运飞船第二次推进剂补加试验、天舟一号货运飞船控制组合体飞行试验和天舟一号货运飞船绕飞对接试验，6 月 21 日天舟一号货运飞船与天宫二号空间实验室分离，各自转入独立运行状态。

之后，天舟一号货运飞船完成了 3 个月的独立飞行试验，天宫二号空间实验室进入约 400 千米高度自主运行轨道。9 月 13 日~9 月 16 日，完成了天宫二号空间实验室与天舟一号货运飞船的自主交会对接试验、第三次推进剂在轨补加，9 月 17 日组合体分离撤离，天舟一号货运飞船受控再入，天宫二号空间实验室转入长期独立飞行阶段。这些工作的顺利实施，标志着天舟一号飞行任务获得了圆满成功。

## 三、取得的成果

天舟一号飞行任务是我国空间实验室阶段任务的收官之战，也是长征七号运载火箭和天舟一号货运飞船组成的货物天地运输系统的首次飞行，任务的圆满成功不仅标志着空间实验室任务的圆满完成，也为我国载人航天进入空间站时代奠定了坚实的基础。

## (一) 成功研制并验证了空间站货物运输系统

为确保空间站任务的顺利实施，研制了由长征七号运载火箭和天舟货运飞船构成的空间站货物运输系统。通过长征七号遥一火箭和遥二火箭的成功飞行，验证了火箭总体方案的正确性，运载能力满足任务要求。货运飞船总重13.5吨，最大装载货物和推进剂的能力达到6.5吨，货物装载比优于国外货运飞船，模块化构型为其应用提供了更大空间。同时货运飞船首次飞行就顺利完成了独立飞行、交会对接、推进剂补加和受控再入等工作，验证了总体方案的正确性。文昌航天发射场在产品进场测试、射前准备、点火发射等过程中提供了有力的保障，确保了任务的顺利实施。各系统的协作配合，圆满完成了空间站货物运输系统的首次飞行，为空间站建造和运营奠定了坚实基础。

## (二) 突破了推进剂补加技术

推进剂在轨补加是我国首次开展的航天器在轨补加试验及应用活动，也是空间站运营必须攻克的关键技术。空间实验室系统和货运飞船系统基于船器补加程序一体化思路，提出了覆盖推进剂在轨补加全过程的多航天器一体化自主协同控制方案，确保了船器快速、精准、可靠的协同控制；通过在天宫二号推进子系统的基础上增加旁路，将推进子系统与补加子系统进行一体化设计，实现了推进功能与补加功能既相互融合，又相互隔离，解决了推进剂补加过程中组合体的自主控制问题。通过本次任务的三次补加，全面突破和掌握了推进剂在轨补加技术，为空间站建造和运营奠定了基础。

## (三) 突破了自主交会对接技术

交会对接过程中减少地面测控的支持，全程自主是未来发展的主要趋势，为验证相关技术，本次飞行任务开展了自主交会对接试验，历时6小时38分钟，一是缩短了飞船与在轨飞行器交会对接的时间，可用于提升载人航天应急救援能力、扩大发射窗口；

二是采用了基于 BD-GPS 定位数据的飞行器自主测定轨技术，减少对地面测定轨的依赖，使飞行器自主定轨能力实用化；三是采用了全程自主控制，正常情况下不需地面注入轨控参数，实现了交会对接全过程自主计算制导脉冲参数、自主控制。通过本次试验，验证了自主交会对接总体方案，增强了飞船在交会对接过程中的自主性，优化了交会对接飞控模式，突破并掌握了远距离自主导航与制导、自主多脉冲制导等关键技术，为航天器入轨自主交会对接奠定了基础。

## （四）取得了丰硕的科学实验成果

在天舟一号飞行任务中，空间应用、特殊技术试验领域、航天技术试验领域装载了大量的试（实）验项目，取得了丰硕的成果。

空间应用开展了微重力对细胞增殖和分化影响研究，首次在微重力环境下利用人类胚胎干细胞体外分化获得原始生殖细胞，首次发现微重力环境下诱导型多能干细胞可向心肌分化，并加速诱导型多能干细胞心肌分化进程，增加了对干细胞生物学特性的认识；空间生物反应器成功验证了高通量(48 组样品)细胞空间培养技术和自动搜索定位识别显微成像技术；两相系统实验平台研究首次获得空间液滴-液膜蒸发相变速率"图谱"，获取了空间蒸发换热系数的相关数据；非牛顿引力实验验证了空间高精度静电悬浮加速度计技术，在轨测量到 $10^{-9}$ 量级的加速度变化信号(地面测试能达到 $3\times10^{-10}$ 量级)，加速度计整体性能达到国际先进水平；主动隔振关键技术验证项目验证了六自由度电磁悬浮控制技术、高精度位姿测量技术和电磁激励器技术，首次实现了微重力水平达到 $10^{-7}\sim10^{-6}$ 量级，成为世界上第三个采用磁悬浮主动隔振控制技术的国家。

特殊技术试验领域国内首次、国际继美国后第二个国家在轨开展了星光折射导航试验，验证了星光大气折射理论的正确性、初步评估了星光折射自主定位导航精度，验证了星光折射导航作为一种新型天文导航技术的可行性，突破了精确建模与临边背景下折射角高精度提取关键技术，促进了星光折射导航技术向工程化应用的转化。

航天技术试验领域的"自主可控"元器件试验验证了部分国产化元器件及先进 COTS 器件的可用性；立方星在轨部署发射器试验从释放和捕获两个方面验证了微纳卫星在轨部署发射技术可行性和有效性；空间环境监测与控制试验首次在轨验证了电位主动控制技术，获取货运飞船轨道电位数据；发动机羽流遥感监测试验首次获取发动机点火羽流紫外辐射图像，验证了非介入式探测技术的可行性；飞行器次生环境带电效应试验首次使用全向电子能谱仪实现更大探测视场范围的空间等离子体环境探测，首次实现空间飞行器磁场矢量探测；先进 GNC 装置平台甚高精度三浮陀螺首次获得了基于动压气浮轴承的永磁同步电机在微重力环境下的运动特征，突破了陀螺电机可靠启动这一瓶颈技术；高精度星敏感器单星位置误差 $X$、$Y$ 轴均小于 $1.25''(3\sigma)$，极限星等到达 $10.5$ 等，为光学舱使用奠定了基础；光子晶体光纤陀螺尚属世界首例；SOC2012 高性能计算机首次实现 SpaceWire 作为内部数据总线的在轨应用，为光学舱 GNCC 研制奠定了基础。

这些试(实)验项目的成功实施和取得的成果，为空间站建造和运营阶段空间应用试(实)验项目的选择、研制和在轨试验提供了方法，为将空间站建设成为国家太空实验室奠定了基础。

## (五)提升了元器件的国产化、自主化水平

大量的国产化元器件的正常工作保证了天舟一号飞行任务的圆满成功。天舟一号飞船牵头开展了 100 伏输入抗辐照厚膜电源系列、BM3803FMGRH 微处理器、1553B 总线器件 JKR63825 等七大类 44 种国内新研制的元器件产品的在轨验证和工程应用，发现了 100 伏输入抗辐照厚膜电源内部电容器设计、生产、工艺和环

境适应性方面的问题，发现了 BM3803FMGRH 微处理器高温下 1000 兆主频下性能稳定性下降问题和改进后 BM3803FMGRH ESD 性能不足、应用不当问题，发现了 JKR63825 和进口 BU-61585 断电后电路内部的 SRAM 出现数据保持不一致等问题，掌握了相关元器件的使用条件和设计规律。在空间站任务研制过程中，结合在轨验证情况，消除国产元器件在设计、工艺和保证能力方面的薄弱环节，细化设计规范和标准，采用降额、冗余、裕度、抗辐照、热等综合设计方法，提高元器件产品的可靠性和成熟度，为空间站系统元器件国产化应用奠定了基础。

## （六）首次实施了分布式和集中式相结合的飞控模式

针对天舟一号飞行任务的特点，首次探索实施了分布式与集中式相结合的飞控模式。在货运飞船发射、交会对接等重要飞控事件期间，各系统试验队进驻飞控现场开展飞控实施工作；在载荷试验、飞船长管一般飞控事件期间，由北京航天飞行控制中心为主监视和操作，相关系统试验队在各自的支持中心工作，根据任务分工进行数据接收和监视处理，必要时提供远程支持。改变了以往任务单纯依靠集中式飞控的工作模式，为空间站阶段飞控实施积累了经验。

## 四、未来展望

2017 年载人航天工程天舟一号飞行任务的圆满成功，实现了既定任务目标，为空间实验室阶段飞行任务划上了圆满的句号，为空间站建造和运营奠定了坚实的基础。

在分享任务成功喜悦的同时，我们也要清醒地认识到，载人航天工程"三步走"战略的最后一步"空间站任务"更加艰巨繁重，"三步走"战略实施完成后，后续发展任重而道远。一是空间站建造任务迫在眉睫，在短短的 4~5 年之内，要完成 10 余次飞行任务，不仅有成熟产品的研制生产，而且还有新的航天器研制工作。

2017 年 7 月长征五号遥二火箭发射失利直接影响了长征五号 B 火箭的研制工作和空间站建造任务总体规划，如何尽快消除潜在的风险、提高产品的可靠性，确保长征五号 B 火箭连续多次发射任务成功，形势异常严峻；空间站核心舱、实验舱 I 和实验舱 II 陆续从初样研制转入正样研制，地面试验的充分性、覆盖性以及正样产品的可靠性，甚至再生生保、机械臂、出舱活动等重大关键技术的验证情况，直接影响空间站建造任务的顺利实施。二是载人航天后续发展尤为重要，美国、俄罗斯均制定了 2030 年前后重返月球、2040 年前后登陆火星的计划，甚至以 SpaceX 为首的私营企业也制定了相应的目标蓝图，载人航天作为航天强国的重要标志，后续发展战略如何与国民经济的发展、航天梦和强国梦的实现有机结合，开创一条具有中国特色的载人航天发展之路。

人类探索太空永无止境，载人航天发展任重道远。在大力弘扬载人航天精神的同时，精心做好空间站研制建造任务，确保实现既定任务目标，不断开创载人航天事业发展新局面，为建设富强民主文明和谐美丽的社会主义现代化强国而努力奋斗。

（中国载人航天工程办公室工程总体室）

# 2017 国外载人航天发展综述

**摘要：** 2017 年是世界载人航天取得显著进展的一年。美国重新确立了重返月球的目标，月球再次成为美国和全球载人航天未来发展的重要目的地；美、俄等国初步意向联合建设月球轨道空间站，为载人登陆月球提供支持，同时或将开辟后国际空间站时代载人航天国际合作新局面；"航天发射系统""猎户座"飞船等载人深空探索系统继续稳步推进，计划于 2020 年实现首飞；以"猎鹰"9 火箭和"龙"飞船等近地轨道运输系统实现重复使用为代表，商业航天的技术与能力不断跃升；无人月球、火星等深空探测任务继续升温，将为未来的载人深空探测任务提供支撑。

## 一、战略与政策

美国特朗普政府积极调整载人航天发展政策与目标，意图通过发展载人航天，进一步强化美国在航天领域的竞争力，同时促进国内经济发展。特朗普 6 月签署总统指令，重新建立国家航天委员会。该委员会将从国家层面对载人航天、商业航天与军事航天统筹进行顶层规划，审议美国的国家航天政策，制定国家航天活动战略，以确保美国在空间探索和技术创新中突出重点，以确保领先地位。在该委员会的推动下，特朗普 12 月签署总统备忘录，正式将载人重返月球确定为美国的航天目标。美国国家航空航天局(NASA)在 2018 财年预算中取消了"小行星重定向"任务，并将在 2019 财年预算中体现出重返月球的计划。重返月球目标的确立，不仅是美国载人航天发展、也是全球载人航天发展的里程碑事件，将进一步加快人类开发和利用月球的步伐。

俄罗斯航天国家集团公司 2017 年启动了"2050 年前航天发展规划"的拟制工作，发展载人航天仍是其主要内容之一，未来计划向国际空间站发射新舱段，并进行载人登月和月球开发活动。尽管由于经济持续低迷，俄罗斯载人航天发展面临较大挑战，但俄罗斯还是多方筹措，确保载人航天重点项目不断线，并希望借此拉动国内经济发展和树立国际地位。

日本 8 月公布 2018 财年航天预算，将维持国际空间站日本"希望"实验舱的运行、发射货运飞船"鹳"，并继续研发 H－3 火箭与下一代货运飞船(HTV－X)等新型轨道运输系统。由于不具备独立开展载人航天活动的能力，日本、欧洲等积极谋求通过国际合作发展载人航天。日本 6 月宣布，利用参加美俄新建月球轨道空间站的机会，力争到 2030 年实现日本航天员的登月之旅。欧洲也积极参与美俄月球轨道空间站，考虑利用"阿里安"6 火箭和"太空拖船"为月球轨道空间站提供运输服务。

澳大利亚 9 月 25 日宣布将成立澳大利亚航天局，以促进航天事业的发展。根据本国实际情况，澳大利亚航天局将效仿英国航天局，发展重点主要以卫星应用、拉动国内经济发展为主，同时通过国际合作方式，积极参与载人航天发展。

## 二、主要载人航天系统

2017 年，新型运载火箭与飞船的研发继续稳步推进，新一代航天员选拔顺利开展，发射场建设也取得新成果，为未来的登月和火星探索提供支撑。

## 1. 新型运载火箭

美国将重型运载火箭视为国家的战略资产，加紧"航天发射系统"(SLS)的研制生产，目前 SLS 芯级 5 个部段飞行件全部制造完毕，下一步将进行结构试验；上面级飞行件已完成最终测试和检查，并运抵肯尼迪航天中心与其他部段集成，力争在 2020 年实现火箭的首飞。

俄罗斯"联盟"5 中型运载火箭进展顺利，其一子级 RD - 171MV 发动机已完成设计工作，预计 2021 年首飞，将代替"安加拉"A5P 火箭，用于发射未来的"联邦"号载人飞船。俄总统普京 5 月要求加快重型运载火箭研发步伐，目前俄航天国家集团公司已经起草了计划书，该型火箭近地轨道运载能力将达到 160 吨，2028 年首飞，其目标是进行月球、火星等深空探索。

欧洲航天局 6 月签署合同，将研制"普罗米修斯"低成本可重复使用发动机的验证机，作为 2030 年后欧洲航天发动机的先驱。

日本 11 月公开展示将用于未来 H - 3 火箭的新型 LE - 9 发动机，通过优化设计新发动机，比现役 H - 2 火箭使用的发动机零部件减少约两成，但推力约为目前的 1.4 倍，将为 H - 3 火箭 2020 年首飞提供动力。

此外，印度新型地球同步轨道卫星运载火箭 MK3(GSLV - MK3)6 月实现首飞，将重为 3 吨的 GSAT - 19 卫星送到地球同步转移轨道。GSLV - MK3 作为印度新一代的大型运载火箭，不仅提高了印度的商业卫星发射能力，还被寄予希望服务未来的载人航天计划。

## 2. 新一代飞船

美国用于未来载人深空探索任务的"猎户座"飞船 2017 年取得多个里程碑进展，8 月完成首次系统带电测试，验证了飞船的核心计算机、供电及数据设备的健康状态；9 月首艘载人型"猎户座"飞船开始组装；12 月，该飞船还进行了意外降落模拟验证，验证飞船在主伞无法全部打开时的应急措施。

俄罗斯也在稳步推进新一代"联邦"号载人飞船的研制工作。3月，俄罗斯航天国家集团公司载人航天领域总设计师叶甫盖尼·米克林在接受采访时表示，主要用于载人登月的"联邦"号飞船计划于2021年进行首次自主无人飞行试验，届时将搭载"费奥多尔"机器人，首次载人飞行任务计划于2023年实施。

### 3. 航天员

为更好地执行深空探索任务，美、俄等国提前布局，开始招收新一代航天员。NASA于6月从超过18300名申请者中选出了12名新预备航天员，这是NASA自2000年以来选出的最大规模班底。经过两年的训练后，这些航天员未来将乘坐"猎户座"飞船执行月球探测等任务。加拿大于7月宣布选出两人作为加拿大航天局的第13名和第14名航天员，将同期加入NASA 2017年航天员训练班，共同开展训练。

俄罗斯新一轮航天员选拔工作于3月开始启动。此次选拔是俄罗斯航天员的第17次选拔，此次选拔的特点是开放的，申请人不局限于军人飞行员和火箭航天部门的工作人员，预计最后选拔6~8人，新航天员将乘坐俄罗斯未来的"联邦"号飞船执行探月任务。

12月，阿联酋宣布启动首个航天员选拔培训计划，要在5年内把4名本国航天员送往国际空间站，从而在实现其"要在未来50年成为太空探索领域全球领先者"的目标迈出一步。

### 4. 发射场

美国肯尼迪航天中心地面设施设备与系统的升级改造继续推进，并取得了阶段性成果，为新一代航天发射系统及空间探索任务的顺利实施奠定了良好的基础。此外，自2011年一直停用的美国肯尼迪航天中心LC-39A发射台2017年2月再次启用，SpaceX公司的"猎鹰"9火箭从该发射台发射，执行第十次国际空间站货运任务。LC－39A 发射台曾执行过人类首次登月发射任务和首次航天飞机发射任务，极具历史意义，但自 2011 年 7 月"亚特兰蒂斯"号航天飞机执行退役前最后一次任务之后一直停用。SpaceX 公司后来租赁该发射台进行改造，未来将主要用于载人任务和发射"猎鹰重型"运载火箭。

俄罗斯东方航天发射场自 2016 年实现首飞之后，继续加紧建设，2017 年实现了第二次发射，同时还启动了二期工程的建设，将建造"安加拉"运载火箭发射台，为实现载人发射奠定基础。俄总统普京 9 月表示，东方发射场将成为俄罗斯国内最大的民用航天发射场，它将确保俄罗斯对太空的探索，完成载人航天发射任务。

## 三、国际空间站

2017 年，各国共向国际空间站发射 13 艘飞船，其中 4 次为载人任务，9 次为货运任务。国际空间站第 49～52 长期考察组执行驻站任务，在技术开发与验证、人体研究、教育活动和推广、生物学与生物技术、物理科学及地球与空间科学六大研究领域开展了 349 项科学研究实验。特别是由美国毕格罗航空航天公司研制的 BEAM 充气舱通过了一年测试期。初步研究结果显示，BEAM 在阻抗空间碎片方面达到了设计要求。由于其良好的应用性能，BEAM 可帮助 NASA 了解和掌握到充气式居住舱如何应对辐射、微流星体与轨道碎片，NASA 考虑在 2018 年试验到期后继续延长 BEAM 任务，从而帮助人类利用柔性材料充气舱开展深空探索。

为充分发挥国际空间站的效益，进一步降低开支，各参与方都积极推动国际空间站的商业化运作。美国特朗普政府希望在国际空间站运行方面纳入更多商业合作，拓展公私航天机构合作和国际空间站科学研究与商业性应用，以实现技术效益最大化。欧洲也决定启动"冰立方"计划，允许研究人员在国际空间站欧洲

"哥伦布"舱内开展实验，"这项计划是欧洲在太空开展研究的首个商业机会"。

在 2016 年各参与方同意将国际空间站延寿至 2024 年之后，各参与方开始考虑 2024 年之后的国际空间站发展。NASA 正在与各合作方探讨在 2024 年后继续运营国际空间站的可能性，不过日本宇宙航空研究开发机构(JAXA)局长称，现阶段应重点关注如何充分利用国际空间站，以获取更大收益。预计各方在 2024 年国际空间站计划结束之前，将继续加强国际空间站的科研应用，最大限度地发挥国际空间站的科研应用价值。

# 四、商业航天

SpaceX 公司、波音公司和蓝色起源公司等商业航天公司继续保持高速发展，首次实现火箭与飞船的重复使用，新型重型运载火箭即将首飞，商业载人运输项目进步明显。

## 1. SpaceX 公司火箭一子级与飞船重复使用技术实现实用化

在 2016 年首次成功回收火箭的基础上，2017 年 SpaceX 公司实现"猎鹰"9 火箭一子级和"龙"飞船的重复使用，全年发射 18次，其中 5 次使用的是回收的火箭、两次使用的是回收的"龙"飞船。此外，SpaceX 公司还在研制重复使用性能更为强大的 BLOCK 5 型"猎鹰"9 火箭，发射间隔将缩短为 1 天，一级重复使用 10 次以上。火箭重复使用可以大幅降低火箭的发射成本，并能提高发射频率，将给未来的航天发展带来颠覆性的影响。受 SpaceX 公司成功复用火箭的鼓舞，其他国家和公司也纷纷加入火箭重复使用技术研究的行列，都希望能够掌握火箭复用技术，降低发射成本，以降低深空探索的成本，并赢得未来的发射市场。

此外，该公司的"猎鹰重型"运载火箭进步显著，已经完成组装，已于 2018 年首飞，成为现役运载能力最大的火箭。

## 2. 新型商业航天系统加速发展

除 SpaceX 公司外，其他公司的商业航天系统也在快速发展。蓝色起源公司的"新格伦"运载火箭 3 月公布了设计方案，将于 2020 年首飞，其两级构型方案的目标是近地轨道运载能力为 45 吨，地球同步转移轨道运载能力为 13 吨。为该火箭提供动力的 BE－4 发动机 5 月完成首次热点火测试，该发动机还可能取代俄制 RD－180 为"宇宙神"5 火箭提供动力。

除火箭外，波音公司的载人飞船也继续朝向载人飞行大步前进。2017 年，波音公司"星际客车"飞船结构测试部件通过相关测试，首艘"星际客车"飞船已完成初始加电启动，同时正在生产第二、三艘"星际客车"飞船；SpaceX 公司已完成其"龙"飞船所用航天服的首次加压测试，并开始了首飞任务所用飞船的组装。SpaceX 公司和波音公司均已完成着陆降落伞的测试，将于 2018 年实现首次载人飞行。此外，NASA 于 1 月分别向波音公司和 SpaceX 公司授予 4 次载人发射服务，使每家公司均有 6 次载人发射服务。NASA 希望此举能促进恢复美国自己的载人航天运输能力，提供更灵活、强大的人员运送途径。

## 3. 商业航天系统积极向月球和火星拓展

受政府开发月球的吸引，美国各家航天公司都已早早开始了针对月球的布局，SpaceX 公司、毕格罗公司、蓝色起源公司等新兴航天公司也相继推出了月球探索计划。

2 月，SpaceX 公司宣布 2018 年将送两名付费游客进行环月飞行，并于 9 月公开展示了月球基地的设计图；毕格罗公司和 ULA 公司 10 月宣布将合作开发月球轨道居住舱，将支持国际或商业月球任务，为后续远征火星作准备；蓝色起源公司推出"蓝色月球"计划，其开发的月球着陆器能够在月球表面着陆 5 吨货物。这些商业公司的月球开发计划将帮助美国以较低成本尽快实现重返月球的计划，并实现长期存在和月球资源开发。

9 月，SpaceX 公司还公布其火星移民计划，将研制具备 150 吨的近地轨道(LEO)运载能力的巨型火箭，于 2024 年左右实现登陆火星。洛克希德·马丁公司同时推出其"火星大本营计划"，使航天员可从"火星大本营"乘飞船登陆火星表面。

## 五、深空探测

### 1. 月球

在 9 月召开的第 68 届国际宇航大会上，俄罗斯航天国家集团公司和 NASA 就在月球轨道联合建成"深空之门"月球空间站已达成一致，将于 2024—2026 年发射首个舱段。在第一阶段建成空间站后，其技术将应用到月球开发及探索火星任务中。随后欧洲、日本等纷纷表示愿意参与该计划，希望借此"搭车"实现载人登月。这也为国际空间站 2024 年到期后的国际载人航天合作开辟了新的方向，国际社会可以继续通过合作实现优势互补，整合力量共同进行深空探索。

俄罗斯"能源"火箭公司 10 月首次公布了"国家太空计划"的 4 阶段实施计划，拟在月球表面建造载人月球车、辐射掩蔽所、实验设施及矿产资源综合体等，实现 2031 年载人登陆月球，2050 年建设月球基地，并作为进入深空探索其他行星的中转站。

欧洲航天局启动探月立方星竞赛促进对月球的探测。欧洲航天局将征集来自欧洲的公司、大学和研究中心的方案，利用立方星实现对月球的探测，为载人月球任务提供帮助，同时使欧洲能够在绕月任务中迅速获得利益。

### 2. 火星

4 月，NASA 公布了 2030 年左右载人探索火星的 5 阶段计划，将通过多次地月空间任务最终实现载人登陆火星。法国和日本 4 月签署合作协议，将联合开展"火星卫星探索任务"，实现对火星卫星采样并返回。俄罗斯宣布 ExoMars - 2020 火星任务将于 2020 年 7 月发射，2021 年 3 月着陆火星，寻找火星大气中存在甲烷的证据。

除月球和火星外，其他太阳系星体也是深空探索的目标。NASA 的"卡西尼"土星探测器于 9 月坠落土星，结束其近 20 年的探测任务，曾发现土卫二拥有全球性海洋、土卫六上存在液态甲烷海洋等重大发现。美欧 4 月提出合作开展"联合欧罗巴任务"，包括一个轨道器和一个着陆器。着陆器将降落于木卫二表面，工作 35 天，收集生命迹象；轨道器则将对木卫二进行多方面测量，并撞击木卫二，收集并传输木卫二大气层的数据。整个计划将持续 6 年半。

## 六、结语

2017 年，越来越多的国家将载人航天作为国家重要战略目标而持续投入，月球已经明确成为全球载人航天发展的目标，各国围绕月球积极研发新型航天系统与技术；"航天发射系统"/"猎户座""联盟"5 运载火箭、"联邦"号飞船等新型载人航天系统加快发展，国际空间站应用商业化趋势进一步加剧，商业航天力量继续快速发展，无人月球、火星等深空探测热度不减。展望 2018 年，美国政府载人航天政策的调整和探索目标的转移将为载人航天活动带来新的生机和活力，同时驱动美国国内经济快速发展，美国还将出台详细的载人登月计划，以尽快实现重返月球；俄罗斯的航天长远发展规划将进一步明晰，其载人航天重点项目和投资方向将围绕国际空间站和月球开发展开；美俄联合建造"深空之门"月球轨道空间站，或将开辟国际载人航天合作新局面；商业航天或将出现较大突破，"猎鹰重型"火箭将进行首次试飞，"龙"飞船和"星际客车"将完成首次载人飞行，将使美国再次具备近地轨道的载人运输能力，世界载人航天将呈现出更加蓬勃发展的局面。

（军事科学信息研究中心）

# 美国重启载人登月计划分析

**摘要：**随着美国政府正式宣布重启"重返月球"计划，欲建立永久性月球基地，加强美国载人航天领域的商业化和国际化合作，以巩固其航天领域的领导地位。特朗普上台后，将更多的目光聚焦到深空探索、技术发展和商业化，提出发展地月空间，并以火星为长远目标，持续推动能力建设，保证其核心能力发展。

2017 年 10 月 5 日，在美国国家航天委员会重组后的首次会议上，副总统麦克·彭斯发表演讲，宣布美国将重启登月计划并建立永久性月球基地。12 月 11 日，总统特朗普签署备忘录，正式重启"重返月球"计划。美国将重新执行载人登月计划，为未来载人登陆火星和其他目标奠定基础，并以月球作为翘板，加强美国在载人航天领域的商业化和国际化合作。

## 一、"重返月球"计划提出过程

### (一)特朗普上台实施新政，民用航天聚焦空间探索

1. 重新关注空间探索，推动实现"令美国再度伟大"目标

特朗普上任后不到百日，就火速签署了几十条行政令，着重强调包括控移民、兴基建、降赋税、去监管、对外重建贸易政策规则的五大政策来推进新政。特朗普的"令美国再度伟大"目标力图恢复美国的制造业和财富制造能力，最终实现美国一家独霸的

政治目标。

这个政治目标落实在航天领域就是"令美国航天计划再度伟大"。特朗普宣布其将扩展 NASA 任务的计划，强调政府将重新关注太空探索。彭斯称他和特朗普的计划是"令美国航天计划再度伟大"，该计划就包括 NASA 的新领导力和新构想。彭斯表示新的领导团队将使 NASA 的任务聚焦于太空探索，太空是最后的前沿，将由美国引导通往最终前沿的道路。

特朗普上台后，将更多的目光聚焦到深空探索、载人航天、技术和商业化发展。提出发展地月空间，并以火星为长远目标，持续推动能力建设，保证其核心能力发展。同时取消"小行星重定向"（ARM）任务，将人力、物力和财力更多地分配给深空探索和科学任务。

## 2. 重组国家航天委员会，助推深空探索发展

1958 年，为应对苏联的太空威胁，美国组建了国家航天委员会，1972 年美苏签署《反弹道导弹条约》后，该委员会重要性骤降，于 1973 年被裁撤。老布什上任后，国家航天委员会在 1989 年得以重组，不过好景不长，尽管国家航天委员会未正式解散，但实际上已于 1993 年停止运行。自此以后，航天政策主要由白宫科技政策办公室和 NASA 掌管。

2017 年 6 月 30 日，特朗普签署行政命令，决定重新建立国家航天委员会，直接隶属于总统行政办公室。特朗普表示，宣布重组国家航天委员会并向世界发出明确信号，即美国正在恢复其令人自豪的航天领先传统。根据行政令，重组后的国家航天委员会将负责审议航天政策和向总统提供建议以及在政府各机构之间、政府与私营部门之间开展"密切的协调、合作和技术与信息交流"；设立"用户咨询小组"，类似于之前委员会下设的"航天政策咨询委员会"，但新的组织更加强调商业实体的利益。特朗普任命副总统彭斯为国家航天委员会主席。重新启用国家航天委员会

是为了更好地协调美国航天事业在国家安全、经济发展、国际关系和科研等方面的协调一致和持续发展。特朗普认识到,美国需要一套连贯一致的决策机制,而国家航天委员会将确保美国保持在空间探索和技术创新中的领先地位。新的国家航天委员会的职能是为总统提供有关国家航天政策和战略方面的咨询建议和辅助工作,并根据总统的要求完成其他工作。其具体职能主要包括6个方面:(1)审议美国政府的国家航天政策(包括长期目标),制定国家航天战略;(2)就航天政策和航天相关问题向总统提供建议;(3)对国家航天政策和战略目标的实施情况进行监督和协调;(4)促进美国军、民、商航天部门之间的密切协调、合作以及技术和信息交流;(5)就美国参与国际航天合作提供建议;(6)协调解决重大的航天及航天相关政策分歧。国家航天委员会的重启和运行不妨碍任何机构的现有职权范围或职责。

重组国家航天委员会将有助于确保国家空间力量的各个方面,如国家安全、商业、国际合作、探索和科学等。成立理事会是特朗普政府对航天领域深切关注的一个表现,也证明了空间探索对美国经济、国家和全球的重要性。

## 3. 重点发展空间探索领域,明确载人登火长远目标

2017 年 3 月 21 日,美国总统特朗普签署了《NASA 2017 财年过渡授权法案》(以下简称《授权法案》)。《授权法案》是特朗普就任总统以来签署的首份航天领域的法案。法案重申了国家对 NASA 核心功能的承诺,一方面继续支持美国商业载人航天事业的发展,同时也支持了 NASA 的深空探索任务。法案强调,美国航天发展目标是"要把人类触角拓展至深空,包括地月空间、月球、火星表面与其卫星以及更远的地方。"《授权法案》明确将继续推进载人探索和空间科学任务,包括继续研发"航天发射系统""猎户座"飞船、"商业乘员计划"等任务,并将继续运行国际空间站和"商业再补给服务"计划。《授权法案》提出,NASA 载人航天

的长期目标是，与学术界和工业界的国际合作伙伴进行合作，扩展人类在近地轨道以远的持续访问；实现整个太阳系的载人火星探索，发展在另一个星球上实现人类居住的能力。NASA 应管理包括"航天发射系统""猎户座"在内的载人航天任务，并在技术和经济上可行的前提下，定义一系列可持续的步骤并进行任务规划、研究和技术开发，以实现载人火星探索。

根据法案，NASA 将尽快制定一份抵达"火星附近或火星表面"的载人任务路线图，并向国会提交 2033 年前实施载人登火任务的可行性报告。这是继 1969 年美国"阿波罗"11 成功登月 48 年后，美国加速推进其深空探索战略的重要一步。不论政府如何更替，政策如何变化，美国一直将火星作为其终极目标稳步推进能力建设。特朗普上台后签署了一系列的行政令，航天领域签署了《授权法案》、公布了《美国优先：让美国再次伟大的预算蓝图》以及 NASA 2018 财年预算，在积极推动月球探测的同时，明确了火星仍为长远目标。作为美国新一任总统，特朗普迫切地希望在其任期之内切实地在航天领域取得重大突破，达成其承诺的"令美国再度伟大"目标。

## （二）推动太空经济发展，发挥全球航天领导力

### 1. 切实推进深空探索步伐，打造美国主导的太空经济圈

特朗普在上任后开始调整美国航天计划，致力于通过进一步发展与私营企业的合作，将用于空间探索和研发的投资最大化，带动社会经济整体发展。特朗普强调其政策基石是发射和运行重要的空间资产，鼓励创新，助推经济发展。副总统彭斯也是推动深空探索发展的大力推崇者。特朗普新政府的团队对美国航天发展有着一致观点——希望通过大型的深空探索项目，来推动太空经济的发展。美国政府内部的一份文件透露，NASA 的新战略将会优先考虑经济增长、打造新行业和为私营企业创造工作岗位。如果进行顺利的话，将会创造一个由美国主导下的高达万亿美元

的太空经济圈。

基于国际国内形势，美国政府重启"重返月球"计划，将政策方向又带回小布什时代，白宫对于"重返月球"的设想持积极态度，月球计划有助于帮助政府扩大就业，促进打造以美国为首的太空经济圈。可以断定，美国的空间探索重心将迎来重大变革，载人月球探索也将迎来新一轮热潮。

## 2. 积极开展国际合作，发挥航天影响力

1969 年 7 月，美国首次将 2 名航天员送往月球，成功实现载人登月。1969 年 11 月—1972 年 12 月，美国又相继发射了 6 艘阿波罗飞船，除阿波罗 13 号因故障原因中止登月任务外，其余 5 艘均成功登月，把 10 名航天员送上月球并安全返回。此后，再也没人踏上月球。目前有很多国家都有登月的计划。俄罗斯在 2016 年 3 月出台的《2016—2025 年航天发展规划》中明确提出将于 2030 年左右执行载人登月任务，欧洲航天局局长多次提出要建立"月球村"的概念。美国前总统克林顿的科学顾问尼尔·莱恩就表示美国应尽快加入探月大军，同其他国家加强在太空领域的合作，方能有望维持其全球主导地位。唯有合作，才能主导。在某种程度来说，太空合作的意义同科技层面一样重要。

当前，美国依靠俄罗斯的"联盟"号飞船将航天员送至"国际空间站"，每年需要支付巨额费用，而中国载人航天发展迅速，已经进入全面建设本国空间站的阶段，而美国政府更替导致其深空探索发展目标不断变换止步不前，处于内忧外患的美国确需尽快做出抉择，明确未来发展方向，同时为下一步登陆火星做准备，全面巩固美国在航天领域的领导地位。

## (三) 制定发展计划，调整资源投入

### 1. 确保经费投入，为深空探索发展提供坚实保障

美国政府对推进深空探索的大力支持，还体现在经费支持方面。2017 年 3 月 16 日，特朗普政府公布了名为《美国优先：让美

国再次伟大的预算蓝图》(以下称为《预算蓝图》)的 2018 财年联邦政府预算纲要报告。根据该纲要报告相关内容，NASA 2018 财年总预算为 191 亿美元。与《预算蓝图》基本保持一致，NASA 2018 财年预算申请为探索领域分配 39.3 亿美元的预算，继续进行可用于载人火星探索任务的"航天发射系统""猎户座"飞船以及相关地面系统的研发，并明确取消了争议已久的"小行星重定向"任务，但保留包括太阳能电推进技术在内的关键技术的研发。

相对于 NASA 总预算较上个财年有所下降的情况，科学领域预算反而有所增长，也体现出特朗普政府对于除地球科学之外的、包括行星科学在内的科学领域的高度重视，也是对之前特朗普政府及其团队在美国总统竞选前后表现出的"要将美国民用航天发展重点集中于深空探索"的态度的呼应。

## 2. 确保核心技术能力，推进前沿技术研发

NASA 一直致力于确保执行探索任务的核心能力建设。为实现载人火星探索的最终目标，NASA 将继续全力研发"航天发射系统""猎户座"和相关的探索地面系统。计划于 2020 年实施探索任务－1(EM－1)，2021—2022 年在地月空间实施探索任务－2(EM－2)载人任务，之后实施探索任务－3(EM－3)等后续任务，最终瞄准载人火星探索。

美国还在加紧"航天发射系统"的研制生产工作，目前火箭芯级 5 个部段飞行件全部制造完毕，下一步将进行结构试验，上面级已完成最终测试和检查，并运抵肯尼迪航天中心与其他部段集成，力争在 2020 年实现火箭的首飞。"猎户座"飞船在 2017 年取得多个里程碑进展，8 月完成首次系统带电测试，9 月首艘载人型"猎户座"飞船开始组装，12 月飞船进行了降落伞的测试。此外，NASA 在利用"航天发射系统"和"猎户座"核心技术的基础上，也将利用现有的商业航天技术，鼓励 NASA 各个任务部之间的合作，包括从火星表面采集样品送回地球。发展机器人先驱任务，演示

验证、测试和开发载人火星探索的关键技术和能力，包括近地轨道以远的长期载人操作，航天服，太阳电推进，深空居住舱，环境控制和生命保障系统，火星着陆器和上升器，进入、下降和着陆系统，火星表面运行系统，原位资源利用等。在地月空间验证和测试一个或多个居住舱模块，为载人火星任务做准备。考虑辐射对航天员带来的健康危害以及其他风险等。

### 3. 建造"深空之门"，助力"重返月球"

2017年3月，NASA 提出"深空之门"(Deep Space Gateway, DSG)和"深空运输站"(Deep Space Transport)计划。"深空之门"是计划在21世纪20年代建成有人值守的地月空间站，将其作为拟建"深空运输站"的中转补给站。"深空之门"包括4个大的舱段和其他部件，作为战略平台而建立，将其作为月球表面及至更远深空目的地(包括火星)探索任务的中转站，也是深空长时间载人任务人体和技术挑战的调研和解决平台。"深空之门"最初将被放置在月球附近的"近直线晕轨道"(NRHO)上，其各个部件将在 EM-2~EM-8 任务中作为与"猎户座"飞船共同装载的有效载荷，由"航天发射系统"(SLS)发射。

# 二、几点认识

## (一)相关技术长期持续发展，"重返月球"计划可行性高

从人类发展角度来说，探索与开发月球是人类走出"地球摇篮"的必经之路，作为首届一指的航天强国，美国不会甘心缺位，重返月球的把握较大。从技术角度来说，美国曾在20世纪60年代实现过载人登月，拥有较为深厚的基础和成熟的技术，就技术而言能够实现重返月球，并且目前正在研制的运载火箭和飞船也都如期按照计划节点推进研制工作。"航天发射系统"是当今世界

上唯一具备执行"重返月球"任务的运载工具，"猎户座"飞船也利用了"阿波罗"技术并进行了升级，完全具备技术基础。

此外，为促进月球、火星探索所需技术的发展，NASA 分别于 2011 年和 2013 年成立了载人探索与运行任务部（HEOMD）下的先进探索系统（AES）部门及空间技术任务部（STMD），管理、研发、投资创新技术，确定 NASA 未来优先发展和重点投资的技术领域，带动空间探索技术的革命性变化。同年，NASA 编纂了"能力驱动框架"，为近地轨道以远载人探索必需通用能力的发展和成熟提供了灵活、弹性的指南，确定出对载人探索至关重要的通用能力，还组建了由 15 个能力领域专家组成的跨中心团队或工作组，称为"系统成熟团队"（SMT），用于确认性能缺口，满足载人探索目标。美国通过开展国际合作和鼓励商业公司参与来缓解经费上的困难，目前来看"重返月球"计划的可行性较高。

## （二）主导结合国际合作，引领载人深空探索方向

在首届国家航天委员会会议上，副总统彭斯特别强调了国际合作是美国未来发展载人深空探索的重要途径。在新形势下，尤其是商业航天快速发展的形势下，登月不再仅仅依靠美国政府的力量，而是充分利用国际合作和商业能力，通过国际合作得到技术和资金等有效支援。实现载人登月、载人登火将是载人航天长期发展的主要目标，任务组织实施投入更加巨大、技术难度极大、风险极高。目前世界主要航天国家基本达成共识：未来载人深空探测任务必将通过国际合作方式开展。

对于美国来说，开展深空探索领域的国际合作政治意义更为重要，通过实施深空探索项目的国际合作，发挥强国的影响力，能巩固其航天领域的主导地位，主导未来深空探索发展方向。此外，通过开展国际合作在国际政治、外交舞台上占据有利地位。

## （三）政府主导结合商业开发，影响世界航天竞争格局

特朗普上台后多次强调要大力发展公私合作关系。未来可能将公私合作关系作为美国民用航天活动的基础，在近地轨道载人航天领域大力发展与私营公司的商业航天合作，在近地轨道以远的深空探索领域也在寻求合作可能性。进一步推进"政府主导，私营公司参与"的载人航天发展模式，使得探索主体多元化。

无论最后政策的天平是否会倾向于私营新锐，在特朗普任期内，美国重返月球计划实现的可能性都将在多方竞争的形势下得以大大提升。美国如真实现"重返月球"计划，对整个航天竞争格局会产生重大影响。

（北京空间科技信息研究所）

# 2018 财年 NASA 载人探索与运行预算分析

**摘要：** 2017 年 5 月，NASA 公布了 2018 财年预算案。其中承担载人探索和空间活动的载人探索与运行任务部的预算为 86.749 亿美元。本文针对该任务部的预算情况进行了梳理，总结了重型运载火箭、深空探索飞船、国际空间站、近地轨道运输服务与系统等重点项目的进展和计划。最后，总结归纳 NASA 载人航天系统的发展特点。

## 一、总体概况

2017 年 5 月 23 日，NASA 公布了 2018 财年预算案，预算总额为 190.922 亿美元(如表 1 所示)。预算案按照四大任务部编制，即科学任务部、航空研究任务部、空间技术任务部和载人探索与运行任务部。四大任务部开展的各类项目在一定程度上能够反映 NASA 的发展规划，而载人航天领域的相关活动则集中于载人探索与运行任务部，因此本文将这部分内容作为研究重点。

表 1  NASA 各部门预算(单位：亿美元)

| 预算部门 | 2016 财年<br>(实际投入) | 2017 财年<br>(法案通过) | 2018 财年<br>(申请) |
|---|---|---|---|
| 科学任务部 | 55.841 | 47.649 | 57.118 |
| 航空研究任务部 | 6.338 | 6.600 | 6.240 |

续表

| 预算部门 | 2016 财年<br>（实际投入） | 2017 财年<br>（法案通过） | 2018 财年<br>（申请） |
|---|---|---|---|
| 空间技术任务部 | 6.864 | 6.865 | 6.786 |
| 载人探索与运行任务部 | 90.285 | 92.747 | 86.749 |
| 教育办公室 | 1.150 | 1.000 | 0.373 |
| 安全、安保及任务服务 | 27.724 | 27.686 | 28.302 |
| 建设以及环境改善和恢复 | 4.274 | 3.607 | 4.961 |
| 总监察办公室 | 0.374 | 0.379 | 0.393 |
| 总预算 | 192.850 | 186.533 | 190.922 |

从表 1 中可以看到，载人探索与运行任务部的预算占到了 NASA 总预算的 45% 左右，其重要地位可见一斑。预算案提到 "NASA 专注于扩展人类在太阳系中的活动范围，并不断开拓太空探索的前沿"，载人探索与运行任务部是支撑上述目标的具体部门，负责管理和开展载人航天活动，包括近地轨道范围内的飞行任务以及近地轨道以远的深空探索任务。NASA 预算案中，载人探索与运行任务部的预算也是按照上述活动类型分成了两个领域：一个是面向深空探索的 "航天探索" 领域，包括 SLS 重型运载火箭、"猎户座" 飞船、地面设施及相关的研发工作；另一个是围绕近地轨道的 "空间活动" 领域，包括国际空间站、航天运输、空间与飞行支持等，具体预算见表 2。

表 2　载人探索与运行任务部预算 (单位：亿美元)

| 预算项目 | 2016 财年<br>（实际投入） | 2017 财年<br>（法案通过） | 2018 财年<br>（申请） |
|---|---|---|---|
| 航天探索 | 39.962 | 43.240 | 39.341 |

续表

| 预算项目 | 2016 财年（实际投入） | 2017 财年（法案通过） | 2018 财年（申请） |
|---|---|---|---|
| 探索系统研制 | 36.408 | 39.290 | 35.841 |
| "猎户座"飞船 | 12.700 | 13.500 | 11.860 |
| SLS 项目 | 19.719 | 21.500 | 19.378 |
| 探索系统地面设施（EGS） | 3.989 | 4.290 | 4.603 |
| 探索系统研究和开发 | 3.554 | 3.950 | 3.500 |
| 人类研究计划 | 1.450 | — | 1.400 |
| 先进探索系统 | 2.104 | — | 2.100 |
| 空间活动 | 50.323 | 49.507 | 47.408 |
| 国际空间站 | 14.364 | — | 14.906 |
| 空间站系统运行和维护 | 10.925 | — | 11.731 |
| 空间站研究 | 3.439 | — | 3.175 |
| 航天运输 | 26.678 | — | 24.151 |
| 乘员和货物计划 | 14.240 | — | 16.832 |
| 商业乘员计划（CCP） | 12.438 | — | 7.319 |
| 空间与飞行支持 | 9.227 | — | 8.351 |
| 21 世纪航天发射工位 | 0.284 | — | 0 |
| 空间通信和导航 | 6.698 | — | 5.763 |
| 载人航天的飞行操作 | 1.006 | — | 1.244 |
| 发射服务 | 0.812 | — | 0.868 |
| 火箭推进系统试验 | 0.427 | — | 0.476 |
| 总计 | 90.285 | 92.747 | 86.749 |

## 二、预算分解及任务情况

### （一）航天探索

航天探索是 NASA 围绕深空探索开展的核心任务领域，包括探索系统研制、探索系统研究和开发两部分内容，2018 财年申请的预算分别为 35.841 亿美元和 3.5 亿美元。

#### 1. 探索系统研制

2018 财年探索系统研制的总预算为 35.841 亿美元，"猎户座"飞船、SLS 项目以及探索系统地面设施的预算分别为 11.86 亿、19.378 亿和 4.603 亿美元。

（1）"猎户座"飞船

"猎户座"飞船项目包括飞船研制、"猎户座"飞船项目集成和支持两部分，预算分别为 11.755 亿美元和 1050 万美元，总计 11.86 亿美元，比 2017 财年预算减少了 1.64 亿美元。

2017 财年开展的工作：2016 年 10 月，NASA 和美国海军联合开展了"猎户座"回收的操作演练。NASA 为 EM－1 使用的乘员舱安装防热瓦，总计大约 180 块，采用一种称为 Avcoat 的烧蚀材料。NASA 进一步验证了"猎户座"飞船服务舱能够承受 SLS 火箭发射和飞行过程中的振动环境。"猎户座"完成了"乘员舱回收装置"的功能试验，在"猎户座"溅落到海面上时，回收人员利用该装置来捕获和移动温度极高的乘员舱模块，试验在高于实际任务温度的情况下取得了成功，验证了回收装置的操作流程。由欧洲负责研发制造的服务舱的第一批电子设备运到洛克希德·马丁公司，准备和美国的设备进行集成和试验。2017 财年第四季度将完成乘员舱和服务舱的对接。2017 财年还将开始 EM－2 乘员舱结构的制造。

2018 财年的关键计划：2018 财年初将完成发射逃逸系统和乘

员舱及服务舱的装配，下一步就是将"猎户座"的乘员舱和服务舱交付肯尼迪航天中心，运至航天器总装大楼内。之后，"猎户座"飞船将在 2018 财年第三季度与 SLS 进行对接，完成总装集成后，将和火箭转运至 39B 发射工位，在发射台进行最后的检测，准备进行 EM‑1 的发射。在准备 EM‑1 的同时，EM‑2 的乘员舱主结构、发射逃逸系统将进入初步制造阶段。

（2）航天发射系统（SLS）

航天发射系统包括运载火箭研制和 SLS 项目集成与支持两部分，预算申请分别为 18.817 亿美元和 5610 万美元，SLS 项目的总预算为 19.378 亿美元，比 2017 财年拨付预算减少了 2.122 亿美元，降低了 9.87%。

2017 财年正在开展的工作：在 2017 财年，SLS 项目将继续推进 EM‑1，并研发下一个演进构型。EM‑1 采用的过渡型低温上面级、级间段、"猎户座"飞船适配器、飞行软件、RS‑25 发动机以及固体发动机段将完成制造，后续将进行装配。RS‑25 新型发动机控制单元将完成鉴定，并将用于 EM‑1。称为"探路者"的芯级样机，在完工之后将运往斯坦尼斯航天中心的 B2 试车台，校验芯级和试车台之间的匹配性。B2 试车台将在 2017 财年整修完工，未来用于芯级试车。马歇尔航天飞行中心的"软件集成试验设施"将继续开展飞行软件和相关电气设备的试验。探索上面级将完成初步设计评审验证流程，准备进行后续设计和制造。

2018 财年的关键计划：RS‑25 将完成新型发动机控制单元的安装，并准备集成到芯级上。在 2018 财年，EM‑1 的火箭将开始交付组件，首先是将过渡型低温上面级和级间段运往肯尼迪航天中心进行系统集成。EM‑1 的固体助推器段也将运抵肯尼迪航天中心进行装配。2019 年初将进行 EM‑1 的"设计认证评审"，同时还将进行 EM‑2 的关键设计评审，EM‑3 的组件也将开始生产。

（3）探索系统地面设施（EGS）

探索系统地面设施在 2018 财年申请的预算为 4.603 亿美元，比 2017 财年拨付的经费增加了 3130 万美元，提高 7.3%。

2017 财年正在开展的工作：在 2017 财年第一季度和第二季度，EGS 项目组在航天器总装大楼内的 3 号高顶工作间内完成了平台 A 的安装，并完成了相关管路及电气线路的安装。2017 年夏季，项目组将把活动发射平台转移到总装大楼内，验证平台系统与总装大楼的匹配性。项目组将完成火焰导流板的翻修，完成发射控制和监控软硬件的开发和校验。2017 年 9 月，EGS 项目组将完成活动发射平台地面支持设备的安装。39B 发射工位将建成一个大容量液氢贮罐。芯级前裙脐带正在进行为期 4 个月的测试，确定加载极限和起飞前的断开能力，之后将安装到活动发射平台上，该脐带的主要作用是为芯级前裙提供受控的空气和氮气。在 2017 财年，与 EM－1 相关的 10 万多个组件将运抵肯尼迪航天中心，EGS 将开始猎户座飞船的装配。在 2017 年 10 月底，EGS 将联合海军、空军以及猎户座飞船承包商（洛克希德·马丁公司）开展第 5 次猎户座飞船回收演练。2017 年 8 月，将完成 EGS 集成评审。

2018 财年的关键计划：2018 财年将准备对活动发射平台、发射工位以及总装大楼进行"多元验证和校核"。"猎户座"飞船的"线下"处理将在 2018 年第三季度开始，完成所有系统软件和硬件的验证，确保飞船为发射任务做好了充分准备。在 2018 年第 4 季度，活动发射平台将转移到总装大楼的 3 号高顶工作间，进行后续的集成操作以及平台和总装大楼的适配检验。在发射前 9 个月，SLS 火箭芯级和"猎户座"飞船的服务舱模块将抵达肯尼迪航天中心进行装配，芯级和固体助推器也将进行安装适配。乘员舱模块将运抵"发射逃逸系统设施"进行装配。完成火箭总装后，在连接脐带和稳定器之前，首先进行模型测试。

## 2. 探索系统研究和开发

探索研究和开发包含两个项目：人类研究计划（HRP）和先进探索系统，2018 财年的预算申请分别为 1.4 亿美元和 2.1 亿美元。人类研究计划则主要关注航天飞行对人的影响以及应对措施。先进探索系统包括生命支持系统、深空环境系统、乘员机动系统以及先进太空服等。

# （二）空间活动

空间活动领域的预算包括三部分内容：国际空间站、航天运输以及空间与飞行支持。2018 财年国际空间站的预算为 14.906 亿美元，航天运输的预算为 24.151 亿美元，空间与飞行支持的预算为 8.351 亿美元。在近地轨道运行的国际空间站为科学研究和技术研发活动提供了平台。航天运输主题下"乘员和货物计划"负责管理国际空间站的货物和人员运输活动，包括采购国内外的运输服务，而商业乘员计划（CCP）则是 NASA 通过与美国国内企业合作，建立美国自主近地轨道载人能力的实施途径。空间和飞行支持计划主要提供所需的关键空间通信、发射和试验服务以及航天员训练等重要支撑服务。

## 1. 国际空间站

国际空间站是一个非常复杂的载人空间设施，用于各类基于空间的探索活动。国际空间站常驻 6 人，其中 3 人位于美国舱段，3 人位于俄罗斯舱段。美国舱段由美国和加拿大、欧洲及日本等合作伙伴共同运行，俄罗斯舱段则由俄罗斯独立运行。国际空间站至少要运行至 2024 年。国际空间站预算包括空间站系统运行和维护、空间站研究两部分，预算经费分别为 11.731 亿美元和 3.175 亿美元。

2017 财年正在开展的工作：继续监控国际空间站的健康情况并进行基本维护，继续管理运输、后勤补给等；2017 财年计划支持 1 次俄罗斯航天员的出舱活动和 5 次美国航天员的出舱活动，计划将空间站的镍氢电池更换为锂电池。

2018 财年的关键计划：为商业乘员计划下美国自主研制的空间站载人运输系统提供支持；继续为运输、补给、后勤等活动提供支持。

## 2. 航天运输

航天运输主题下开展的项目包括 NASA 在国内外购买乘员和货物运输发射服务的"乘员和货物计划"，以及为发展商业载人能力而开展的商业乘员计划。2018 财年上述两个项目的预算经费分别为 16.832 亿美元和 7.319 亿美元，总计 24.151 亿美元。

（1）乘员和货物计划

乘员和货物计划负责管理由国内外合作伙伴提供的发射服务。NASA 通过商业补给服务（CRS）合同向轨道 ATK 公司和 SpaceX 公司采购货物发射服务。乘员发射服务则向俄罗斯宇航局购买。

（2）商业乘员计划

NASA 通过商业乘员计划基于里程碑合同的形式为合作伙伴（私营部门的航天企业）提供技术和资金支持，由私营部门来研制乘员运输系统（载人运载火箭和飞船），实现近地轨道（以国际空间站为目的地）的乘员运输。商业乘员计划包括商业乘员开发、商业乘员集成能力、商业乘员运输能力 3 个项目。

2017 财年正在开展的工作：到 2017 财年结束时，在商业乘员运输能力项目下，波音将完成 23 项里程碑事件（共 33 项），包括一次关键飞行试验——"水上/陆上着陆鉴定试验评审"。SpaceX 公司将完成 12 项里程碑事件（共 19 项），包括一次关键飞行试验——"无乘员飞行试验鉴定评审"。

2018 财年的关键计划：2018 财年年末，SpaceX 公司将完成商业乘员集成能力项目的最后一项里程碑事件——"飞行任务中的发射逃逸试验"。在商业乘员运输能力项目下，SpaceX 公司计划在 2018 年 8 月完成所有研制里程碑事件，并完成系统认证。在 2018 年结束时，波音公司在商业乘员运输能力项目下将完成 32 项里程碑事件(共 33 项)，包括"载人飞行试验设计鉴定评审"和"载人飞行试验成熟度评审"，波音公司将在 2018 年 10 月完成所有里程碑事件，进行最后的系统认证。

## 3. 空间与飞行支持

空间与飞行支持涉及空间通信和导航系统、火箭推进系统试验、发射服务和载人航天的飞行操作。2018 财年的预算申请为 8.351 亿美元。2018 财年，该主题下的"21 世纪航天发射工位"项目被取消。

空间通信和导航(SCaN)项目预算申请为 5.763 亿美元，利用 NASA 的 3 个通信测控网络(空间通信网络、近地通信网络和深空通信网络)为各类空间活动提供通信和导航服务。SCaN 为航天器传回状态监控数据、上传指令并向各任务控制中心发送数据。SCaN 服务对象包括大气层边缘的热气球、近地轨道的科学卫星、望远镜以及深空探测器。载人航天的飞行操作(HSFO)项目的预算申请为 1.244 亿美元。该项目为载人飞行提供航天员的训练，以及保证发射前后和飞行中航天员的健康状态。发射服务项目(LSP)预算申请为 0.868 亿美元，利用国内商业发射服务商为科学、探索、通信、天气、技术研发卫星提供价格合理的、可靠的进入空间的能力。LSP 充当中间人角色，通过竞争过程匹配航天器和运载火箭。火箭推进系统试验(RPT)的预算申请为 0.476 亿美元，维护和管理火箭发动机地面试验设施，所有火箭发动机试验都要通过该项目。

# 三、小结分析

## （一）项目进度滞后，SLS 火箭及地面设施的预算经费提升

2014 年 8 月，SLS 项目的关键决策点 C 评审确定了整体的规划和经费投入，当时明确首飞任务（EM－1）时间为 2018 年 11 月，预计从 2014 年 2 月到任务首飞投入的总经费大约为 70.21 亿美元。2014—2017 年间，NASA 一直按照上述计划进行预算申请，每年为 SLS 火箭申请的经费都在 13 亿到 14 亿美元左右。然而，美国政府问责局（GAO）在 2014 年和 2017 年开展的独立调查都认为，NASA 在 SLS 项目上会因进度过于紧张而存在滞后的风险。一方面是由于 NASA 对于经费的估算不足，另一方面则是由于新型重型运载火箭研制遇到了技术挑战。因此，美国国会在 2014—2017 年间实际每年为 SLS 项目拨付的预算远超过其申请额（参见表 3）。目前，NASA 面对"猎户座"服务舱动力模块交付时间推后、芯级焊接出现问题等技术因素，以及"米丘德"（SLS 火箭装配制造厂区）受到飓风影响的自然因素，不得不将 SLS 火箭的发射时间推迟至 2019 年（甚至有可能推迟至 2020 年）。与此同时，NASA 在 2018 财年的预算案中第一次将 SLS 的预算申请额提高至 19.378 亿美元。

表 3　NASA 在 2014 财年至 2017 财年为 SLS 申请的预算
以及国会拨付经费（单位：亿美元）

|  | 2014 财年 | 2015 财年 | 2016 财年 | 2017 财年 | 2018 财年 |
|---|---|---|---|---|---|
| 预算申请额 | 13.849 | 13.803 | 13.565 | 13.103 | 19.378 |
| 国会拨付 | 16 | 17 | 20 | 21.5 | — |

## （二）商业航天运输系统逐步成熟，商业公司即将具备近地轨道载人运输能力

从预算案对于"乘员和货物计划"的描述可以看到，包括"'猎鹰'9 火箭+'猎户座'飞船""'安塔瑞斯'火箭+'天鹅座'飞船""'宇宙神'5 火箭+'天鹅座'飞船"在内的商业货物运输系统都已经逐步成熟化，NASA 只需要向公司采购发射和运输服务即可。波音公司的"'宇宙神'5 火箭+CST100 载人飞船"，和 SpaceX 公司的"'猎鹰'9 火箭+载人'龙'飞船"研制进展顺利，即将在 2018 年开展飞行试验，未来 NASA 将按照商业货物运输的模式，向这些具备近地轨道载人运输能力的商业公司采购乘员运输服务。

## （三）为实现近地轨道以远的载人深空探索目标，构建完整多样化的探索途径

虽然今年美国政府调整了深空探索的战略，取消了小行星重定向计划，并明确了重返月球以及在地月空间建立"深空之门"的计划，但是未来最终目标仍然是火星等近地轨道以远空间，为此 NASA 仍然坚持着现有的多样化的探索途径：在近地轨道依托国际空间站对各类深空任务所需的技术进行初步验证，而近地轨道货物和人员运输系统的研发、运行和维护全部交付给商业公司，NASA 只需要采购服务；NASA 则将其主要资源投入到深空探索系统（包括 SLS 重型运载火箭、"猎户座"飞船以及地面设施等）的研制上，并规划在地月空间对探索系统进行验证和校核，然后再探索火星等目的地。NASA 通过建立上述多样化的探索途径，一方面能够集中力量研制技术挑战更大的深空探索系统，另一方面也通过近地轨道运输服务采购带动了商业运输系统的发展。

（北京航天长征科技信息研究所）

# 美国 SLS 重型运载火箭最新进展分析

**摘要：** 航天发射系统(SLS)为美国新一代重型运载火箭，将用于执行近地轨道及以远区域深空探索任务。该项目于 2011 年启动，已通过关键设计评审(CDR)，火箭各主要部段正在开展制造、试验工作。项目开展至今虽然遭遇诸多工程技术挑战，但也取得了稳步进展。本文梳理了 SLS 项目的最新进展，对火箭未来可能执行的科学任务进行了讨论。

作为执行载人深空探测任务的美国新一代重型运载火箭，SLS 将在重返月球计划中继续发挥重要的运输作用。SLS 火箭共有 3 种构型：SLS 1 型、SLS 1B 型和 SLS 2 型。目前，NASA 正在开展火箭各部段的制造、试验等工作，计划在 2020 年实现首飞(EM－1)。SLS 1 型将采用五段式固体助推器、通用芯级和过渡型低温上面级(ICPS)，可实现 70 吨近地轨道运载能力和 30 吨月球轨道运载能力。后续通过采用探索上面级(EUS)替换 ICPS 形成 SLS 1B 型，近地轨道运载能力将达 105 吨，月球轨道运载能力达 40 吨。在 SLS 1B 型的基础上，再通过使用先进助推器替代五段式固体助推器，可以实现 130 吨的近地轨道运载能力(见表 1)。

表 1　SLS 火箭各构型设计

| 低温上面级 / 探索上面级 | 发射中止系统 "猎户座" 飞船 过渡型低温上面级 级间段 芯级 固体助推器 SLS 1型 | 通用子级适配器 整流罩 探索上面级 级间段 芯级 固体助推器 SLS 1B载货型 | 整流罩 探索上面级 级间段 芯级 先进助推器 RS-25发动机 SLS 1B载货型 | 整流罩 探索上面级 级间段 芯级 SLS 2载货型 |
|---|---|---|---|---|
| SLS 构型 | SLS 1 | SLS 1B | | SLS 2 |
| 芯级 | 8.4 米通用芯级 RS - 25D×4 | 8.4 米通用芯级 RS - 25E×4 | | 8.4 米通用芯级 RS - 25E×4 |
| 助推器 | 五段式固体助推器 RSRMV | 五段式固体助推器 RSRMV | | 先进助推器 ASB/GG/ORSC |
| 上面级 | 过渡型低温上面级 RL10B - 2×1 | 探索上面级 RL10C - 3×4 | | 探索上面级 RL10C - 3×4 |
| 有效载荷 | 猎户座 | 猎户座 8.4 米整流罩 | | 10 米整流罩 |

# 一、SLS 重型火箭最新进展

## （一）RS - 25 发动机

SLS 火箭 3 种构型都采用 RS - 25 作为通用芯级发动机，每个芯级安装 4 台，在火箭上升段为芯级提供推力，每台发动机可以产生约 2320 千牛的真空推力，总推力约 8900 千牛。RS - 25 由航天飞机主发动机(SSME)改进而来，现有库存 18 台，其中 2 台作为研制用发动机，16 台为飞行用发动机。SLS 火箭前 4 次飞行计划使用库存的 16 台可重复使用 RS - 25D 发动机，自第 5 次任务开始，将采用改进后的一次性使用 RS－25E 发动机，改进后的发动机性能与 RS－25D 相当。NASA 已向航空喷气·洛克达因公司授出 11.6 亿美元合同，将可重复使用 RS－25D 发动机改为一次性使用发动机，并进行热试车。改进后的发动机精简了零部件和焊接点，推力可达到额定功率的 109%，成本降低 30%。

为满足 SLS 性能需求，NASA 从 2015 年 1 月对改进后的发动机进行了热试车(见表 2)，重点对新型控制器及防热材料进行了试验。2017 年，NASA 共进行了 8 次飞行控制器试验，每次点火持续时间 500 秒。截至 2017 年 12 月 31 日，SLS 首飞用 4 台发动机已完成飞行准备工作，即将与芯级集成，为发射前的最终测试做准备。之后，4 台发动机将在改装后的 B－2 试验台上进行联合试车。

表 2　RS－25 热点火试车情况

| 试验 | 序号 | 时间 | 主要试验内容 | 时长 |
|---|---|---|---|---|
| 第一轮：使用单台试验用发动机(0525) | 1 | 2015.1.09 | 测试发动机新型控制器、防热材料及发动机推进剂入口压力条件，获取关键试验数据，验证 SSME 硬件是否满足 SLS 性能要求；同时还检验新防热层及燃气发生器的性能 | 500 秒 |
| | 2 | 2015.5.28 | | 450 秒 |
| | 3 | 2015.6.11 | | 500 秒 |
| | 4 | 2015.6.25 | | 650 秒 |
| | 5 | 2015.7.17 | | 535 秒 |
| | 6 | 2015.8.13 | | 535 秒 |
| | 7 | 2015.8.27 | | 535 秒 |
| 合计 3705 秒 | | | | |

续表

| 试验 | 序号 | 时间 | 主要试验内容 | 时长 |
|------|------|------|------|------|
| 第二轮：使用单台飞行用发动机（2059） | 1 | 2016. 3. 10 | 收集单台飞行用 RS－25 发动机的性能数据，检验 RS－25 发动机新型控制器及防热材料的性能，验证改进后的发动机是否满足 SLS 的要求 | 650 秒 |
| 第三轮：使用单台研制用发动机（0528） | 1 | 2016. 7. 14 | 检验发动机新型控制器及防热材料的性能，验证改进后的发动机是否满足 SLS 的要求 | 650 秒，提前 193 秒关机 |
| | 2 | 2016. 7. 29 | | 650 秒 |
| | 3 | 2016. 8. 18 | | 420 秒 |
| | 4 | 2017. 2. 22 | | 380 秒 |
| | 5 | 2017. 3. 23 | | 500 秒 |
| | 6 | 2017. 5. 23 | | 500 秒 |
| | 7 | 2017. 7. 23 | | 500 秒 |
| | 8 | 2017. 8. 9 | | 500 秒 |
| | 9 | 2017. 8. 30 | | 500 秒 |
| | 10 | 2017. 12. 13 | | 500 秒 |
| | 合计 4907 秒 | | | |
| 第四轮：单台飞行用发动机（2063） | 1 | 2017. 10. 19 | EM－2 飞行发动机验证试验 | 500 秒 |
| RS－25 发动机 4 台联合试验 | 待定 | 待定 | 验证芯级整体动力系统工作性能 | 待定 |

## （二）芯级

SLS 芯级是目前世界上最大的火箭推进级，高 64.6 米，直径 8.4 米，由波音公司制造。主要分为 5 部分：前裙段、氧箱、箱间段、氢箱和发动机段。各部分通过环状连接件连接以保证强度，芯级结构主要材料采用铝合金 2219。

芯级前裙段为芯级与上面级的接口，主要用于安装包括飞行计算机在内的火箭电子设备。前裙结构内有由发动机舱段延伸至前裙的气态氧增压管路，壳体上设有气态氧排气管路安装点和开口。SLS 1 型和 SLS 1B 构型的接口及脐带开口设计相同。

氧箱位于前裙与箱间段之间，可贮存 742 立方米低温液氧（-183℃）。氧箱由 2 个箱底、2 个 Y 型环和 2 个筒段组成，筒段内表面为正交网格，氧箱内还装有推进剂感应器及防晃板。

箱间段用于连接芯级氧箱和氢箱，是芯级厚度最大的结构，也是芯级唯一一个采用螺栓连接的部段。部段内有由发动机舱段延伸至氢箱的气态氢增压管路。火箭航电设备放置于箱间段内壁搁板上。五段式固体助推器与芯级的上连接点位于箱间段上。

氢箱位于箱间段和发动机舱段之间，直径 8.4 米，高度超过 39.6 米，可贮存 2033 立方米液氢（-253℃）。氢箱由 2 个箱底、2 个 Y 型环和 5 个筒段组成，每个筒段高 6.7 米、质量 4.1 吨，箱底则由 12 块德国 MT 宇航公司供应的铝合金瓜瓣焊接而成。箱体外部光滑，内壁为正交网格。箱底和筒段经搅拌摩擦焊工艺焊接在一起后，通过塞焊消除搅拌摩擦焊匙孔并修复焊接缺陷。匙孔的直径约 25 毫米。氢箱内壁还装有推进剂感应器。

发动机舱段内置 4 台 RS-25 发动机、氢氧输送管路、主推进系统部件、推力矢量控制部件和航电部件。五段式固体助推器与芯级的下部连接点位于发动机舱段上。发动机筒段内表面采用三角形网格。

截至 2017 年 12 月 31 日，用于 EM-1 的 5 个芯级部段飞行件已制造完毕，计划在 2018 年秋天完成芯级组装，并运往斯坦尼斯准备在 2019 年初进行芯级首次试验。发动机舱段试验件已于 2017 年 5 月安装在马歇尔航天飞行中心结构试验台上。氢箱、氧箱、箱间段试验件有望于 2018 年运往该中心进行结构试验。

## （三）五段式固体助推器

SLS 1 型和 1B 型火箭配备的五段式助推器由轨道 ATK 公司（后由诺·格公司收购）研制并生产，继承了航天飞机固体助推器的很多硬件和设计，如：前裙、金属外壳、尾裙和推力矢量控制系统。改进之处在于：采用无石棉隔热层，增大喷管直径以适应更大的内部压力，采用新的控制设备和推进剂药柱等。芯级和助推器的连接点也比航天飞机外贮箱的连接点更低。相比于航天飞机四段式固体助推器，该助推器的推力提高了 20%，比冲提高了 24%。发动机性能见表 3。

表 3　五段式固体火箭发动机性能参数

| 性能 | 参数 |
| --- | --- |
| 直径 | 3.7 米 |
| 单台海平面推力 | 16000 千牛 |
| 真空比冲 | 269 秒 |
| 推进剂 | 聚丁二烯丙烯腈 |
| 燃烧时间 | 124 秒 |

2015—2016 年，五段式固体火箭助推器完成了 2 次全工况地面鉴定试验 QM－1 和 QM－2，测试助推器在极限温度条件下的性能。QM－1 为高温极值试验，助推器加热至 32℃后持续点火 2 分钟，共产生约 16014 千牛推力，试验过程中助推器内部温度高达 3093℃。QM－2 中，助推器冷却至 4.4℃后点火，试验时长 126 秒，内部温度达 3300℃，助推器尾焰速度达到马赫数 3。低温试

验是 SLS1 型首飞前固体助推器进行的最后一次全工况点火试验。

现阶段，SLS 1 型火箭首飞使用的固体火箭助推器已进入全面生产阶段。所有发动机部段制造完成后，将运至肯尼迪航天中心与前裙和尾裙集成，并安装在芯级两侧。固体助推器前裙、尾裙和鼻锥段正在肯尼迪航天中心加工。2017 年 10 月，助推器航电系统完成了系统级鉴定试验。

## （四）过渡型低温上面级（ICPS）

ICPS 是 SLS 1 型二子级，由"德尔它"4 低温二子级改进而来。ICPS 高 13.7 米，最大直径 5.0 米，总质量约 31 吨，结构质量约 3.5 吨，推进剂最大加注量约为 27 吨，采用单台 RL10B－2 发动机提供动力。氧箱直径 4 米，氢箱直径 5 米，分别用氦气和氢气增压，氧箱通过箱间桁架（V 形支杆）吊挂在氢箱下方。为满足 SLS 要求，波音公司对 ICPS 进行了微小的改进，包括：增加氢箱长度，增加姿控氦气瓶以及调整航电系统设计。

表4　RL10B－2 发动机性能参数

| 性能 | 参数 |
| --- | --- |
| 真空推力 | 110 千牛 |
| 混合比 | 5.88 |
| 真空比冲 | 453 秒 |
| 可用推进剂质量 | 27 吨 |

2012 年 7 月，NASA 与波音公司签订为期 8 年、金额 1.75 亿美元的合同，要求波音公司在 2016 年 9 月 30 日前完成"德尔它"4 低温二子级的改进工作。2017 年 7 月，ICPS 上面级飞行件已在卡纳维拉尔角空军基地完成最终测试和检查，并抵达肯尼迪航天中心与其他部段集成。

## （五）探索上面级（EUS）

NASA 从 2014 年开始考虑调整 SLS 第 2 次飞行任务 EM－2 的上面级，改用新的探索上面级（EUS）。探索上面级长 18.3 米，推进剂最大加注量为 129 吨。其结构主要包括：前适配器、氢箱、箱间结构、氧箱、设备架和推进结构。

前适配器为铝锂合金正交网格筒段，高 1.8 米，直径 8.4 米，用于连接飞船和 EUS 氢箱。筒段采用搅拌摩擦焊工艺。内部装有氢箱增压管路、氢气通风管道和地面接口配线。

氢箱直径 8.4 米，可贮存 295 立方米液氢（－253℃），主结构包括采用搅拌摩擦焊接技术连接起来的 2 个铝锂合金椭圆拱底和 1 个正交网格筒段。氢箱内装有先进的燃料水平感应系统和防晃板。为保持贮箱低温条件，同时防止贮箱结冰，箱体外附有橙色泡沫防护层。

箱间结构为氢箱和氧箱的连接结构，包括后适配器和金属 V 形支杆。后适配器主结构与前适配器相似，高 1.8 米，直径 8.4 米，采用铝锂合金材料。V 形支杆交叠排列支撑氧箱。箱间结构是增压系统、增压箱、计算机硬件和天线的支撑结构。

氧箱直径 5.5 米，可贮存 95 立方米液氧（－183℃）。箱体采用铝锂合金材料，内装液氧水平感应系统。推进结构连接在旋压成型的箱底上，设备架与氧箱后法兰相接。

设备架由平板和支架组成，与氧箱法兰相连。平板采用铝锂合金材料，用于支撑航电和推进系统。其中，航电系统包括飞行计算机、制导和 RL10C－3 发动机控制系统；推进系统包括轨道机动反控制系统和肼燃料贮箱。

推进结构包括连接在氧箱箱底的横梁和支杆，用于支撑 RL10C－3 发动机。横梁和支杆都由高强铝合金制成。

级间段用于连接上面级和芯级，为铝锂合金正交网格筒段。该部段承受芯级以上结构的全部重量，约 181.4 吨。上面级和芯级的分离系统置于该部段中。

NASA 已与洛克达因公司签订金额 1.74 亿美元的合同，洛克达因公司需在 2024 年 1 月 29 日前完成研制、测试、验证和交付，为 SLS 火箭第 2 次、第 3 次飞行提供 10 台 RL10C-3 发动机(其中 2 台为备用)。使用该型发动机可以缩短 SLS 改进型号的研制时间，同时避免研制新型发动机所产生的高额研制成本。发动机交付后，NASA 将进行单机试验和 4 台发动机首次联合试验，验证发动机的兼容性和功能性。2017 年 1 月，EUS 通过了初步设计评审。

## (六) 其他

SLS 1 型级间段整体呈圆锥形，下部直径 8.4 米，上部直径 5 米，用于连接芯级和 ICPS。该结构件通过招标的方式转给承包商美国特利丹布朗工程公司生产。2017 年 8 月，用于 EM-1 任务的级间段已焊接完成，并已从先进焊接和制造设施转移至国家先进制造中心喷涂热防护层，2 个设施都位于马歇尔航天飞行中心内。

飞行用"猎户座"飞船支架已装配完毕，目前正在进行次级载荷、电缆、航电设备的安装工作。2017 年 7 月，飞船支架试验件已由"超级古比鱼"飞机运往洛克希德·马丁公司，与"猎户座"集成进行结构试验。

## 二、任务规划新进展

SLS 超大的起飞质量、载荷容积和特性能量(C3)为科学任务提供了更多的可能。NASA 考虑将 SLS 应用于木卫二多次飞越任务中，该任务用于观测木卫二并调查其是否适宜居住，科学家认为木卫二上有巨大的地下海洋，水量为地球水量的 2 倍之多。如果使用"宇宙神"5(551)火箭执行该任务，则需要利用金星-地球-地球重力辅助轨道，将耗时 7~8 年；而使用 SLS 火箭则可在 3 年内直接转移至木星，相应的返回任务也可提早完成。提前返回有助于更好地利用飞越任务的数据，避免延迟着陆任务。后续的木卫二着陆器任务也可使用 SLS 火箭，通过重力辅助轨道发射 16 吨有效载荷。图 1 为使用"宇宙神"5 火箭和 SLS 火箭执行的木卫二任务规划。

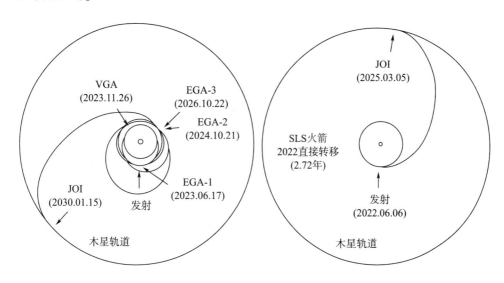

图 1 使用"宇宙神"5 火箭和 SLS 火箭执行的木卫二任务规划

SLS 火箭大直径整流罩(直径 8.4 米或 10 米)可以容纳大孔径(16 米级)太空望远镜，技术人员就可使用超高对比分光镜观测行星，实现 2013 年提出的 NASA 天体物理路线图的目标。此项目的方案评估为未来科学和载人探索系统在深空的合作创造了机会。

此外，SLS 未来不仅可以执行超出现有火箭能力范畴的任务，一些小型实验也可作为次要载荷受益于 SLS 火箭。在首飞任务中，SLS 火箭将搭载 13 个立方体卫星，包括载人探索和操作任务理事会先进探索系统部的"月球冰立方"等，验证了 SLS 火箭广阔的应用前景。

2017 年特朗普签署了其就任后的首项航天政策指令，明确表示美国将重返月球，并最终实现载人探火，但具体时间表尚未透露。

# 三、小结

## （一）提前布局，尊重火箭研制规律

重型运载火箭的起飞质量一般在 2000 吨以上，近地轨道运载能力大多在 100 吨以上，具有推力水平高、结构尺寸大、控制系统复杂的特点，给火箭研制提出了更高的要求。在研制期间需开展大量技术攻关与试验验证工作，因此需要一定的研制周期。虽然 SLS 火箭的研制有前期良好的基础，但从研制进程来看，首飞时间也一推再推，从最初的 2017 年推迟至 2019 年。从其研制周期看，SLS 火箭仍然需要 9~10 年的时间。我国在重型运载火箭研制方面可借鉴的成熟技术较少，应该在总体牵引下启动整体规划和布局，推进关键技术的攻关，加紧重型运载火箭的立项和研制步伐。

## （二）注重部件通用化设计，降低研制和发射成本

部件的通用化设计有利于减小研制难度和风险，降低研制和发射成本，成为各国未来发展新型重型运载火箭的有效途径。在 SLS 火箭最初方案中，SLS 1B 型火箭和 SLS 2 型火箭所采用的探索上面级原计划配备 1 台百吨级 J－2X 发动机，后来方案调整采用 4 台 RL10C－3 发动机。RL10C－3 发动机是"德尔它"4 火箭和"宇宙神"5 火箭末级发动机的改进型，也计划用于新型主力火箭"火神"的末级，开始向系列化方向发展。

## （三）采用承包商制度，打造创新且灵活的管理模式

美国 SLS 重型运载火箭的研制采用了承包商管理制度，项目决策权在总统和国会，NASA 负责项目计划，而火箭研制的实施者为各个承包商。SLS 芯级、固体助推器、上面级等模块分别由波音公司、轨道 ATK 公司(后由诺·格公司收购)、联合发射联盟

等不同的公司负责研制生产，并运输至肯尼迪航天中心，再由合同的提出方 NASA 组织联合发射中心人员对承包商产品进行验收，待验收通过后会转入总装厂房进行下一阶段工作。承包商制度责权更加分明，研制流程更加灵活，同时还有助于减少总装测试时间，缩短发射周期。但是由于承包商比较分散，可能会增加研制以及运输的成本和风险。

（北京航天长征科技信息研究所）

# 印度 GSLV-MK3 火箭首飞任务分析

**摘要：** 北京时间 2017 年 6 月 5 日，印度空间研究组织(ISRO)研制的新型地球同步轨道卫星运载火箭 MK3 (GSLV-MK3)从萨迪什·达万航天中心的第二发射台起飞，成功将质量为 3136 千克的 GSAT-19 送到地球同步转移轨道。GSLV-MK3 作为印度新一代的大型运载火箭，完全采用自主技术，展示了印度在固体、液体动力技术方面的发展成果。而此次 GSLV-MK3 的首飞成功为印度未来开展载人航天任务奠定了基础。

## 一、首飞任务情况

GSLV-MK3 在北京时间 6 月 5 日 19 时 28 分，由两台固体助推器(S200)点火起飞。此次捆绑的 S200 助推器每台高 26.2 米，直径 3.2 米，所装推进剂达到 207 吨，平均推力 3578 千牛，工作时间 2 分 20 秒。

助推器采用柔性密封喷管，以便控制 GSLV-MK3 起飞后沿预定飞行路线到达东南方向。1 分 54 秒后，火箭芯级的两台 Vikas 发动机点火工作，此时飞行高度为 41 千米。

在 S200 助推器分离之前，芯级和助推器同时工作一段时间。发射后 3 分 45 秒，GSLV-MK3 飞行高度达到 116 千米，因为空气动力不再对 GSAT-19 产生影响，此时可以安全地分离两个有效荷载整流罩。

L110 芯级在 5 分 17 秒关机，并在 3 秒后与 C25 上面级分离。在发射后 5 分 22 秒，C25 上面级的 CE20 发动机点火工作，工作 10 分 43 秒后关机，将 GSAT - 19 送入近地点 170 千米、远地点 35975 千米、倾角为 21.5°的地球同步转移轨道。在 C20 发动机停机 1 秒后，GSAT - 19 完成分离。飞行时序如表 1 所示。

表 1　印度公布的飞行时序

| 事件 | 时间/秒 | 高度/千米 | 速度/(米/秒) |
|---|---|---|---|
| S200 点火 | 0 | 0.024 | 451.9 |
| L110 点火 | 114 | 41.037 | 1635.1 |
| S200 关机 | 140 | 61.931 | 1949.4 |
| 整流罩分离 | 225 | 115.957 | 2728.77 |
| L110 关机 | 317 | 166.361 | 4397.47 |
| L110 分离 | 320 | 168.281 | 4429.55 |
| C25 低温级点火 | 322 | 169.914 | 4426.11 |
| C25 低温级关机 | 965 | 174.619 | 10233.27 |
| GSAT - 19 分离 | 980 | 179.146 | 10260.10 |

## 二、GSLV - MK3 技术方案

GSLV - MK3 是 ISRO 于 2002 年启动研制的新一代运载火箭，可将 GTO 运载能力提升至 4 吨，LEO 运载能力提升至 10~12 吨。在 GSLV - MK3 的研制过程中，ISRO 充分利用成熟的技术和硬件设施，降低研制难度，设计了 GSLV - MK3 的整体结构和各子系统。图 1 为 GSLV - MK3 构型。

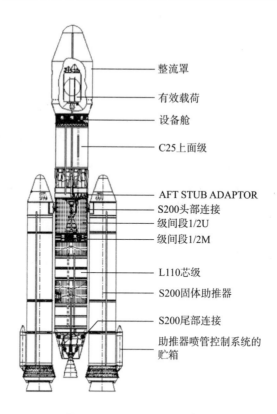

图 1　GSLV－MK3 构型

　　GSLV－MK3 全长 42 米，起飞质量为 600 吨，采用两级捆绑结构。一子级为 L110 液体推进级，直径 4 米，装有 110 吨可存储推进剂，在一子级两侧捆绑了 2 枚 S200 大型固体助推器。上面级采用印度自主研制的 C25 液氢/液氧低温上面级。整流罩直径 5 米，头部半锥角 20°，具有 110 立方米的有效载荷空间。芯级采用 2 台 Vikas 发动机，该发动机源于 PSLV/GSLV 项目，每台可提供 800 千牛的推力。S200 固体助推器衍生自 PSLV/GSLV 的 S139 固体级，引入了柔性喷管系统以实现姿态和方向控制。C25 上面级采用 CE20 低温发动机，这是 GSLV－MK3 项目的关键技术。火箭姿态控制通过液体芯级的发动机摆动控制系统以及固体助推器的柔性喷管实现。双重冗余的导航、制导与控制系统具有故障检测隔离、一体化程度高、封装小型化等特征。仪器舱位于 C25 上面级上方的环形舱段，易于接近和维修。

S200 助推器与芯级的分离系统采用爆炸火工品，并利用固体抛离发动机将其推远。芯级利用火工品作动弹簧夹头分离装置完成与 C25 上面级的分离。整流罩的分离采用包带连接和线性波纹管系统实现。

## （一）S200 固体助推器

S200 助推器直径为 3.2 米，真空比冲 274 秒，最大推力 6000 千牛。整个助推器分为三段，头部长度为 3 米，中段和尾段的长度都超过 8 米，共装有 207 吨的 HTPB 复合推进剂，额定工作时间 140 秒。助推器壳体是通过轧制和焊接的马氏体时效钢（M250）制成的，厚度 7.7 毫米。各部段间采用成熟可靠的榫槽式连接。

S200 助推器采用的是热源点火器，装有 40 千克的速燃燃料，点火器安装在发动机的前端。S200 助推器的柔性喷管采用碳酚醛衬底，并根据需要在部分区域安装了硅酚醛衬底，用于热防护。柔性喷管控制系统由 5 个组件构成：一对电动液压作动器相互间呈 90°安装，用于控制柔性喷管的偏转，可允许喷管摆动±7.8°。液压动力由开放式动力装置提供。镜像传感器安装在直径相对位置的作动器上，在发动机工作时用来检测和修正由于燃烧室压力改变所造成的柔性喷管的倾斜。柔性喷管控制系统（FCN）可以满足柔性喷管所需的最低转换速率。其中，弹性密封件采用 15CDV6 特种钢球形加固垫片和天然橡胶制成的弹性体叠加的结构，平均直径为 1.5 米。弹性密封通过低硬度的热防护罩保护隔离高温燃气。作动机构包含 40 吨动力的电动液压伺服作动器和液压气动驱动装置，通过 S200 附带的加压油箱驱动。

S200 助推器的推力由头部连接的球面轴承传递到芯级。当固体助推器燃尽时，爆炸螺栓起爆，装在助推器头部和底部的 6 台抛离发动机开始工作，使助推器和箭体分离。另外，S200 助推器的各个部段均采用二氧化硅填充丁腈橡胶作为隔热材料，其厚度是依据在发动机运行期间产生的局部热环境和在热燃气中暴露的时长而设定的。隔热层安置在发动机壳体内部并且经过硫化处理。在部段尾部安装了松垫带，以避免各部段的药柱固化后收缩而产生应力集中的现象。

## （二）L110 液体芯级

L110 芯级分别以偏二甲肼和水合肼的混合物作为燃料、四氧化二氮作为氧化剂，推进剂质量为 110 吨，2 台 Vikas 发动机共提供 1600 千牛的推力，工作时间为 200 秒。

L110 芯级结构从下到上为芯级底部防护罩、燃料贮箱、箱间结构(ITS)、氧化剂贮箱以及 1S1/2L 段、电子设备所在的 1S1/2M 段、与 S200 助推器相接合的 1S1/2U 段。L110 的两个推进剂贮箱为圆柱形的铝合金硬壳结构，容积 50 立方米。在 L110 级工作期间，推进剂贮箱用氦气增压以保证发动机的平稳启动并避免气蚀性。圆柱与圆锥结构的芯级底部防护罩与燃料箱相连，内部布置了环形水箱、指令控制模块以及发动机摆动作动器。水箱用于冷却发动机燃气发生器产生的热气。指令控制模块、指令气体存储瓶和相连的管路给各种阀门和调节器提供气态指令压力和参考压力。

Vikas 发动机的面积比为 31，发动机能够在偏航轴 5° 和俯仰轴 8° 范围内摆动，实现火箭姿态控制。

## （三）C25 低温上面级

C25 低温上面级长 13.5 米，直径 4 米，可携带 28 吨的液氢/液氧推进剂，采用自主研制的 CE20 低温发动机，真空推力为 200 千牛，额定工作时间为 595 秒。CE20 发动机采用燃气发生器循环方式，使用 2 套增压涡轮分别驱动液氢/液氧泵。混合比和推力可调。燃烧室采用双层通道壁结构，利用氢气实现再生冷却。CE20 利用电磁作动器能够实现 ±4° 的摆动，在滑行段利用反作用控制系统实现姿态稳定。

C25 上面级有 2 个直径 4 米的独立铝合金硬壳贮箱，70 立方米的液氢贮箱在上，20 立方米的液氧贮箱在下。液氧贮箱圆顶下方的锥形桁架用于安装发动机。液氢贮箱通过前端适配器与仪器舱连接。上面级通过后端适配器与 L110 级连接。液氢贮箱利用发动机冷却通道回流的氢气进行增压，液氧贮箱利用氦气增压。

## (四) 仪器舱

仪器舱装有火箭数据处理、制导控制、遥测跟踪以及飞行终止等相关电子设备。仪器舱把这些电子设备封装在一起，同时在结构上设置开口，方便在发射架上触及重要的电子设备。

仪器舱装有惯性组件和导航计算机，主要用于火箭导航、制导和控制。GSLV - MK3 的制导控制系统采用了双重冗余的分布式结构。该系统采用印度自行研制的计算机用于导航解算，设计了统一的总线，利用双链条结构实现所需的冗余度。序列指令层的三重冗余设计降低了误发指令的风险。惯性系统采用 3 个斜置的陀螺仪和加速度表，为箭载计算机提供惯性参考以及箭体姿态、位置和速度参数。计算机根据这些参数计算飞行轨迹以及姿态控制律。

仪器舱还包含遥测系统的数据处理单元、发射机等。遥测系统采用主数据链和冗余数据链结构。S 波段的数据链 1 数据速率为 2 兆比特/秒，当第一级分离后，转换为 1 兆比特/秒。数据链 2 为冗余数据链，数据速率为 1 兆比特/秒。火箭上的参数采用 S 波段的发射机传输到地面站。这些数据包括压力、温度、结构振动、声学特征以及电子设备监测数据。与制导控制相关的参数由位于 1553B 总线上的控制单元监测。

火箭飞行状态跟踪由仪器舱中的雷达应答机实现。为了防止发生飞行故障，固体助推器和芯级火箭都采用了双重冗余飞行终止系统。

## （五）有效载荷接口/整流罩

锥形有效载荷适配器与箭体连接端的直径为 4 米，与有效载荷的连接端为 1194 毫米标准包带接口。该适配器的设计载荷为 5 吨。适配器尾部凸缘用于和仪器舱结构相连，同时还有与整流罩的包带结构适配的接口。这样在与火箭装配之前，就可以将有效载荷封装在整流罩中。

整流罩直径为 5 米，头部半锥角和尾部倾斜角都为 20°，中间圆柱段长 5 米，有效载荷空间为 110 立方米。整流罩的两半罩通过线性波纹管系统固定在一起，底部通过包带与火箭相连。整流罩有热防护和声学防护涂层，还装有排气阀以保证在上升阶段载荷舱中的压力能够与周围平衡。

## （六）火箭组装和发射设施

GSLV－MK3 组装和发射设施位于萨迪什·达万航天中心，主要包括固体级组装厂房、用于 L110 级的液体级准备厂房、综合技术厂房（用于 C25 上面级）、卫星准备设备和火箭总装厂房。

用于发射 PSLV 和 GSLV 的第二发射台经改进后用于 GSLV－MK3 的发射。该发射台采用运转-发射方案，火箭随发射平台一起转场，移动发射平台是一个 19 米×19 米×7 米的方形平台，在平台两侧 7.8 米处对称放置 2 个底座用于支撑 S200 助推器。在 GSLV－MK3 组装阶段，第一步先将两个 S200 助推器放置在支撑底座上，然后将 L110 芯级垂直放置于移动发射平台上，并使其位于 2 个 S200 助推器中间，之后将组装好的结构运至火箭总装厂房。第二步检查 C25 低温上面级并在火箭总装厂房完成火箭组装，最后组装整流罩与箭体。

# 三、GSLV－MK3 的主要技术改进

GSLV－MK3 的发射成功标志着印度实现了多项技术进步，向

航天大国又迈进了重要的一步。GSLV–MK3 在技术上有 3 个方面的进步：采用了大推力的 S200 固体助推器、芯级使用了 2 台并联的 Vikas 液体发动机以及自主研制的高技术含量的 CE20 液氢／液氧发动机。

## （一）大推力固体助推器

S200 固体助推器是 S139 助推器的放大版，并且最大化地利用已被验证的技术和设备。S200 分别在 2010 年、2011 年和 2015 年进行了三次静力试验：第一次静力试验（ST–01）中，在隔热设计、接口和内衬的铺层面等方面发现了几处小的设计缺陷，并在第二次静力试验（ST–02）前进行了修正；而提高发动机设计余量和消除加工工艺约束的改善措施则在第三次静力试验（ST–03）中得以实施。

GSLV–MK3 采用的助推器可装载 207 吨推进剂，最大推力接近于 6000 千牛，真空比冲 274 秒，是目前 ISRO 研制的最大的固体火箭发动机，也是仅次于美国航天飞机固体助推器和欧洲"阿里安"5 火箭 P230 固体助推器的世界第三大固体助推器。

## （二）并联液体芯级发动机

L110 芯级直径 4 米，长度 21.39 米，质量 125 吨，目前是印度最大的芯级。芯级试验主要包括芯级热试验和排水试验。除对芯级整体进行的试验外，ISRO 还针对芯级发动机进行了鉴定试验，验证了发动机组件，特别是其自主研制的硅酚醛喉衬的热强度以及发动机架作动器的可靠性。

值得一提的是，IRSO 首次尝试 L110 芯级使用 2 台并联的 Vikas 液体发动机。不同于大多数火箭芯级的地面点火方式，GSLV–MK3 芯一级采取的是在发射 110 秒后高空点火的方式，而 S200 固体助推器一直工作到 140 秒，和 L110 近乎形成一、二级的关系，从而提高了 20 秒的运载效率。但是由于助推器与芯级之间的结构设计问题，导致 S200 固体助推器燃烧结束后 19 秒才能分离，采取类似发射时序的"大力神"3E 的这一数据大约为 4 秒。而两枚 S200 空重超过 60 吨，这也严重影响芯级推进剂的使用效率。

## （三）高性能低温上面级

低温上面级为 C25，使用一台印度新研制的 CE20 液氢/液氧发动机，该发动机使用传统的燃气发生器循环，并使用 2 套增压涡轮分别驱动液氢/液氧泵，可调节混合比和推力。真空推力最大200 千牛，可在 108~220 千牛的范围内，设定任何的固定值。其发动机混合比为 5.05，比冲达 444 秒。CE20 仅在 2015 年 7 月与2016 年 2 月进行了 2 次首飞前的点火测试，测试时间共 1275 秒。

CE20 作为印度自主研制的高性能液氧/液氢发动机的代表，它的成功有助于印度摆脱对国外技术的依赖，节约发射成本，增强印度在商业发射市场的竞争力。

# 四、小结

GSLV－MK3 作为印度新一代大型运载火箭，完全采用自主技术，尤其是在固体、液体动力方面的技术发展迅速。其中，S200固体助推器的推力水平已经达到国际领先，ISRO 也正在研究更多S200 的改进和降低造价的方式，进而增强其推力的稳定性和成本的经济性。而 CE20 是印度第一台以传统的燃气发生器循环的低温发动机，也是世界上最强大的低温液体发动机之一。GSLV－MK3 此次首飞并将 INSAT 成功送入轨道，一方面可以证明印度在航天发射领域已具有自力更生的能力，并逐渐淡化依赖国外发射运营商的状态。另一方面也标志着印度提高了商业卫星发射市场的竞争力，在全球数十亿美元的卫星发射市场占得一席之地，未来会为 ISRO 带来可观的收益。

另外，GSLV－MK3 的首飞成功也为印度未来开展载人航天任务奠定了基础。早在 2014 年 12 月 18 日，印度在萨迪什·达万航天中心采用 GSLV - MK3，成功进行了亚轨道飞行试验。试验中，上面级安装了模拟的低温发动机，但并不工作，同时还安装了印度载人航天飞行的乘员模块（CARE），但并没有搭载任何生物。而据现任 ISRO 的主席拉达克·里希南对媒体的表示，印度首次载人任务计划在 2021 年执行，并确定采用自主技术研制的 GSLV - MK3 服务于未来的载人航天计划。虽然印度确定使用 GSLV - MK3 进行后续的载人航天任务，但其安全性和可靠性还有待考验。GSLV - MK3 仅执行过两次飞行任务，因此 ISRO 还要花更多的时间准备，确保该运载火箭的可靠性。

（北京航天长征科技信息研究所）

# 美国商业载人航天项目最新进展

**摘要：**随着近地空间大规模设施的建造部署、人的长期驻留等技术的日益成熟以及可重复使用技术的快速发展，载人航天的商业化、产业化逐步具备条件，以美国商业公司为首的载人航天私营机构能力建设已初见成效。

目前，美国的商业载人航天发展迅速。在近地轨道商业运输方面，SpaceX 公司、轨道 ATK 公司已实现近地轨道货物运输常态化；波音公司、SpaceX 公司有望实现近地轨道商业乘员运输；毕格罗航空航天公司还提出商业空间站计划；以蓝色起源公司、XCOR 宇航公司为代表的多家私营航天公司即将提供太空旅游产品和服务。同时，美国政府还积极拓展月球以远的商业探索模式。

## 一、发展背景

美国航天商业化起步较早，且在不同阶段采用不同的运作模式。此前 NASA 一直采用合作模式，通过合同管理的办法对航天企业进行管理，购买航天器，开展载人航天任务。这种分担成本、共同开发的合作伙伴关系不仅可以满足 NASA 的技术需求，还使国家受益。当前近地轨道载人航天商业运输采取的是新的运作模式，即购买服务。商业公司负责项目的整套运营、安全监管及技术支持以及相应的启动资金支持。这种模式给私营公司更大的自主性和灵活性。

　　特朗普总统上任后着手调整美国航天计划，大力发展公私合作关系，使得用于空间探索和研发的投资最大化，并带动社会经济整体发展。特朗普强调其政策基石是发射和运行重要的空间资产，鼓励创新，助推经济发展。使 NASA 从主要作为后勤机构进行近地轨道任务的限制中解放出来，并致力于打造一个以美国为首的太空经济圈。现阶段，除了近地轨道，商业航天企业在亚轨道也积极作为，不断发展新的商业载人航天项目；同时未雨绸缪，紧跟政府政策走向，为近地以远的深空探索布局，寻求同政府开展合作的机会。

# 二、商业载人航天项目

## （一）亚轨道商业载人航天项目

　　近年来，已有多家企业利用新研发的亚轨道飞行器，开展了以旅游观光为目的的亚轨道商业飞行，亚轨道飞行的商业运输发展势头愈来愈猛。

　　鉴于亚轨道商业飞行的发展趋势，早在 2005 年，国际民用航空组织（ICAO）理事会就批准了将"亚轨道飞行概念"纳入其第 175 届会议的工作计划中。区别于传统的航空活动和空间活动，亚轨道飞行是相对于轨道飞行来说的，亚轨道飞行器在冲出大气层后，由于没有达到一定的速度而无法围绕地球进行轨道飞行，很快就会返回空气空间。由于亚轨道飞行在到达太空后的一段时间里也会有失重感，因此相较于高成本的太空旅游而言更具吸引力，近十多年来，一些私人企业都在计划发展亚轨道旅游活动并逐渐付诸实践。

　　2017 年 12 月 12 日，"新谢帕德"亚轨道飞行器新型号首次试飞取得成功。"新谢帕德"亚轨道飞行器从地面垂直起飞，随后船箭分离，火箭返回，在接近地面时一个发动机点火，着陆支架展开，成功在目标着陆场垂直起落。此次"新谢帕德"使用的新一代火箭和 2.0 版载人舱。

此次试飞是美国联邦航空管理局(FAA)在 8 月颁发发射许可证后的第一次试飞。蓝色起源公司安全与保障主管杰夫·阿西比称,这对蓝色起源公司来说是极为重要的里程碑事件,此后公司可以利用搭载有效载荷开展盈利活动。蓝色起源公司计划于 2019 年使用"新谢帕德"飞行器搭载 6 名乘客和 2 名飞行员进行一次亚轨道飞行,这次飞行大约有 6 分钟的失重状态,整个飞行事件将持续 3.5 小时。

此外,施乐公司旗下的帕克研究中心(PARC)于 2017 年 12 月宣布与蓝色起源公司开展合作,将利用帕克研究中心的技术创新能力和蓝色起源公司的"新谢帕德"飞行器推动太空前沿技术研发,最终目标是在亚轨道飞行任务中搭载一项先进的技术研发实验,并考虑如何使用下一代先进的航天系统为帕克研究中心的商业和政府合作伙伴提供支撑。

## (二)近地轨道商业载人航天项目

### 1. 商业轨道运输服务

商业乘员和货物运输项目包括商业轨道运输服务(COTS)计划、商业补给服务(CRS)和商业乘员开发计划,均由 NASA 的商业乘员和货物项目办公室负责管理。商业轨道运输服务计划为货物运输计划,向空间站提供货物补给;商业乘员开发计划于 2009 年启动,是乘员运输计划。

(1)商业轨道货物运输计划

目前,美国主要依靠 SpaceX 公司的"龙"飞船和轨道 ATK 公司的"天鹅座"飞船开展货物运输。2016 年 1 月,NASA 宣布第二轮商业补给服务竞争的获胜者,SpaceX 公司、轨道 ATK 公司和内华达山脉公司均获合同,将从 2019 年起分别用"龙"飞船、"天鹅座"飞船和"追梦者"号航天飞机为国际空间站提供货物补给。2017 年 11 月 11 日,"追梦者"号航天飞机试验样机在美国加利福尼亚州爱德华空军基地成功完成滑翔试验。此次滑翔试验是该公司商业乘员协议中的重要里程碑。"追梦者"号货运系统的首飞预定于 2020 年进行，在 2024 年前最少进行 6 次飞行任务。与"龙"飞船和"天鹅座"飞船不同，"追梦者"号航天飞机是目前唯一一个能够在飞机跑道上降落的航天飞机，这意味着它可以在全球任意规模的商用机场着陆。

（2）商业乘员开发计划

2014 年 9 月，NASA 授出商业乘员运输能力（CCtCap）合同，由 SpaceX 公司（获得 26 亿美元）和波音公司（获得 42 亿美元）共同为其执行国际空间站载人运输任务。2015 年 5 月和 11 月，波音公司和 SpaceX 公司分获 NASA 商业乘员运输能力合同第一份订单，2015 年 12 月波音公司获第二份订单。

波音公司的"星际客船"商用载人飞船项目主管表示，"星际客船"目前正处于飞行硬件广泛开发和多种运载系统测试阶段，计划于 2018 年第三季度进行非载人试验飞行，如果测试结果良好，则计划于 2018 年第四季度进行载人飞行测试，一旦"星际客船"完成了飞行测试并获得 NASA 认可，波音公司将获得一份 6 次飞行任务合同，为 NASA 向国际空间站输送航天员。

## 2. 低轨商业空间站

2016 年 4 月 11 日，美国联合发射联盟（ULA）与毕格罗航空航天公司在"航天论坛"上宣布了一项合作协议，双方将联合建造新型商业化空间站，合作协议显示，毕格罗公司将在 2020 年为联合发射联盟发射两艘全功能型 B330 太空舱，但目前该公司计划拟于 2019 年底发射第一艘太空舱，第二艘太空舱则在 2020 年发射。B330 太空舱的设计方案是基于其从 NASA 购买的载人居住舱（TransHab）技术概念发展而来的，B330 太空舱长 13.7 米，直径 6.7 米，总质量在 20~23 吨，使用寿命 20 年，内部空间在充气加压后可达 330 立方米，目前国际空间站的内部加压空间为 916 立方米，B330 太空舱可使空间站应用空间增加 30%，并可极大地节省发射与运行费用。后续毕格罗公司还将研发更大、扩展空间更强的"奥林巴斯"（Olympus）太空舱，也称 B2100，长 17.8 米，直径 12.6 米，质量达 65~70 吨，充气加压后的内部空间达到 2250立方米，拟可乘 16 人。

B330 太空舱和 B2100 太空舱可作为多功能型试验平台同时为 NASA 的空间探索任务和更多的商业性科学试验研究提供服务。除了工业性与科研用途外，它们还能作为太空旅游的工具以及开展月球和火星探索任务的飞行器。

### 3. 空间站试验平台、小卫星释放以及商业气闸舱

纳米架（NanoRacks）公司是首个提供空间站商业释放微纳卫星服务的公司，成立于 2009 年。公司刚成立时，主要进行纳型支架模块设计，这些模块可与国际空间站的研究支架相匹配，用户通过 NanoRacks 公司的模块进入空间，完成微重力研究实验。后来推出进行生物学实验的创新仪器（MixStix），与 2 台显微镜、1台酶标仪和离心分离机一起供研究使用。

（1）纳米架立方体卫星释放系统（NRCSD）

NRCSD 由美国纳米架公司研制和运营。该公司于 2013 年利用 J-SSOD 装置释放小卫星后，意识到从国际空间站释放小卫星的商业潜力，利用不到 10 个月的时间研发了 NRCSD。NRCSD 设计符合 NASA 国际空间站安全性要求，于 2014 年搭载发射至国际空间站。

（2）空间站内（外）部试验平台

纳米架公司还提供空间站内（外）部试验平台，NASA 以及其他企业、科研机构、高校都可以是它的用户方。通过与 NASA 签署协议，纳米架公司租赁 NASA 在空间站的空间，向 NASA 交付租金。而 NASA 需要使用纳米架公司的试验平台，则属于商业行为，需向纳米架公司交付使用试验平台的资金。

（3）商业气闸舱

2017 年 2 月 6 日，波音公司与纳米架公司宣布联合开发首个商业气闸舱。该气闸舱由波音公司与纳米架公司合作研制，是首个自主投资研发的商业气闸装置，计划于 2019 年发射并安装在国际空间站美国舱段上。新型气闸舱主体由纳米架公司研制，波音公司研制并安装气闸舱的被动式通用对接机构(PCBM)，将气闸舱与国际空间站上美国的加压舱连接。波音公司一直以来都是国际空间站的主承包商。在这之前，纳米架公司已在 2016 年 5 月与 NASA 签署协议，计划在国际空间站上安装商业气闸舱产品，在历史上尚属首次。纳米架公司将自主投资 1200 万～1500 万美元，开发的气闸舱被称为"doorway to space"。当前，国际空间站主要利用 JAXA 的"希望"号气闸舱(美国也在使用)在轨部署立方星与小卫星，但内部空间有限，每年部署次数有限。波音公司与纳米架公司联合开发首个商业气闸舱，对于国际空间站的商业开发具有显著而重要的意义。纳米架公司首席执行官杰弗里·曼伯表示，国际空间站正迎来一个新的时代，私营机构正在越来越多地加入，气闸舱项目仅仅是与波音公司合作的开始，未来将打开近地轨道上国际空间站的商业市场。

## （三）近地以远商业载人航天项目

### 1. 太空旅游

近年来，轨道 ATK、联合发射联盟、SpaceX 等诸多商业公司提出地月空间及载人火星探索规划。2017 年 2 月 27 日 SpaceX 公司宣布了其新计划：于 2018 年下半年发射一艘载有两名付费乘客的"龙"2 飞船进行掠月飞行。"龙"2 飞船是为 NASA 商业乘员计划开发的"龙"飞船的载人版。在任务设想中，该公司将使用"猎鹰重型"火箭在佛罗里达州的 LC 39A 发射台进行发射，以自由返回飞行飞掠月球表面，到达距离地球 640000 千米的深空，然后返回地球。整个任务大约需要一周。该次任务将在 SpaceX 公司的

"龙"飞船与国际空间站试验飞行演示验证后进行。计划先完成一次不载人试飞，2018 年 8 月完成首次载人飞行任务。2018 年 1 月，马斯克表示由于 SpaceX 公司目前研制重点放在"超大猎鹰火箭"上，因此暂时放弃掠月任务。

### 2. 私营公司参与建造"深空之门"

2017 年 3 月，NASA 提出了"深空之门"和"深空运输站"(Deep Space Transport，DST) 计划。"深空之门"(DSG) 计划在 21 世纪 20 年代建成有人照料的地月空间站，将用作拟建"深空运输站"的中转补给站。为缓解经济压力同时推动技术创新，"深空之门"将以公私合作、国际合作的方式共同完成建造，11 月 1 日，NASA 授出为期 4 个月的电力推进平台研究合同，研究总经费约为 240 万美元，获选的 5 家公司分别为：波音公司、洛克希德·马丁公司、轨道 ATK 公司、内华达山脉公司和劳拉空间系统公司；目前入选的 6 个深空居住舱概念方案有望纳入第二轮"下一代空间探索技术合作伙伴"(NextSTEP－2) 计划中，6 家公司包括洛克希德·马丁公司、毕格罗航空航天公司、波音公司、轨道 ATK 公司、内华达山脉公司和纳米架公司。未来私营公司也将积极参与到 NASA 主导的"深空之门"计划建造工作中。

### 3. 商业开发太空资源

太空资源开发目前面临耗资大、风险高等难题，但美国仍有不少小型初创公司对此领域跃跃欲试。2015 年 11 月，美国国会通过了《美国商业太空发射竞争法案》，法案规定，美国个人或企业在小行星或月球上发现的任何物质，包括矿物质、水等，所有权和处置权均归发现者。这一法案为商业开发太空资源铺路，被称作"美国对太空开发领导力的里程碑"。

深空工业(Deep Space Industry) 公司计划在一些小行星上部署小卫星，用来评估矿物质储量并收集样本。深空工业公司致力于21 世纪 20 年代中期进行小行星采矿，"勘探者-1"(Prospetor－1)

作为低成本的航天探矿器，装满推进剂后质量为 50 千克，依靠 Comet 水动力系统释放出超高温水蒸气产生的动力前行，其主要任务是搜集数据资料，计划于 21 世纪 20 年代中期正式执行采矿任务。

2012 年由谷歌创始人之一拉里·佩奇成立行星资源（Planetary Resources）公司，也被称为"小行星采矿公司"。2015 年，该公司的首颗卫星"阿凯德"3R（Arkyd 3 Reflight）搭载"龙"飞船发射升空，目的是研究小行星，对小行星上资源进行勘探。

# 三、几点看法

美国在国际空间站上推行的载人航天商业化的模式不仅能够使 NASA 将更多的精力投入到更艰巨的任务中，如载人登火等，而且还能够推进大量私人资本注入国内航天经济。未来，"政府主导、商业公司参与"和最大化利用商业合作伙伴关系的模式将进一步深化，商业化将成为载人航天发展的支柱。

## （一）未来美国载人航天发展将进入高度商业化阶段

特朗普上台后多次强调要大力发展公私合作关系。未来可能将公私合作关系作为美国民用航天活动的基础，在近地轨道载人航天领域大力发展与私营公司的商业航天合作，在近地轨道以远的深空探索领域也在寻求合作可能性。也许是较早嗅到了特朗普政府"钟情月球"的气息，各家航天公司都已早早开始了针对月球的布局。不仅波音公司、洛克希德·马丁公司与 NASA 合作的"空间发射系统"和"猎户座"飞船在持续推进，以 SpaceX 公司、蓝色起源公司为代表的航天初创公司也都相继推出了涉及月球探索的相关计划。

2017 年 9 月，马斯克公布了"超大猎鹰火箭"（Big Falcon Rocket，BFR）项目以及一张月球基地的渲染图。蓝色起源公司期望在 2025 年左右运送各种实验设备、货物到月球，以帮助实现建立月球基地。此外，联合发射联盟（ULA）正在制定围绕月球的交通网络。无论最后政策的天平是否会倾向于私营新锐，在特朗普任期内美国重返月球计划实现的可能性都将在多方竞争的形势下得以大大提升。

## （二）国际空间站的商业开发将建构商业航天新格局

近几年，国际空间站成为继火箭、卫星之后方案与效益都比较明确的商业航天新领地。随着全球科技的发展与创新，进入空间以及在空间从事活动的能力也在不断增强，方式方法也变得灵活。美国将大力发展以 SpaceX 公司、蓝色起源公司等为代表的商业航天活动，寻求与私营公司进行商业航天合作的可能性。未来可能将近地轨道进入和近地轨道操作任务都移交给商业部门，此外在国际空间站运行和资助方面纳入更多"私人和公共合作伙伴"，包括延长国际空间站的使用寿命。

近年来，美国政府曾明确表示将逐步退出近地轨道的航天器的运作，一是为了将更多的国家层面的资源与精力用于探索和利用更远的外层空间，二是为了充分引入新型商业公司的先进技术以及灵活的运营模式，实现航天科技创新，实现科技带动经济效益与社会效益。

（北京空间科技信息研究所）

# NASA 航天技术转移发展情况浅析

**摘要：**作为推进航天技术转移发展的典型机构代表，美国国家航空航天局（NASA）是美国乃至全球军民两用技术产业化推进机构的标杆，在政策、法律和管理等方面都拥有丰富的经验。本文以 NASA 航天技术转移情况为研究对象，浅析 NASA 航天技术转移的发展背景，梳理 NASA 航天技术转移模式和机制、组织管理，总结 NASA 为推进航天技术转移转化所做的举措，最终得出几点启示。

美国国家航空航天局（NASA）历来重视向企业转移成熟的航天技术，积极通过公私合作模式带动企业参与到航天活动中，提高航天技术转化的效益和效率，推进两用技术的快速发展。NASA 推动航天技术转化着眼于新兴产业，能够紧密结合航天技术的前沿性特点，充分发挥航天技术转化的牵引带动作用。同时，NASA 注重航天技术的无形资产转化，其长期积累的人才资本、经验及教训对于企业来说是宝贵的财富，这种充分挖掘无形资产价值，扩展航天技术转化范围的做法，值得借鉴。

## 一、NASA 航天技术转移发展背景

NASA 在成立初期，其工作重点主要集中在推动航天技术的研发和进步上，此时技术研发中产生的知识产权几乎全部归美国政府所有。由于 NASA 还肩负着通过技术发展来推动美国经济增

长的重任，因此，NASA 通过一系列法律，来促进航天技术向其他领域扩散和转移，从而推动相关技术和经济的发展。

NASA 成立后不久，美国参议院就要求 NASA 建立一个用航天技术服务于民生的长效机制。1964 年，NASA 确立了"技术转让计划"（Spinoff）。1973 年，NASA 开始尝试将航空航天技术向民用领域转移，也因此成为美国最早开展军民技术转移的政府部门之一，之后 NASA 每年都发布一份《技术应用计划报告》。从 1976 年开始，这份报告改名为《NASA Spinoff》，每年选取约 50 项左右军转民技术编入报告，介绍这些技术的研发背景、应用前景、技术转移方式以及与小企业合作将新技术引入民用领域等情况。2013 年，NASA 又启动了快速授权计划，将某些已获得授权的专利技术归类至快速授权平台网站，对企业开放，企业可采用电子申请的方式获得授权，从而进一步加快了技术转移和产业化的步伐。在《NASA Spinoff》的基础上，NASA 还建立了军转民技术数据库。迄今为止，已经有超过 2000 项技术成功转移到民用领域。

## 二、NASA 航天技术转移机制及模式

### （一）NASA 航天技术转移机制

NASA 创立了"技术转让计划"机制，即上文提到的每年发布一份《NASA Spinoff》，但 NASA 能够执行"技术转让计划"，切实推进航天技术转移不仅仅是靠发布一些文件实现的，还需要提供一系列开放性的政策配套，包括用人机制、转让规范等。随着《空间行动协议》（SAA）、《竞争性技术转移法》《史蒂文森-怀德勒技术创新法》《国防授权法》及《商业化领航计划》等法律和计划的出台，美国不断完善航天技术转移的途径和机制，大力提倡私营企业加入技术创新，为航天工业注入新活力。这些政策法律为航天技术转移提供坚实的法律保障和政策支持，切实推动了航天技术转移转化，提高了社会综合效益。

在"技术转让计划"之外，NASA 还在联邦的"小企业创新研究计划"（SBIR）和"小企业技术转让计划"（STTR）机制下向中小企业转移航天技术。SBIR/STTR 的运行机制与"技术转让计划"大同小异。在实际运行中，这两个机制是由同一个办公室负责的。区别在于，"技术转让计划"属于 NASA，而 SBIR/STTR 不属于 NASA，受联邦政府的监督和管理，参与 SBIR/STTR 的部门包括国防部、能源部、卫生部、国家海洋和大气管理局等多个联邦部门。在 NASA 航天技术民用的实际运行中，SBIR/STTR 的受重视程度低于"技术转让计划"，但也取得了很好的社会经济效益。在 SBIR/STTR 机制下 NASA 拨款支持中小企业接收 NASA 的技术，而所转让的技术和投入的资金不仅可以用来制造民品，造福民众，还可以提供新的工作岗位，创造产值。

从法律上说，无论 NASA 组织法还是 SBIR/STTR 法，都强制性地要求 NASA 在预算中编入技术转让内容，支持中小企业利用 NASA 科研成果创业。在主动与强制两种因素的推动下，NASA 的航天技术成果转让已经形成了长效机制和固定运行模式，成为世界上运行最好、效益最突出的高技术成果转化机制。

## （三）NASA 航天技术转移模式

NASA 采用正式和非正式两种方式进行技术转移。其中，非正式的技术转移方式包括科学知识的传播，无正式协议的合作研发，将设备和装置用于非 NASA 项目的试验，出版与科学实际应用相关的技术等。在 2012 年以前，NASA 集中于非正式的技术转移模式，但是自 2013 年开始，NASA 开始强调正式的技术转移模式，包括建立规范的分支机构技术转移流程、技术转移年度工作计划和技术转移过程考核的关键点①。总体来说，NASA 技术转移

---

① 孙薇，仝爱莲. 浅析 NASA 技术转移网络体系. 中国航天，2007（10）：16 - 17。

共有以下几种模式：

## 1. 技术转移许可和其他合同协议模式

NASA 的 10 个研究中心每年度都有技术转移计划，由各中心的计划办公室负责技术转移工作，贯穿新技术或新发明产生到成功实现转化的全过程。一般有两种方式：一是各中心的技术转移办公室一旦确定新的发明具有重要商业价值和技术先进性，将会申请专利，并开展市场交易与技术许可工作；二是各中心的技术转移办公室通过评估自己某项技术具有潜在的商业价值但并不申请专利，而是通过在《NASA 实用技术月报》上发布相关技术信息，将该技术以其他技术交易合同协议的方式市场化到工业界。

## 2. 采用技术拍卖等利用技术许可中间方的模式

近年来，NASA 正在探索通过中介服务机构的技术拍卖活动来扩大和加速对美国公司的专利许可机会。为此，NASA 在 2011年 11 月发布了关于知识产权市场化与中介服务的通告，以寻求政府零成本的方式来提高 NASA 的知识产权转化运用和加速技术转移，同时提供此中介服务的机构也可获得相应的技术转移服务费。

## 3. 发布包括开源版本的软件

NASA 被美国工业界公认为拥有最丰富的直接面向公众的软件资源，并通过正式的软件使用协议进行软件转让，其中包括源代码受限软件与开源软件版本。NASA 作为美国第一个发布开源版本软件的机构，会制定软件开源活动计划并定期开展一系列的活动。

## 4. 科学研究结果和数据的公开出版

NASA 将航空航天领域的知识传播服务作为技术转移工作中的补充内容，主要包括科学研究成果和数据的公开出版。1973年，NASA 发布了《技术应用项目报告》。由于社会各界对该报告兴趣浓厚，NASA 决定每年发布此报告。自此，发布成果报告成为 NASA 开展技术转移的特色之一。NASA 的《技术应用项目报告》每年选取约 50 项军转民技术编入报告，介绍这些技术的研发背景、应用前景、技术转移方式，以及与小企业合作将新技术引入民用领域等情况。该报告每年在 NASA 官方网站发布 1 次；在此基础上，NASA 还建立了军转民技术数据库。该数据库具有检索功能，便于公众、企业和政府部门了解这些合作项目。目前 NASA 将科学研究成果和数据公开主要有 3 种途径：一是 NASA 科学家在全球范围内展示他们的研究成果，包括从航空到航天、地球科学到新材料和医药领域的突破；二是 NASA 和 NASA 资助的学术研究人员经常发表科学任务相关的学术论文；三是 NASA 选出具有公众实用性的研究成果在 NASA 科学技术信息网上公开。

5. 建立合作伙伴关系

NASA 通过航天法案协议或者"合作研究与开发协议"（CRADA）与其他政府机构、工业界、学术界和其他小型公司进行合作也是十分重要的一种技术转移模式，其合作还包括了有偿或者无偿使用 NASA 工具、维修设备或装备等资源。NASA 的此种模式一方面是为了更直接地实现技术需求对接，另一方面可以更好地支撑国家在全球商业化活动中的国际竞争力。

6. 无偿转让技术模式

2015 年，NASA 开始尝试新的技术转移方式，即同初创公司展开合作，NASA 无偿授予初创公司相关技术，初创公司获取技术后，进行市场化工作，在盈利之后，NASA 再分取公司利用技术转移获得的利润。

## 三、NASA 航天技术转移组织管理

NASA 航天技术转移管理组织机构中，NASA 在行政上直属总统管理，由 NASA 局长总体负责。其技术转移组织管理分为两个层次：一是总部管理，二是分支机构管理。总部管理由各职能办

公室完成，其中，2010 年成立的首席技术专家办公室负责将 NASA 技术转移到民营部门和其他可能的技术商业化工作；监察长办公室和咨询团队是直接向 NASA 局长汇报工作的独立机构，监察长办公室负责技术转移工作计划和年度总结的审查与建议工作，咨询团队中的技术创新委员会提供与技术转移相关的专家咨询建议；总法律顾问办公室负责技术转移中相关的知识产权法律事务。NASA 的 10 个航天中心下设技术转移办公室（OTT）[1]，NASA 下属的各分支机构技术转移工作由 10 个技术转移办公室完成，并由各中心的首席技术专家负责协调技术转移工作。此外，NASA 对美国远西部技术转移中心（FWRTTC）、中部大西洋技术应用中心（MTAC）等 6 大区域技术转移中心进行了资助，以此有效地组织和协助美国工业界参与、利用和商业化 NASA 的研究项目和技术。NASA 的首席技术专家作为首席技术专家办公室（Office of the Chief Technologist，OCT）的主要顾问，负责确定 NASA 航天技术相关的政策、计划和优先级，即航天技术项目（STP）。首席技术专家负责 NASA 航天技术发展和转移转化的直接行政管理。办公室的首席技术专家负责跨机构技术的协调工作，包括任务投资、战略技术集成，以确保 NASA 能够满足未来技术需求，并对 NASA 的技术进步进行广泛宣传。OCT 通过创新伙伴关系办公室（IPO）来推进技术转让和商业化。创新伙伴关系办公室负责开发和执行创新技术合作、技术转让和商业活动。

　　NASA 下设的 10 个航天中心的技术转移办公室负责具体的技术转移工作，由副局长对口负责；联络办公室、立法与政府间事务办公室，由常务副局长对口负责咨询团队；监察长办公室、首席技术专家、总法律顾问办公室、小型商业计划办公室以及任务

---

　　① 1991 年，美国国防部成立了技术转移办公室，隶属于国防研究与工程局，作为军民两用技术转移的牵头管理机构，负责与能源部、商务部等部门的协调。

支持委员会将对口 NASA 局长，直接向其汇报。

# 四、促进航天技术转移的举措

## （一）建立并完善转让机制，大力推进技术转让

### 1. 建立创新主体，以市场为导向研发新技术

美国建立了以科研院所、高等院校、非盈利性研究机构等为核心的创新主体，并斥巨资吸引它们依靠开放型、社会化的产业链及市场需求导向来共同开发两用技术，进一步加深航天技术转移转化的程度和深度。美国创新主体的运行更多依赖开放和社会化的产业链，根据市场的需求导向来开发相应的技术，通过主体合作或者企业并购的方式实现技术和资源的融合。

美国基础研究与预先研究的中坚力量是国家科研院所和高等院校。同时，美国市场中还有很多军民结合型的私营企业，它们根据市场经济规律进行运作，不断灵活地调整自身产业链结构以适应市场需求。以市场需求为导向来带动某个航天技术的发展不仅能够切实推动该技术的研发，甚至带动相关技术的发展，更能提升航天工业整体的综合效益，尤其是经济效益。

### 2. 建立合作伙伴关系，引入私营企业力量

首席技术专家办公室不断与更多从事航天事业的机构发展合作伙伴关系，共享资源和专业知识，有效地发展突破能力。首席技术专家办公室致力于确保 NASA 将研发的新技术转让给私营部门，包括给私营部门颁发许可证，并同其形成合作伙伴关系，展开相关合作。

NASA 在从事技术研发时便与学术界和私营公司开展合作，将其最新发现和创新技术、知识为外部组织机构打开商业市场，最终创造和提升社会效益，提高人民生活质量。

## （二）制定法律法规，为航天技术转移转化保驾护航

### 1. 制定国家层面法律法规，创造航天技术转移有利环境

1991年，美国国防部成立了技术转移办公室，隶属于国防研究与工程局，作为军民两用技术转移的牵头管理机构，负责与能源部、商务部等部门的协调。1993年2月，时任总统克林顿提出了提高美国经济竞争力的新科技战略，使科技发展转向兼顾经济和国防需求的轨道。美国国会技术评估局于1994年发布《军民一体化的潜力评估》，首次把军民融合作为长远发展规划进行了国家层次上的总体设计，标志着美国军民融合战略的全面展开。

此后美国出台了一系列国家层面的法律体系，这些法律体系完备、层次分明，具有最高层次的法律效力，成为了保障航天技术转移转化的基本法律依据和指导性文件，主要包括《国防授权法》《国防拨款法》《国家竞争力技术转移法》《国防工业技术转轨、再投资和转移法》《联邦技术转移法》《国家工业储备法》等。同时美国还组织实施了一系列具有法律性质的国家科技计划，如《国防科学技术计划》《军民两用科学技术计划》《中小企业创新计划》《中小企业技术转移计划》以及一系列的"航天白皮书""航天咨文"等。通过这些法律、法规以及国家科学计划、白皮书的颁布、实施，宏观上用政策性法规引导了航天技术转移的总体发展思路，在一定程度上推动了航天技术转移。

为了推动航天军民两用技术产业化发展，美国政府不断增加、修改技术转移和应用等与产业化相关的法案，如《联邦技术转移法》《国家竞争力技术转移法》等法案。新修改的法案强化了航天技术转移与应用的功能，奠定了航天军民两用技术产业化的法律基础。同时，美国立法机构和行政部门审时度势，即时废除、修订过时的、不适用的法规，并制定新的法规，为推进航天技术转移创造有利的外部环境。美国历史上一直是保护自由竞争，抵制

产业垄断的国家，注重通过法律约束企业之间的兼并行为，特别是一些大型军工企业的重组和合并，制止了大型军工企业的垄断，在一定程度上保护了私营航天企业的发展，也为私营企业参与航天技术研发及接受 NASA 转让的航天技术生产民品培育了有利环境。

2. 制定知识产权战略，促进已有成果运用

NASA 技术转移的关键点将是总部获取和管理分支机构的知识产权资产，包括确定知识产权经费投入、促进内部技术转移以及提供足够的知识产权管理资源。NASA 制定了规范的知识产权获取计划流程，其中最重要的环节就是对技术的价值评估，从中选取高价值的技术并获取相应的知识产权，并且在与其他合作方的研发合同中明确了双方应进行发明报告义务的知识产权条款。为确保知识产权获取质量，NASA 成立了由总法律顾问办公室、首席技术专家办公室、首席总工程师办公室、知识产权管理部门组成的质量控制小组，并在每年的第四季度梳理出知识产权获取计划的技术清单。

为了促进已有智力成果的有效运用，NASA 开展了科技创新成果集成信息资源平台及新技术登记的数据库建设，实现了创新资源的整合与共享，并且 NASA 正在论证将该平台与新开发的 NASA 技术转移系统平台对接。NASA 科技创新成果集成信息资源平台大幅度降低了 NASA 的技术开发成本，避免了重复研发，对 NASA 科研具有重要的意义。此外，NASA 为了更好地开展知识产权管理工作，向各分支机构增加知识产权管理经费的投入；明确具体的责任部门，同时加强技术转移工作人员的培养。

# 五、几点启示

## （一）提供配套政策计划，切实推进航天技术转移转化

从 NASA 航天技术转移发展的情况来看，完善的法律条款和

政策措施，以及国家决策机构、政府、国防管理部门之间相应的组织管理、沟通协调、引导推动，在推进航天技术转移转化过程中都起到了至关重要的作用。

政府应在具体的技术转移活动中充分发挥引导作用，提供配套激励技术转移的政策与计划。将技术转移工作纳入国家综合发展规划，从国家层面制定多方位的法规政策来给予支持和推动。如完善准入许可、保密、投资、标准化、产品认证的法律制度，以及技术、产品、生产定型等的法律制度，允许私营企业参与航天技术及产品的科研和生产相关活动，颁布相关法律法规，加大投资力度，切实推进航天技术转移转化。

## (二) 建立健全法律法规，规范航天技术转移工作

由于国家财政资助项目的研发成果，尤其是国防科技成果涉及国家安全与利益，相关技术转移机制必须要在国家顶层上制定和完善法律法规，以规范政府和国防科研机构与民营企业及其他领域的转移活动。

加强技术转移法规建设，包括协调好技术转移活动中所涉及的知识产权问题；同时，加强信息管理和信息公开，既要使相关人员和组织能够方便、迅速地得到所需要的信息，还要加强航天科技信息的安全保密和知识产权保护的措施，防止泄密和非法侵权行为。在技术转移过程中充分发挥政府引导作用，配套激励知识产权转移的政策与计划。

（北京空间科技信息研究所）

# 美国积极发展太空核电源系统

**摘要：** 核电源是开展长期深空探测任务的必然选择，NASA 已在行星际探测任务中广泛应用多种放射性同位素电源，并在不断改进其性能。同时，NASA 积极研制能满足更高动力需求的小型核裂变反应堆电源，"千瓦级动力"（Kilopower）计划已进入系统级测试阶段。Kilopower 太空裂变电源系统具有简化紧凑、安全性好、开发成本低等特点，适合用作航天器电源或星球表面前哨基地电源；可以模块化使用，利用多个系统组合可满足火星表面载人探索任务需要。

美国国家航空航天局（NASA）一直将核电源技术视为提升美国太空探索能力的重要技术，在不断改进放射性同位素电源性能的同时，积极研制能满足更高动力需求的核裂变反应堆电源。近期，NASA 完成了"小型核裂变电源系统"（FPS）可行性研究，并于 2017 年 11 月开始在内华达试验场对 Kilopower 计划研制的小型核裂变反应堆系统进行多项测试，计划 2018 年初进行 Kilopower 反应堆样机真空测试。这标志着 NASA 在研的太空核裂变电源系统即将进入分系统测试阶段，为后续研制千瓦级核电源奠定关键技术基础。

## 一、核电源是开展长期深空探测任务的必然选择

美国总统特朗普称，太空将是美国下一个伟大疆域，强调 NASA 应将重点转向载人航天探索与科学发现任务，包括载人登

月和火星任务以及更远的深空任务。美国国家航天委员会主席、副总统彭斯也表示，将制定政策以实现整个太阳系的载人航天探索。2017 年 12 月 11 日，特朗普签署"重振美国载人航天探索计划"总统备忘录，对 2010 年版《国家航天政策》进行修订，正式提出："在美国的领导下，实现载人重返月球并进行长期探索和开发利用，为未来的火星和其他目的地探索提供支持"。

无论在科学探索还是载人航天任务中，电源系统都至关重要。目前，航天器上大多采用太阳能电池和化学电池提供能源。但对于长期深空探测任务而言，不受环境影响、寿命长、安全可靠的核电源将成为必然选择。太空核电源是将核反应堆或者放射性同位素产生的热转化为电能，向航天器提供所需电力。太空核电源分为放射性同位素电源和反应堆电源两类。目前，放射性同位素电源已经在行星际探索中得到广泛应用，但其输出电功率最大也仅能达到百瓦级，无法胜任未来深空探索任务(如，NASA 估计支持火星表面任务需要电源系统达到 40 千瓦级)。因此，美国积极研制能满足更高动力需求的核裂变反应堆电源。图 1 为各种空间电源应用范围的对比。

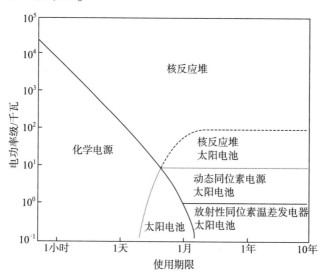

图 1　各种空间电源应用范围的对比

## 二、放射性同位素电源应用现状

放射性同位素电源寿命长、工作可靠，已广泛应用于功率需求不大的各种太空任务。当前，美国在放射性同位素电源的设计与制造方面已日臻完善，但尚有较大提升空间。

**1. 放射性同位素电源已在行星际探测任务中广泛应用**

自 1961 年以来，美国已在 27 次航天任务中使用了 46 个放射性同位素电源，用于导航、气象、探月、深空探索等任务。放射性同位素钚-238(半衰期 87 年)具有优良的功率密度和使用寿命，辐射水平低。美国用于太空任务的放射性同位素电源全部采用钚-238，输出电功率 2.7~300 瓦，功率密度 3~5 瓦/千克，质量 2~56 千克，最高效率达 6.7%，寿命 30 年。以"好奇"号火星车所用的多任务放射性同位素电源(MMRTG)为例，其是美国研制的新一代放射性同位素电源系统，采用 8 个装填二氧化钚(约 3.5 千克的钚-238)的通用热源模块，采用静态热电转换装置，输出电功率 110 瓦，剩余热量通过外部辐射片释放到太空环境中。另外，"火星 2020"任务也计划采用多任务放射性同位素电源。

**2. 放射性同位素电源面临的限制性因素**

放射性同位素电源存在明显局限性：(1)输出电功率较小。由于放射性同位素的发热量低，且热电转换效率不高(小于 8%)，输出电功率最大也仅能达到百瓦级。目前美国单个放射性同位素电源的功率水平达到 300 瓦左右。然而，随着深空探索任务的不断拓展，对空间电源的功率需求也不断增长，达到千瓦级甚至更高，放射性同位素电源系统已不能满足任务要求，存在较大能力缺口。(2)钚-238 供应面临挑战。钚-238 燃料价格昂贵，且美国的库存量(约 35 千克)有限，仅能支持已规划的 2030 年前太空探索任务需求，而不能满足 NASA 长期太空探索任务的需要。为此，美国能源部再次恢复钚-238 燃料生产。2015 年 12 月，橡树岭国家实验室宣布，研究人员已经生产了 100 克钚-238 样品，但技术尚处于重启的概念验证阶段；预计 2019 年将达到中期生产水平，每年生产 400~500 克钚-238；计划 2025 年实现全面量产，每年生产约 1.5 千克钚-238。美国能源部计划 2019 年生产新的以钚-238 为燃料的核电池，供 NASA 深空探测任务使用。但是，随着重返月球被重新确定为美国国家航天目标，NASA 对钚-238 的年需求量将增加，因为当前的需求量(1.5 千克钚-238/年)估算中没有考虑载人航天任务的需要。因此，为支持 NASA 载人月球探索任务，必须提高钚-238 的生产量，可能每年需要生产约 5 千克钚-238。根据 2017 年 10 月 4 日美国政府问责局(GAO)发布的报告，钚-238 燃料规模化生产面临一些技术问题以及劳动力短缺。显然，进一步提高生产量将使能源部面临新的挑战。

## 3. 放射性同位素电源未来仍将在 NASA 前沿科学任务中发挥作用

当前，美国仍在不断改进放射性同位素电源系统性能，通过更有效的热机转换或热电转换，提高放射性同位素电源的总功率、功率密度和效率，NASA 计划发展的放射性同位素电源系统详见表 1。有潜力的电源转换技术包括：先进"斯特林"发动机和先进热电转换系统，重点是提高转换效率(目标 12%)和功率密度(8 瓦/千克以上)，同时确保长寿命(14 年以上)。随着重返月球被重新确定为美国国家航天目标，NASA 对放射性同位素电源的需求将增加。据称，"星座"计划取消后，NASA 对钚-238 的年需求量从 5 千克下降到 1.5 千克，主要原因就是不再考虑载人月球探索任务的需求。

NASA 的深空科学任务是继续研发放射性同位素电源的主要推动力。未来，0.1~1000 瓦功率范围的放射性同位素电源仍将在 NASA 的前沿科学任务中发挥作用。另外，放射性同位素能量通过阿尔法光伏直接转换，可极大地提高效率和功率密度(达到 200

瓦/千克），但研制风险高。

表 1  NASA 计划发展的放射性同位素电源系统

| 序号 | 技术名称 | 描述 |
|---|---|---|
| 1 | 增强多任务放射性同位素热电发生器（eMMRTG－100） | 带通用热源（GPHS）的放射性同位素热电发生器（100 瓦）和高效率热电转换器（约 10%） |
| 2 | 先进"斯特林"同位素热电发生器（ASRG－100） | 带通用热源的放射性同位素热电发生器（100 瓦）和高效率"斯特林"发动机转换器（约 30%） |
| 3 | 高功率放射性同位素热电发生器（ARTG－500） | 带通用热源的放射性同位素热电发生器（500 瓦）和高效率、高功率热电转换器（约 15%） |
| 4 | 高功率"斯特林"同位素热电发生器（ASRG－500） | 带通用热源的放射性同位素电源系统（500 瓦）和高效率、高功率"斯特林"发动机转换器（约 30%） |
| 5 | 毫瓦级放射性同位素热电发生器（mWRTG） | 采用放射性同位素加热单元（RHU）和高效热电转换器；<br>目标：功率 60~150 毫瓦，效率>8% |
| 6 | 阿尔法光伏电池 | 放射性同位素电源系统，包含放射性同位素（如钚－238 或其他 α 发射极）和将 α 辐射直接转换为电能的半导体材料；<br>目标：功率 100~1000 瓦，效率>50%，功率密度>12 瓦/千克 |

# 三、加紧研制小型太空核裂变电源

太空核裂变电源具有明显的优势：一是核裂变电源释放的能量较大，其电功率可达到兆瓦级，能量供给充足；二是核裂变电源采用的燃料为铀，储备较丰富，能大量供给。NASA 研究认为，太空核裂变电源是可持续的载人火星探索所必需的。

20 世纪 60 年代，美国研制放射性同位素电源时，也积极研制能满足更高动力要求的核裂变反应堆电源。1965 年，美国的 SNAP-10A 核裂变电源系统(功率 0.5 千瓦)曾被送入轨道，但在轨工作仅 43 天便因故障而停止运行。SNAP-10A 系统采用热电偶实现能量转换，热-电转换效率仅为 3%。21 世纪初，NASA 制定了"太空核创新计划"，旨在利用核动力推进航天器探索火星，包括开发先进的太空核反应堆电源，但并未开展系统级试验验证。

## 1. 相关技术能力评估

2012 年 11 月，美国科研人员测试了一种核动力引擎原型。该引擎利用核裂变反应堆带动 8 个"斯特林"引擎，可提供约 500 瓦的电能。NASA 格伦研究中心和洛斯·阿拉莫斯国家实验室也对一个简化模型进行了测试，该原型包括一个小型核反应堆和一个"斯特林"引擎，能提供约 24 瓦的电能。

《2015 年 NASA 技术路线图》指出，美国的太空核反应堆计划已成功开发出高性能的燃料、材料和热传递系统，但这些硬件并未在太空飞行验证。研制 1~10 千瓦核裂变电源系统的关键技术包括：铀钼燃料，简单轻便的"核堆芯到电源"热传递技术，低功率电源转换技术，安全性、可靠性设计等。总之，采用当前的材料、燃料、热电转化和废热散热技术，近期开发出太空核裂变电源系统是可行的，主要挑战是把技术整合到一个安全、可靠、经济可承受的系统中。

## 2. Kilopower 计划——测试小型太空裂变反应堆系统

近年来，NASA 一直在资助一个名为 Kilopower 计划的小型核裂变电源项目，其目标是将应用于太空的 1~10 千瓦小型核裂变电源的技术成熟度从二、三级提高到五级。该计划主要面向两种任务需求演示验证核裂变电源技术：(1)1~10 千瓦电源，用于机器人科学任务平台电源和小型勘探系统；(2)10~100 千瓦电源，为开展行星表面勘探的前哨基地供电或用于向核电推进系统提供动力。Kilopower 计划是 NASA 计划发展的核裂变电源系统(见表 2)的重要组成部分，也是当前研发的重点。

表 2 NASA 计划发展的核裂变电源系统

| 序号 | 技术名称 | 描述 |
|---|---|---|
| 1 | 1~4 千瓦裂变电源系统 | 采用可扩展用于外行星和电推进任务的通用裂变反应堆，采用热电转换方式 |
| 2 | 1~10 千瓦裂变电源系统 | 采用可扩展用于外行星和电推进任务的通用裂变反应堆，电源转换方式包括"斯特林"和"布雷顿"发动机 |
| 3 | 10~100 千瓦裂变电源系统 | 电源转换方式采用"斯特林"发动机；可独立提供完整的电力 |
| 4 | 1~10 兆瓦裂变电源系统 | 可在太阳系的任何地方提供充足的能量；主要用途是核电推进 |
| 5 | 大于 10 兆瓦裂变电源系统 | 为核电推进系统提供电源 |

该小型核裂变电源将铀钼合金燃料、非能动钠热管、"斯特林"发动机集成起来，利用裂变反应堆产生的热能，带动"斯特林"发动机产生电能。裂变反应堆相当于热源，利用热管代替传统冷却回路将反应堆产生的热能传输给小型"斯特林"发动机，并将其转换为电能输出，其热电转换效率可达 20%。整个项目分为 3 个阶段：第一阶段，设计并在地面验证千瓦级电功率的核电源原型；第二阶段，设计并验证满足火星表面任务需求的 3~10 千瓦级核电源；第三阶段，于 2019 财年或晚些时候在国际空间站对相关技术开展飞行试验。

NASA 正在进行的小型太空核裂变反应堆系统(电功率约 1 千瓦)测试，是自 1965 年以来美国首次尝试利用裂变反应堆为航天器提供动力。Kilopower 太空裂变电源系统具有简化紧凑、安全性高、开发成本低等特点，设计寿命 10 年以上，适合用作航天器电源或星球表面前哨基地电源；可以模块化方式使用，利用多个系统组合可满足火星表面载人探索任务需要。

# 四、核电源技术突破将使新的航天任务成为可能

当太空电源技术取得突破时，往往能使新的航天任务成为可能。NASA 一直力求开发质量轻、体积小、效率高、能在较宽温度范围和强辐射环境中运行的电源系统。2014 年发布的《通往探索之路：美国载人太空探索计划的理由和途径》报告指出，行星表面核电源是实现载人火星任务的 11 个主要任务要素之一。

未来几十年，逐步改进的电源系统将使得在月面和行星表面工作的原位资源利用系统成为可能。随着放射性同位素电源和核裂变电源能源利用效率的提高，将能装备数量更多、能力更强的科学仪器并延长任务周期，可以开展更多的深空科学探索项目，给任务带来更多灵活性。未来如果开发出高性价比、轻量化的核电源系统(如兆瓦级核裂变电源)，再结合高功率的电推进器，即可实现核电推进航天器，这样载人航天探索就不必再依赖太阳能，而目标为火星或更远目的地的探索任务也成为可能。这将显著扩展太空探测的范围(可推动探测器深入到太阳系的各个角落甚至太阳系边界)，提高探测效率，进一步推动快捷、长期、灵活和全面的科学探测活动。

(军事科学信息研究中心)

# 国际空间站俄罗斯舱段的利用：成果及前景

**摘要：** 国际空间站是人类目前唯一拥有的在近地轨道长期运行的空间平台，为一些关键技术提供了史无前例的开发和验证的可能，推动着载人航天领域持续向前发展。到目前为止，美国舱段的建造已经完成，NASA联合其他合作伙伴对美国舱段正在开展全面和有效的利用。与美国舱段相比，在开展科学研究的强度方面，俄罗斯舱段还有充实和发展的潜力。俄罗斯舱段仍然在建造过程中，未来还有4个新的舱发射入轨与俄罗斯舱段对接："科学"号多功能实验舱、节点舱和两个科研动力舱，新的舱段将为科学家和工程人员的研究工作提供新设备和更多资源。本文介绍和分析了国际空间站俄罗斯舱段取得的有价值的科学技术发现，并对俄罗斯舱段未来的应用前景进行了展望。

## 一、国际空间站俄罗斯舱段的有效载荷整合

载人航天器上科学应用研究计划的执行效率在很大程度上取决于舱内配备的技术设备是否充足、航天器分配给科学研究的资源是否充足，以及有效载荷整合的可实现程度。最后一个因素是起决定性作用的，因为有效载荷的整合是否科学能够决定载人航天器资源能否被最佳利用。

截至目前，国际空间站俄罗斯舱段共含5个舱：

(1)"曙光"号功能货舱(自 1998 年 11 月);

(2)"星辰"号服务舱(自 2000 年 7 月);

(3)"码头"号对接舱(自 2001 年 8 月);

(4)"探索"号小型研究舱(自 2009 年 11 月);

(5)"黎明"号小型研究舱(自 2010 年 5 月)。

其中，"曙光"号功能货舱的质量约 67 吨，内部密封空间容积大于 200 立方米。未来，俄罗斯舱段全部安装到位后将有 9 个舱，总质量大于 132 吨，密封空间总容约 470 立方米。所有的舱作为空间站的一部分都可以成为开展研究的科学实验室和用于未来航天系统和先进技术实验开发研究的监控测试站，科学实验室和监控测试站根据计划开展工作，该计划必须考虑到空间站舱内资源分配的均衡，同时也要考虑到俄罗斯舱段的设备潜力。

国际空间站俄罗斯舱段的科学应用研究工作于 1995 年启动。有 80 多家工业企业、科研机构和大学院校参与，递交了涉及各个研究方向的申请 406 份。在俄罗斯航天局和俄罗斯科学院联合建议下，成立了科技协调委员会，对这些申请进行筛选和审议。1996 年，在上述工作基础上确定了俄罗斯舱段的研究领域。1999 年"能源"火箭航天公司专家对初步筛选出的实验和研究的技术可行性进行评估，并制定了《国际空间站俄罗斯舱段长期科学应用研究计划》。目前执行的是 2008 年修订的版本，2012 年的版本已完成修订。

《国际空间站俄罗斯舱段长期科学应用研究计划》(2008 年版本)中确定了以下 10 个研究方向：(1)微重力条件下物理化学及材料研究；(2)地球物理学及近地空间研究；(3)生物医学研究；(4)地球远程探测；(5)太阳系研究；(6)空间生物技术；(7)工艺技术研究及实验；(8)国际空间站轨道空间物理条件研究；(9)天体物理学及基础物理学课题研究；(10)航天研究的普及和教育。

2000年和2001年服务舱和对接舱加入了国际空间站在轨组合体，从那时起直至今日，专项载荷的一些元素（部件）的在轨资源保障不是通过专用的机柜来实现的，而是通过通用的电、热、真空及其他接口直接保障的（换言之，将有效载荷进行整合，有时需要向空间站运送专用的电缆、电源、适配器及其他保障设备；专项载荷单元可以安装在舱壁上，或者安装在壁板的后面）。

与服务舱相比，小型研究舱1和小型研究舱2上应用了更加完善的设备研制和整合原则，能够保障俄罗斯舱段应用效率得到提高：

（1）通过采用可替换（更换）的有效载荷和通用工位来实现各个舱设备的整合；

（2）飞行过程中，科研设备可以在通用工位上直接安装并接通使用；

（3）通用工位上配备标准的机械、电、数据及其他接口，可保障有效载荷的正常使用；

（4）有效载荷的替换是根据科研实验计划实施过程中的轮换原则进行的，或者是随着设备损坏而进行替换。

在解决服务舱外表面有效载荷整合中出现的问题时应用了上述原则：2009—2011年建造了两个新一代的通用工位并投入使用。

在多功能实验舱和后续舱上将在更大范围内应用可替换的有效载荷方法，以保障舱内已安装科学设备能被高效利用。完善的通用工位和机器人技术系统，双轴可旋转平台、自动化气闸舱以及可拉伸的设备架和支架相结合，在开展长期科学应用研究计划过程中，在这些舱的外表面安装和应用各种有效载荷就成为可能。

# 二、俄罗斯舱段最有学术价值的研究成果

在当前国际合作背景下，在轨的科学研究通常分为两大类：基础性研究和应用性研究，前者一般是在微重力条件及其他宇宙空间因素综合作用下开展的，而应用性研究主要是为了保障未来的航天任务。在国际空间站上开展的研究中，由工业公司实施，且和商业实验相结合的科研设计测试工作占有很重要的位置，因为其主要目标是开发某种产品(通常是在地球上利用在轨研究的成果)，并改善产品的应用性能。包括 NASA 在内，各国的航天机构首先致力于通过降低科学家、商业公司、非盈利机构和科学院所使用太空实验室这一研究平台的门槛，来扩大国际空间站的利用效率。国际空间站俄罗斯舱段主要研究成果包括：

## (一) 生物医学研究

生物医学研究的开展是为了揭示长期飞行(其中包括星际飞行)中乘员受到的健康威胁及找到相关的防护方法。生物医学问题研究所专家设计并在轨开展了多项医学实验，如，"章鱼""章鱼-2""心电-下体负压""预防""脉搏""睡眠心脏""呼吸""类型""呼吸心脏""BIMS""制药"等。得益于这些研究中获取的新知识，科学家们已成功地完成了以下工作：

(1)将太空中应用测试过的医学诊断方法和设备用于遥测医学和灾难医学的临床实践；

(2)实验研究了长期卧床病人的康复方法；

(3)研究并制定了运动系统疾病患者的恢复治疗方法。

研制出的医学检测和治疗的方法及设备已经在临床上得到了应用："伽马-1M"系统、Reflotron-4 血液分析仪、超声探测仪、遥测医学设备 ТБК-1 及其他设备。针对受运动系统疾病困扰的病人的康复方法，还在其他医疗机构得到了广泛应用，如：支撑

负荷代偿器，肌肉刺激仪，轴向负荷服，足底支撑负荷模拟器。

## （二）生物学和生物技术

生物学研究最重要的成就是在 20 世纪末至 21 世纪初期获得的。迄今为止国际空间站俄罗斯舱段上共开展了几十项生物学研究，其中包括一些和其他国家联合开展的研究。研究工作的范围非常广泛，包括培育蛋白质晶体、细胞生物学、植物生理学、疫苗的研制等。以下列举几个实例。

### 1."生物风险"实验

"生物风险"实验的主要目的是研究宇宙空间因素对"微生物-培养基"系统状态的影响，这关系到星际免疫和航天生态安全问题。实验证明，一些隐生和休眠状态的生物(病毒、真菌、动物和植物)能躲过开放太空致命性的打击，即使在外太空暴露 2 年 7 个月后仍能保存生命力。这是一个重大的新发现，更新了人类关于各级生物系统的生命能力的界限及浩瀚的宇宙中生命形式扩散的可能性的知识。同时还发现，在外太空极限环境中能够存活下来的不仅有微生物的孢子，还有其他休眠的生物(高等植物的种子、蚊子幼虫、低等甲壳类动物的卵)，这对于星际飞行中行星保护概念的形成具有重要意义。

### 2. "植物"实验

"植物"实验主要研究微重力条件下"拉达"温箱内高等植物的生长和发育。在连续种植了 4 代 131 系豌豆后，对种植结果的分析表明，在航天飞行条件下可以长期(相当于火星探测的时间)种植植物，结出可以用来继续种植的种子，不会丧失原有的遗传功能。这一实验最重要的结果是：

(1)首次在太空飞行条件下获得了连续 4 代有遗传标记的豌豆种子；

(2)"拉达"温箱内不同系的豌豆在个体植物生长发育全周期内的生长和发育特性，与地面对照组并没有区别；

（3）首次证明，航天飞行因素没有影响 1~4 代"太空"植物的遗传器官。

### 3. "PCG 结晶器"实验

实验的主要目的是在微重力条件下，国际空间站日本实验舱 Kibo 内，获得高品质的蛋白结晶，并在地球上利用高空间分辨率的 X 光结构分析法对其空间结构开展研究。这项实验由俄罗斯航天国家集团公司和 JAXA 联合开展，双方科学家分工合作，共同承担实验经费及享有研究成果。

俄罗斯科学院晶体研究所的科学家们通过开展该项实验取得了以下成果：

（1）使用日本研制和生产的舱载设备，首次接触到采用反扩散（встречной диффузии）方法获取高品质蛋白结晶的技术，并且还获取了蛋白结晶；研究制定了航天实验飞前准备的新方法。

（2）与俄罗斯之前的设备相比，日本研制的设备十分高效，俄罗斯的"模块-1"和"模块-3"设备的一个组合内只能加工 8~12 株蛋白，俄罗斯的"射线"设备的一个组合内能加工 16 株蛋白，而 JAXA-PCG 设备的一个组合内可同时加工 144 株蛋白。这极大地扩展了科学家们的研究范围，无论是统计学研究还是命名法研究。

（3）使俄罗斯科学家可以使用更加先进的日本研制的 X 光结构分析设备对国际空间站上培育出来的蛋白晶体进行研究，保障了研究的高精确性和高清晰度（清晰度即使只提高 0.1，对于获取科学和有重要实际意义的成果而言都是有原则意义的）。

## （三）对地观测

自 2000 年国际空间站首批长期考察组驻站开展工作以来，国际空间站（包括俄罗斯舱段）就成为了一个对地球进行观测的平台。在过去的 12 年间，空间站上完成了一系列重要的世界大洋水域和大气变化的观测研究，农作物种植区域的观测研究，以及遭受自然灾害和技术工程灾害地区的观测研究。

### 1. "飓风"实验

实验的主要目的是借助不同空间分辨率的数字化摄影摄像和光谱设备，对选定的地球表面区域进行观测和拍照。观测的对象是那些存在潜在危险(自然或人为因素造成的)的地区，这些潜在危险进一步发展有可能导致不可预见的灾难。目前，国际空间站上该实验中用于观测的是光谱拍摄系统"飓风-ΦCC"。2012 年 7 月，克拉斯诺达尔地区克雷姆斯克市发生洪水，从空间站开展了对该地区洪水动态变化情况的拍摄，这些拍摄对于俄罗斯紧急情况部在该地区开展搜索救援行动给予了很大支持，并且对于发生灾难原因的侦查也起到了很大作用。

### 2. "渔船"实验

实验目的是研究国际空间站俄罗斯舱段乘员和从事捕鱼的轮船之间的合作方法，以在世界各大洋搜寻和开发渔业资源丰富的水域。从国际空间站使用数字摄影摄像设备进行的观测结果，与渔船上对水生生物(初级产品)和光学指标(叶绿素)的测量结果在地点和时间上进行比对与协调，并随后将观测结果及时地传回地球。

全俄渔业和海洋资源研究所对太空中拍摄的数据进行了充分利用，为创建世界各大洋渔业资源丰富区域应具备条件的信息资源库，做了大量准备和分析工作，实现对获取材料的全面综合解码，为科学探索和工业开发计划制定建议。

在国际空间站第 29～32 考察组在轨工作期间(2011—2012年)，利用俄罗斯舱段乘员拍摄的资料共建立了 245 个大洋表面温度(TΠO)周图表。为了对"渔船"实验获取的资料进行综合分析，建立了 150 个大洋表面温度长期图表(月平均图表，非正常图表，趋势表，差异和增减率表)。目前，俄罗斯没有在偏远的、可能有渔业资源的水域开展科学考察活动，这种情况下，"渔船"实验中积累的数据资源就成为了关于当前所研究水域的表层状态及水生生物学参数分布的唯一可信的信息来源，这些数据都会影响捕鱼环境。

## (四)物理实验

在轨道空间有可能将重力因素排除在物理学研究之外，这些研究涉及的范围十分广阔，从流体物理学和燃烧物理学，到基本粒子物理学、材料科学实验。近几年，由于国际空间站两个舱段上都有用于开展研究液体行为、燃烧过程、材料科学等实验的先进科学研究设备，物理学实验的数量有所增长，这些实验既有俄罗斯独立开展的，也有和伙伴国联合开展的研究。仅以以下两个实验为例。

### 1. "等离子体晶体"实验

实验的主要目的：在微重力条件下研究等离子体尘埃晶体和液体。该项实验已经开展了 11 个年头了，是多国成果合作的典范，如俄罗斯(俄罗斯科学院高温研究所)、德国和法国。

实验装置："晶体 3 Plus"，该装置可以使科学家通过直接观察，对微重力条件下尘埃等离子体熔化和结晶的过程开展研究。实验装置包含一个把气体抽出来的泵、两个 TEAC 摄像机，这是人体科学实验的要求。将等离子体晶体形成过程的录像资料、其他物理参数，如气压、高频辐射功率、尘埃微粒的大小等，传输回地球，以供研究和分析。研究成果的潜在应用领域有纳米技术领域(纯化沉淀和分离)、新材料和涂层的制造、热核聚变(从反应区清除尘埃颗粒)以及先进激光器的研制(放射性粒子气溶胶的工质)等。

### 2. 中子实验

该实验由俄罗斯科学院空间研究所负责实施开展，实验的主要目的是全面综合研究近地宇宙空间的辐射环境，揭示其与太阳活动及与地球磁层、电离层状态的关系。该课题的研究对于空间技术新样机的研制以及在地球上的推广，特别是在保健领域具有重大的现实意义。

同时还应注意到，2013年俄罗斯舱段还收到等离子波组合装置，该装置由俄罗斯高温研究所与6个国家相关科研机构联合研制，用于国际空间站轨道上的等离子波环境的综合研究。

## （五）技术实验和航天教育

在轨实验室最适用于开发各类未来航天任务中可能用到的新技术。在过去的12年间，国际空间站俄罗斯舱段上先后完成了约50项技术实验，涉及面广，涵盖了从机器人技术到环境监测新方法和成像新技术的测试。

俄罗斯舱段最为有趣且十分有前景的应用领域是微型卫星、纳米卫星及微微卫星（皮卫星）的研制和释放。这些小型卫星在飞行前通过研制、测试和准备，并使用运输飞船搭载到国际空间站。俄罗斯舱段上曾成功开展过7项此类实验。最值得关注的是在"进步"号货运飞船上释放的由科学院空间研究所研制的微型科研卫星"奇比斯－M"以及俄罗斯航天员帕达尔卡出舱期间（ISS－31/32）释放的用于地球物理研究的微型卫星"Sphere"。

国际空间站上的科学和工程研究为教育任务的开展提供了极大的可能。教育类实验的宗旨在于激发各年龄段的中学生和大学生对自然科学、数学、技术、教育项目的热情，这也是国际空间站各航天局和成员国的共同目标。

## 四、俄罗斯舱段即将增加的舱段

按计划，还将有4个舱加入国际空间站俄罗斯舱段："科学"号多功能实验舱、节点舱、科学动力舱－1和科学动力舱－2。

## （一）"科学"号多功能实验舱

"科学"号多功能实验舱是由赫鲁尼切夫航天中心根据俄航局

的要求在"曙光"号舱的基础上进行研制的，将成为国际空间站的第17个舱。俄罗斯科学家期待俄罗斯舱段未来新的舱能够成为科学研究的先进平台。

"科学"号实验舱的各项参数为：长度13米，最大直径4.2米，封闭舱的通用工位为16个，设计寿命为在轨运行15年。"科学"号舱上将安装长度为11.3米的欧洲机械臂ERA，该机械臂是专门为俄罗斯舱段研制的，最大起重力为8吨，移动物体的精度可达5毫米。

该实验舱的内部和外表面安装有先进的通用工位，主要用于在质量及数量上提升俄罗斯舱段开展科学应用研究计划的技术和资源潜力。"科学"号实验舱上配置的机械臂ERA和自动化气闸舱为俄罗斯舱段增添了新的实力，并为货物储存提供了新的空间。未来，"科学"号实验舱加入国际空间站将开启俄罗斯舱段第二阶段整合的序幕。

"科学"号多功能实验舱能为长期科学应用研究计划中的绝大多数方向的实验提供科学研究场地。内部的通用工位上有俄罗斯研制的用于专项载荷的支架，可以将所需数量的科研设备加以整合，其中包括国际合作伙伴按照美国舱段标准研制的用于安装到美国舱段EXPRESS支架的有效载荷，这些设备在实验完成后可以进行替换(充分掌握了可替换的有效载荷的替换方法)。对于外部的通用工位的设计也是一样。

在"科学"号多功能实验舱的密封部分有14个内部通用工位及6个利用了舱内隔板后面空间设置的存放专项载荷的空间(必要时通用工位可以重新规划组织)。这些空间一般存放一些专用设备，例如用于生物及生物技术研究的手套箱，高温、低温及恒温箱，航天材料领域实验用的多空间真空炉，实验开展过程中保护有效载荷不受振动干扰的可翻转的防震平台。

通用工位上配置了用于专项载荷的机械适配器，可以将专项载荷安装在可拉伸的支架上，在靠近透明的直径为 426 毫米的舷窗处的工位用于完成对地观测实验和地球物理学实验。

在"科学"号多功能实验舱的外部设置有 13 个通用工位，应用了在服务舱、对接舱和小型实验舱上已应用并检验过的技术设备和方法。其中包括多样的外部机械接口和通用工位，各种类型的支架结构、磁机械锁、用于在舱外扶手上安装设备用的锁和固定装置等。外部有效载荷维护系统中纳入了新部件——气闸舱和机械臂 ERA，将为乘组在出舱活动中提供辅助支持。"科学"号多功能实验舱的科研设备将主要由"进步"号货运飞船运送。

## （二）节点舱和两个科学动力舱

国际空间站俄罗斯舱段下一阶段的应用（利用）与未来 3 个俄罗斯模块舱（节点舱、1 号科学动力舱及 2 号科学动力舱）的发射及其与轨道组合体的整合紧密相关。

节点舱有 6 个对接泊位，将对接在多功能实验舱的最低的一个泊位，作为俄罗斯舱段下一阶段的主要对接装置。节点舱的密封舱容积是 19 立方米，最大直径 3.3 米，配置有更加完善的热保障系统及主动和被动的对接结构。

两个科学动力舱将成为俄罗斯舱段中最复杂和最先进的部分。每个舱的发射质量是 21 吨，密封舱容积为 94 立方米，按照当前的计划，两个舱与节点舱对接后，俄罗斯舱段的组装将全部结束。

两个科学动力舱配备有高效的太阳能电池，两个舱的太阳能电池加起来可提供 24 千瓦的电能。科学动力舱拥有超大的密封空间，由"联盟"号和"进步"号飞船带来的任何型号的科研设备和仪器都可以整合到该密封舱内。科学动力舱可以作为未来近地轨道以远的载人飞行组合体的基础成分。

## 五、俄罗斯舱段的应用潜力

俄罗斯舱段新实验舱的主要任务是研发与未来载人航天飞行

相关的技术。其中具体包括以下系统的开发和研制：

（1）再生生命保障系统；

（2）容错计算机；

（3）更完善的生产和输送电能的系统；

（4）电动发动机；

（5）机器人设备及应用机器人设备的系统和各项操作；

（6）载人飞行的技术支持设备；

（7）更新升级的通信和导航系统；

（8）完善的自主交会对接系统；

（9）新一代乘员医学监督和防护系统；

（10）新一代航天服；

（11）性能更好的居住舱；

（12）其他系统和设备。

如果关注到俄罗斯舱段将补充进来的新的舱段，以及俄罗斯与国际伙伴所开展的高水平的科学技术合作，那么可以充分肯定国际空间站俄罗斯舱段的应用潜力在不断增长。

（1）在国际空间站上继续开展类似"火星－500"试验的长期飞行，并应用新研制的再生生保系统(俄罗斯和 NASA 联合开展的一年期飞行任务)；

（2）利用国际合作(在国际空间站合作伙伴建立起来的专家工作组框架下)研制未来近地轨道以远的飞行中应用的新技术以及系统研制及试验大纲；

（3）研究并制定利用国际空间站这一组合体以实现深空任务的规划。

目前，对如何利用俄罗斯舱段第二阶段建造的舱作为未来载人综合体单元已经开展讨论和研究。新的舱段可以成为国际空间站的组成部分，同样，并且/或者可作为建设新的空间站的基础。

# 六、结论

自国际空间站俄罗斯舱段投入使用以来，已经获取了一系列有价值的科学技术成果，并且几乎涵盖了长期科学应用研究计划的所有方向。其中，按照"有益于人类"和"基础科学价值"的标准，可以将上述成果按以下方向划分：

(1)生物医学研究——开发了医学诊断的方法和手段，这些方法和手段在太空中已经得到了测试和验证，将其应用于遥医学和灾难医学实践；开发了长期卧床病人的康复方法、预防和调整手段；为有运动系统缺陷的病人开发了康复治疗的方法和手段。

(2)生物学和生物技术研究——获得了关于以下内容的基础性认识：各种水平(层级)的组织的生物系统所具有的生命活力的边界，及生命的生物形式在宇宙中传播的可能性；航天飞行因素不会影响植物的发育过程和遗传器官(至少是第1~4代太空作物)。此外，研制出了微重力条件下培育高质量蛋白晶体的设备并制定了培育方法，在该研究的基础上获取了高效新药物的分子结构。

(3)对地观测——建立从太空对地球的视觉仪器观测系统，以评价自然灾害对抗措施的效果及人类活动频繁区域的生态监控效果。制定俄罗斯舱段乘组与渔船联合作业期间寻找及发现世界大洋渔业资源丰富水域的方法。

(4)物理学研究——在微重力条件下的等离子体尘埃晶体和液体的系列研究中，获得了基础性成果；完成了近地宇宙空间辐射环境的综合研究，揭示了地球磁层、电离层和辐射环境的关系，建立了详细的国际空间站轨道上的中子辐射图。

(5)技术实验——进行新技术的研究和实验，完善现有的航天设备并为近地轨道以远的飞行做准备；利用国际空间站俄罗斯舱段的技术设施，研究释放微卫星、纳米卫星和皮卫星的方法和技术，包括飞前的准备工作。

（6）航天教育——利用空间实验取得的各项成果，研究在中学和大学组织及开展有俄罗斯舱段乘员直接参与的教育活动的原则和方法。

在俄罗斯舱段的利用过程中，逐渐积累起了新的基础性知识，在空间科研中取得的成果不仅应用在完善航天设备和技术方面，还被用于地球上的工业生产。国际空间站上开展实施的教育计划成为了吸引年轻人投身航天研究和航天工业的有力激励因素。俄罗斯舱段的持续建设，使其保持了动态发展和各系统更新的状态。俄罗斯舱段不断整合进新的、拥有更加优化的技术参数和最现代化高科技舱载设备的舱段，通过后续采用可替换有效载荷的方法，以保障任何类型的科研设备能够在俄罗斯舱段正常使用。在这一过程中，实验的主管负责机构会提供越来越多的技术和资源，这样，俄罗斯舱段的利用效率就会不断得到提升。

国际空间站俄罗斯舱段的科研潜力，与使用现代化的可升级的技术和技术设备是分不开的，因此在未来的 10 年也将有稳定的发展前景。

（中国航天员科研训练中心）

# NASA 新一代发射场指挥与控制系统研发进展

**摘要：** 本文主要论述了美国国家航空航天局（NASA）为新一代"航天发射系统"火箭和"猎户座"飞船的未来空间探索任务而研发的新一代发射场指挥控制系统，介绍了系统的研发背景、最新进展、主要组成，概述了系统的主要特点以及系统研发目前面临的主要问题，分析了发射场指挥与控制系统的未来发展趋势，以为我国航天发射场的指挥控制系统设计实施提供借鉴。

自美国国家航空航天局（NASA）在肯尼迪航天中心（KSC）实施首次运载火箭发射任务之时起，发射场指挥与控制系统的研制与可持续应用就一直成为空间探索任务与发射场建设发展过程中最重要的一部分。

## 一、历史发展

### （一）20 世纪 60 年代

"水星-红石"任务时期，由于各个操作系统相对简单，早期指挥与控制系统主要采用人工控制方式，控制人员通过配置专用人员接口的硬件系统来进行每项发射操作。"阿波罗"项目时期，由于载人飞行任务需要大型、复杂的运载火箭，各项操作的数量也随之增加，这些操作之间的时间控制愈加重要，这就要求研制"土星"火箭自动化地面操作系统。

## （二）20 世纪 80 年代

"阿波罗"项目的后期至航天飞机项目的初期，小型计算机系统已普遍应用，1980 年投入使用的航天飞机发射操作系统 (LPS) 具有自动化程度高、标准化和模块化的硬件和软件，通用性、多用途、高密度和非专用型的操作控制台，采用与测试工艺相关的应用编程语言以及能快速地获取有关的计划和技术工艺信息等特点。

## （三）20 世纪 90 年代

结合数字数据处理和通信技术的快速发展、航天飞机发射任务对发射操作要求的不断提高以及 KSC 发射控制中心所使用的大部分硬件和软件有近 20 年没有得到换代的现实状况，NASA 于 1996 年开始着手研制新型测试与发射控制系统 (CLCS) 来取代日益老化的 LPS，希望通过对指挥控制系统的核心设备进行软硬件的同步设计，以此消除 LPS 逐段改造过程中产生的各种问题。但由于该系统的研制经费大大超过预算要求而于 2002 年被终止，但部分设计理念被运用到 LPS 的后续局部改造项目中。

## （四）21 世纪初以来

由于 KSC 原有的发射体系与硬件完全是针对航天飞机的发射任务而设计的，特别是发射软件的专项化特点使其兼容空间非常小。LPS 的运行程序所采用的高级地面操作航天语言 (GOAL) 严重制约用于高级处理操作 ( 如采用频域交互作用进行控制；运用高级聚类或集合理论进行系统状态分析 ) 的复杂软件演算的研发。同时鉴于此前曾耗资 5 亿多美元对 KSC 原有指挥控制系统进行两次大规模的升级改造，均因无法达到设计目标而缩减规模或取消研制。因此进入 21 世纪以后，随着美国国家航天政策的调整、航天飞机的退役以及新型空间运输系统 ("战神"系列运载火箭与"猎户座"载人飞船 ) 的研制，NASA 于 2005 年 6 月开始研发一套无需对原系统进行升级改造就能够兼容未来各种不同发射协议和运载火箭发射要求的航天中心指挥与控制系统(SCCS)。虽然 2010 年"星座"探月计划取消,但 SCCS 从 2011 年起继续成为地面系统研发与运营部(GSDO)开展"21 世纪航天发射设施计划"的一部分。

# 二、系统的主要架构组成与特点

SCCS 主要由地面与控制系统、发射控制系统(LCS)以及地面-飞行应用软件等三部分组成,但其基础与核心部分是发射控制系统,主要为发射操作提供端点单元指挥、测量与遥测信息处理,数据记录与检索的控制、连接及相关功能,并通报 SCCS 的总体状态。

NASA 在总结过去 50 多年发射历程、汲取相关经验教训并通过一系列概念性论证后,决定采用一种标准化结构体系方法进行 SCCS 的研发,在 SCCS 中尽可能多地应用商业现货(COTS)产品,并根据实际需求为不同 COTS 软件数据包之间的数据转换而编写一种称为"胶合型"代码,以便将整个系统中的所有 COTS 产品融合为一体,这与原航天飞机项目的 LPS 全部由 NASA 技术人员进行专项研发有着很大差别。图 1 为 SCCS 的软件结构体系组成。

## (一)系统核心部分——发射控制系统

### 1. LCS 前端结构体系

LCS 的前端结构体系由图形用户接口框架以及可生成用户自定义的指挥与自动脚本组成,采用应用服务框架(ASF)和显示服务框架(DSF)并与综合发射操作应用(ILOA)进行联合研制。ILOA 主要指发射场点火控制间内的发射技术团队。

NASA 采取了迭代法发布信息来实施 LCS 的设计(图 2),而不是待整个 LCS 前端结构的设计与测试完成后再移交给综合发射操作应用,即在每个迭代期将 LCS 的设计特性进行发布,然后 ILOA 开始各自端项的研发与测试,而无需耗用数月或数年待 LCS 的各个部分完成后再开始设计。这种迭代式发布信息的方法可以

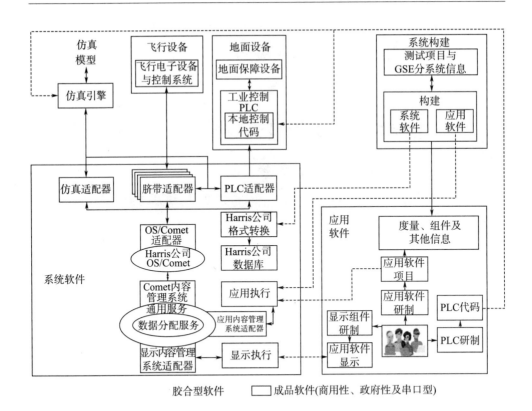

图1 SCCS 的软件结构体系组成示意

缩短研制周期，并能提前测试 LCS 的各部分，但对于设计人员要求较高，以确保每个迭代期发布的信息与不同时期软件版本相兼容。

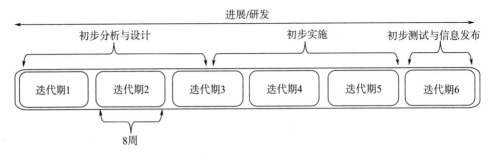

图2 LCS 的迭代式研发过程示意图

### 2. LCS 显示服务框架与编辑器

新一代 LCS 的设计将生成显示内容的工作从软件研制人员移交给 ILOA 团队，但无需其具备丰富的编程经验(如能够修改飞行显示的视图、软件数据包访问等)，而由 DSF 团队进行显示编辑器程序的生成与维护。与维护数百项不同的显示内容相比，显示编辑器程序所耗用的时间和操作要减少很多，这样可降低成本并使软件研制人员转而开发其他事项。由于这些显示内容都是独立的，适用于不同的发射指令与协议，且非常便捷，不同的商业发射公司都能够生成整个可在发射期间进行调用的图形系统。

### 3. 应用服务框架与航天器指令语言

为使发射操作脚本更具模块化，NASA 在研发新一代 LCS 时，将脚本编写工作交给 ILOA 团队。NASA 采用一种由 SRA 国际公司(美国政府信息技术服务和解决方案的供应商)研发的商业化语言——航天器指令语言(SCL)取代地面操作航天语言，这是一项具有决定性的改变，因为与地面操作航天语言相比，SCL 更近似于英语，对无编程经验的人员也易于掌握和使用。

SCL 目前在许多航空航天工业中广泛应用，因此，NASA 的软件研发人员与 ILOA 团队在学习如何使用 SCL 时非常容易。对于其中的显示系统，虽然需要解决一些如何全面应用于发射任务的障碍，但这可由 ASF 团队来处理。

## (二) 系统主要应用特点

### 1. 采用了更多的 COTS 产品

NASA 认为，当通过 COTS 产品实现每个系统组件的功能时，整个 SCCS 也就自然形成一个 COTS 产品，特别是在 NASA 使用私营航天公司的运载器时，可同时购入相应的商业成品软件数据包并集成到 SCCS 中。由于大多数 COTS 产品数据包的主要功能都能满足 NASA 的要求，因此，NASA 只需在购置产品数据包后，保留其大部分的基本功能，以此展开产品的顶层研发，而无需再做最基础性的设计研发。此外，NASA 无需再耗用资金、设计人员及相关资源进行软件维护，这部分工作将由提供软件的公司负责。

### 2. 采用"胶合型"代码揉合 COTS 产品

虽然采用 COTS 产品可减少 NASA 软件设计人员的时间与资源，但由于 COTS 产品之间通常无法直接进行数据交换，且在实际应用中须按照航天发射任务的要求进行一定程度的适用性修改与拓展。因此，NASA 的设计人员必须为不同 COTS 软件数据包之间的数据转换而编写一种"胶合型"代码，其作用是对大部分 COTS 产品的软件进行严格测试与程序修正，并对潜在问题进行鉴别，从而能将整个系统中的所有 COTS 产品集成为一体。目前，大多数企业级产品都会提供一个软件开发工具包（SDKs），以允许外部用户（如 NASA）按需对所购置的软件进行修改。

### 3. 更加注重系统功能强大、模块化和安全性

新研发的 SCCS 将更加注重功能强大、模块化和安全性，设计上不仅能确保发射操作过程中的安全性与稳定性，而且还可在软件系统的任一部分发生故障时提供故障失效防护与恢复机制。系统的模块化设计便于增加、修改、更换或拆除其任一部件，以满足不同发射协议的要求；良好的通用性且操作功能强大，能使发射技术人员在无需考虑适用性的情况下，对系统进行全面控制与感知，有助于提高航天发射与飞行任务的可利用性、安全性以及目标实现。

## 三、相关设施设备改造与研发进程

### （一）设施设备的适应性改造

为了更好地满足 SLS 火箭和"猎户座"飞船的发射飞行任务

以及 SCCS 配装与运行的实际需求，NASA 在"星座"探月计划时期对 KSC 发射控制中心（LCC）内的 1# 点火控制室（亦称扬·克里平发射控制室）进行改造的基础上继续进行适应性调整。由于安全性与可靠性一直是 NASA 实施其航天任务过程中最为关注的问题，因此，点火控制室改造工程的重要内容就是按照新的工艺设计标准拆除旧式控制台、电气与数据线缆、地板及相应的管道，安装新型商业成品式控制台、即插即用型线缆，以实现通过灵活、多功能化的手段满足不同、多项任务需求的发展目标。

改造后的控制室突出简洁实用性，在控制室的中央设有一个马蹄型的控制台，面向玻璃窗，可临近看到发射工位；在其后部设有两排控制台，可观看马蹄型控制台的操作内容。点火控制间内的控制台数量为 60 个，发射团队规模将比航天飞机项目时期减少一半，约 100~150 人左右，指挥控制人员可通过任何一个控制台访问目标网络，对不同型号火箭和飞行器的发射任务进行操控。

此外，为了更好地在发射与飞行任务中应用 SCCS，NASA 还将同期适应性改造后的 3# 控制室作为新型发射控制系统（LCS）研制的测试试验室。

## （二）系统的研发版本与进程

NASA 及地面系统研发与运营项目技术团队相继研发了 4 个迭代版本的 SCCS，即 1.0、2.0、3.0 和 4.0，每个版本还均包括含有其他内容的不同编译版。SCCS 4.0 是 NASA 应用于 EM－1 中的软件版本。2015 年底时，地面系统研发与运营部只完成了 1.0 和 2.0 版，而 3.0 版本仍处于研发状态。

SCCS 3.0 版本包括 4 个编译版——3.1、3.2、3.3 和 3.4，主要涉及 KSC 地面保障设备的危险性测试与操作所需的全部软件要求以及马歇尔航天飞行中心（MSFC）软件集成实验室展开测试所需的 SLS 火箭网关。SCCS 3.1 主要供地面保障人员使用，在多有效载荷操作厂房（MPPF）内进行远程测试；SCCS 3.2 主要用于 MPPF 单个危险性测试与操作分系统的保障；SCCS 3.3 主要用于 MPPF 多个危险性测试与操作分系统的保障以及为 MSFC 软件集成实验室展开地面与飞行应用软件的研发与测试提供所需的 SLS 火箭网关；SCCS 3.4 主要用于 39B 发射台燃料储罐的加注控制。

SCCS 4.0 版本包括 2 个编译版——4.0 和 4.1，主要包含运载火箭处理与发射操作所需的最后软件部分，此外还为设在科罗拉多州丹佛市的集成测试实验室展开测试提供所需的其余 SLS 火箭网关、第三方电气地面保障设备的集成项以及软硬件。

## 四、系统研发面临的主要问题

世界各国的航天发射场中没有任何一个指挥与控制系统是十全十美的，NASA 新研发的 SCCS 目前仍然面临着许多影响其未来应用的问题。

### （一）研发成本大幅增加

NASA 总监察长办公室（OIG）和审计办公室在 2016 年完成的 SCCS 研发审计报告指出，仅 LCS 一项的预算研发成本就从 2012 年的 1.117 亿美元增加至 2015 年的 2.074 亿美元（见表 1），而据 NASA 最新的预算资料显示，2016 年的 SCCS 使用资金将三倍于原定数量，2017 年则达到四倍。

表 1　发射控制系统研发的计划预算拨付一览表

| 预算授权 | | PPBE13 | PPBE17 |
|---|---|---|---|
| 财年<br>（单位：百万美元） | 2012 | 17.5 | 15.0 |
| | 2013 | 12.8 | 26.2 |
| | 2014 | 11.9 | 24.0 |
| | 2015 | 11.8 | 27.0 |
| | 2016 | 10.8 | 30.6 |
| | 2017 | 4.9 | 23.6 |
| | 2018 | 5.4 | 15.3 |
| | 2019 | 7.1 | 11.5 |
| | 2020 | 5.5 | 81 |
| | 2021 | 8.4 | 5.9 |
| | 2022 | 3.9 | 4.8 |
| | 2023 | 5.2 | 4.9 |
| | 2024 | 5.1 | 4.9 |
| | 2025 | 7.0 | 5.6 |
| | 总计 | 117.3 | 207.4 |

注：1. PPBE-NASA 的年度规划、设计安排进度、预算与执行流程；
2. 2012—2015 年的费用为实际财年美元。

## （二）系统功能项的取消与弱化

从 SCCS 研发之起，地面系统研发与运营部就一直不停地对软件功能进行优先排序、重新规划、简化或取消，以在技术功能与研发成本和进度之间进行权衡。已取消或暂缓研发的一些系统功能包括：为任务系统提供地面系统数据以及检测与隔离故障通知的功能、限制访问某类航天员健康和其他敏感数据的数据保护功能、自动检测具体失效主因(无此功能，将使控制人员和技术人员了解、快速诊断和解决问题的难度加大)等。总监察长办公室认为，虽然这些系统功能对于 EM－1 是重要的，但取消和暂缓研发将减少在载人飞行任务实施之前验证这些系统功能的机会。尽管 NASA 官方表示 SCCS 没有这些系统功能仍能安全运行，但总监察长办公室认为这些取消或暂缓研发的系统功能可能会对发射操作过程中出现意外事件的反应能力产生影响，继而影响到发射进度，而 NASA 对此是非常清楚的。

## (三)研发进度大大滞后

根据 NASA 总监察长办公室和审计办公室在 2016 年完成的 SCCS 研发审计报告，目前 SCCS 的研发进度已从 2016 年 7 月推迟至 2017 年 9 月，即有 14 个月的延后。但截至本文编写的时间，仍未有关于 SCCS 4.0 版本发布的最新资料。表 2 为 SCCS 的各版本研发与实际进度一览表。

表 2　SCCS 的各版本研发与实际进度一览表

| 版本 | 功能 | 年　度 | | | | |
|---|---|---|---|---|---|---|
| | | 2012 | 2013 | 2014 | 2015 | 2016 |
| 1 | 基础性指挥与控制 | 2011.11 | 2013.05 | 2013.07[①] | | |
| 2 | 非危险性指挥与控制 | | | 2014.08 | 2014.09[①] | |
| 3[②] | 危险性指挥与控制 | | | 2015.07 | 2015.08 | 2016.06 |
| 4[③] | 运行软件 | | | 2016.07 | 2016.10 | 2017.09 |

注：①—实际交付日期；
②—泛指 3.0~3.4；
③—泛指 4.0~4.1。

总监察长办公室认为，造成 SCCS 研发成本增加、进度滞后以及某些系统功能项的取消与弱化的主要原因是，项目团队为实现该系统软件架构体系而确定的"独立研发或购买商业成品"决策问题。"独立研发"方式的优势在于唯一性、质量可控、人员技术熟练及可保护专利技术等，而"购买商业成品"方式的优势在于可减少软件代码编制、降低研发成本、缩短研发时间以及可使用户利用最新技术。

最终 NASA 决定以"购买商业成品"方式为主研发 SCCS，并自行设计"胶合型"代码对这些 COTS 软件进行揉合集成，主要基于两方面因素：一是不希望只通过一家企业提供所需的整个软件系统，如果该企业出现财政困难或停止提供技术保障，则会严重影响到 NASA 的未来空间探索发展目标；二是该项决策是在 2006 年 6 月做出的，项目团队认为对各种 COTS 软件进行集成是不太会耗用大量时间及导致技术的复杂性。

然而 NASA 及地面系统研发与运营部均低估了各 COTS 软件产品集成所形成的技术复杂性、大量商业化产品应用与集成增加了出现故障的可能性以及降低整体系统质量等问题。实际上，由于各 COTS 产品之间通常无法直接进行数据交换，而且大型软件数据包的 COTS 产品是由数百个程序员编写的，本身会存在某些错误并随时间发生变化，NASA 设计人员需耗用大量时间对这些软件进行严格测试与程序修正，并联同软件供应方对潜在的不合格问题进行鉴别，这无疑均增加了原先预期的工作难度，最终导致了整体研发进度的延后和研发成本的增加，同时出于研发进度和成本的压力而不断取消或暂缓研发一些系统功能。

NASA 正在按照总监察长办公室的建议对 SCCS 的研发工作展开独立性评估，并采取必要的措施来降低后续研发成本、进度以及技术性能问题面临的风险，如考虑购置商业化指挥与控制系统以替换正在研发的某一部分或全部系统。

# 五、结语

SCCS 的设计主要遵循三个主要体系架构原则：一是系统需持续应用 40 年；二是系统为标准化研制，不能只与一个承包商绑定；三是系统具备一定的灵活性与兼容性，可支持未来的运载火箭与航天器。尽管 SCCS 的研发目前面临着一些难题，但其设计理念体现出未来指挥与控制系统的发展趋势：更加注重强大功能、模块化和安全性，通用框架设计，面向多样化发射服务，持久性应用等。

（北京特种工程设计研究院）

# 肯尼迪航天中心设施设备防腐涂层研发现状

**摘要：** 沿海地域的盐雾与高温、潮湿对处于该环境中的航天发射场地面设施设备所形成的腐蚀及相应问题现已为各航天国家致力解决的技术难题之一。本文主要概述了美国国家航空航天局(NASA)代表性防腐涂层研究项目与主要发展现状，介绍了配套试验设施建设以及涂层与试验材料的应用管理，以为我国沿海建设的文昌航天发射场地面设施设备的防腐蚀研究工作提供借鉴。

## 一、研究背景

当今世界航天国家在发射场选址方面，尽量考虑使发射场靠近赤道及海域，但由于沿海区域常年盐雾、高温、高湿和日晒环境以及运载火箭所排放的高腐蚀性推进剂，各类发射地面设施设备在投放到沿海发射场的实际运行环境中之后会出现意外变化，这对长期处于这种环境中的发射场地面设施设备和硬件的环境适应性、稳定性、可靠性及使用寿命形成了极大影响，成倍增加了设施设备使用阶段的维护保障成本，进而影响到整个航天发射任务的安全性，甚至造成重大事故和巨大经济损失。美国肯尼迪航天中心(KSC)的95%~98%的发射设施设备都受到海洋环境腐蚀的影响，39号发射工位距大西洋海岸只有305米，是世界上受海洋环境作用形成腐蚀最突出的场所，已退役的航天飞机固体火箭助推器采用的高温(可达到2760℃)、高腐蚀性推进剂致使腐蚀情况更加严重，KSC 每年用于腐蚀控制的维护费用约为 1600 万美元。防腐蚀问题已是一项无法彻底解决的世界性难题。

美国国家航空航天局（NASA）自 20 世纪 60 年代的"双子星/土星"项目起，就针对沿海地区高温、高湿与盐雾环境条件开展了发航天发射场地面设施设备防腐涂层的研究。经过几十年的发展，NASA 的发射场地面设施设备防腐蚀研究体系现已较为完整。目前，NASA 正在进行大规模的发射场地面设施设备改造，提高其综合发射能力，以满足和实现美国未来的空间探索发展战略目标。为了强化新型地面设施设备和飞行硬件的安全性和可靠性，NASA/KSC 将通过改进防腐蚀技术实验室对金属构件材料、涂层材料及其他相关材料的评估方法，在无法完全消除腐蚀现象的情况下，研制更多的可延缓腐蚀过程的新型防护涂层，达到更好的防腐蚀效果，从而最大程度地减少构件的故障失效、延长使用寿命、降低维护性成本，从而也使得包括涂层材料的选取、综合管理以及标准规定等方面的防腐蚀研究进入一个更加全面、系统的发展阶段。

## 二、主要防腐蚀涂层研发与应用发展现状

### （一）主要代表性研发项目

NASA 自 1969 年通过 KSC 防腐蚀技术实验区（BCTS）进行碳素钢长效防护涂层研究之始，结合发射场地面设施设备的金属构件材料，开展了各项针对性的防腐涂层研究、试验及应用，并取得了丰富的成效，为其顺利实施各项载人飞行任务提供了可靠的保障。代表性研究项目主要包括：智能涂层研制（NASA）、自洁涂层研制（NASA）、航天飞机发射场耐腐蚀管道研制（NASA）、聚硅氧烷涂层研制（NASA）、混凝土钢筋电镀涂层研制（NASA）、发射场涂层研制与评估（空军）、无铬转化涂层评估（海军）、海上储罐衬料单涂层/快速治愈研究（海军）、防污涂层试验与评估（海

军）、地面保障设备漆料替换产品研制（NASA）、固体火箭发动机涂层电化评估（Thiokol 公司）、垂直组装厂房/发射控制中心屋顶（钢筋混凝土）防腐研究（NASA）、耐火混凝土研究（NASA）、脱漆/表层预处理研究（NASA）、氯化物漂洗剂调研（陆军）、低温存储防腐蚀研究（NASA）、室外视频摄像机腐蚀研究（NASA）、氨基甲酸乙酯替换产品研究（NASA）等。

## （二）现行应用的主要防腐蚀涂层的研发与效用

NASA 根据由碳钢、不锈钢和铝等材料制成的发射场地面设施设备所处的不同环境设定了 7 大类共计 13 个受腐蚀的暴露区域，并结合这些腐蚀区域的不同特点开展相应的涂层应用研究。

NASA-STD-5008B 技术标准中列明了已完成研发并经批准可加以应用的现行底涂层、中间涂层和面涂层，主要包括：无机锌涂层、抑制性聚酰胺环氧涂层、非抑制性聚酰胺环氧涂层、水基性中间涂层、脂质性聚氨酯涂层、水基性面涂层、无机面涂层（IOT）、聚硅氧烷面涂层、环氧厚浆涂层、煤焦环氧涂层、饮用水环氧涂层、防滑性涂层、密封剂/堵塞料、无渣型洁净室涂料。这些涂层均需通过为期 18 个月的初步试验检测期和为期 5 年的最后试验检测期，才能应用于实际任务中。

在这些涂层中，环氧和氨基甲酸乙酯类的阻隔型涂层主要用于金属构件的表面防腐蚀隔离；超级 Koropon 底涂料类的转化型涂层主要用于保护轨道器的所有受腐蚀范围，将其表面转换成一个硬性、耐用和抗腐蚀性面层，而诸如富锌底涂料类的牺牲型涂层主要用于发射台，适用碳钢的防腐蚀作用。

BCTS 的涂层研究表明，在 KSC 所于的恶劣型海岸环境中，无机富锌底涂层要优于有机富锌底涂层；无机富锌底涂层可为发射设备和地面支撑结构提供长期保护；一般来说，有机面涂层可损害无机富锌底涂层的长期性能；无机面涂层与无机富锌底涂层一起使用时会发挥良好的性能。

在发射地面设施设备腐蚀防护的实际运用中，KSC 通常采用富锌底涂层(无机锌)、无机锌面涂层、环氧厚浆涂层(用于维护和修理)、环氧底涂层或氨基甲酸乙酯(三层涂层系统的中间涂层和面涂层)、聚硅氧烷面涂层和烧蚀硅树脂面涂层进行防腐蚀处理。此外，在每次发射任务结束后，固定勤务塔的底部与发射台就要用研磨剂反复研磨，并对基础底层进行表面处理，便于进行涂装。

## (三)未来智能化涂层的研发

科学技术的不断发展以及未来空间探索战略目标的深化实施，不断地对防腐蚀涂层材料的研发与应用提出新的需求，如环境规则的变化、需要更高的能量效率与性能、可持续性的供应链、未来空间探索系统要求按需防腐、自愈及腐蚀敏感型智能化涂层、航空航天工业将利用多功能型的复合材料、新型合金材料及涂层。

NASA 的智能化涂层研发工作实际上从 2004 年就已启动，一直持续至今，并申请了相关专利(US 20130017612)。这种利用酸碱敏感性微胶囊或微容器的智能型涂层在腐蚀出现之初，就能通过感应和检测到被腐蚀材料与腐蚀环境的互作用形成的变化状态、位置，释放环境友好型防腐蚀抑制剂加以控制，释放愈合剂进行机械性涂层损伤修复，以此防止腐蚀情况深化。

(1)作用机制

KSC 防腐技术实验室将研制的防腐抑制剂放置在微胶囊或微容器内来发挥作用：一是微胶囊。将其置入到涂层内并使其保持休眠状态直至涂层下的腐蚀情况出现，开始发挥其智能化的作用，即微胶囊的壳破开后使防腐抑制剂散入涂层内。研发人员称之为"反馈式主动型微容器"，由于它们不是被动型材料，可以对其周围所发生的情况进行响应。二是微容器。这种微容器是多孔型的，大小只有人发直径的十分之一。抑制剂被封入在微孔内，如同海绵吸入的水一样，当出现腐蚀情况时，抑制剂被释放出来并发挥作用。

（2）技术效益

①腐蚀感应涂层。一是解决了抑制剂溶剂的溶解度局限，二是能保护抑制剂免受涂层成分的影响，三是易于配入到不同涂料体系中。

②腐蚀控制抑制剂释放。体现在智能化、绿色环保与使能化等三个方面的效益：

一是智能化。可按实际需求进行腐蚀控制释放；可按需通过滤出或弥散方式使抑制剂损失最小化；在发生腐蚀时能最大化地释放抑制剂；可随时随地释放抑制剂。

二是绿色环保。减少抑制剂对环境的不利影响。

三是使能化。通过对抑制剂的隔离可避免产生与其他涂层成分的不兼容性；能够将水溶性抑制剂配入到涂料配置中，而不会形成任何气泡。

（3）试验结果

通过在透明涂层中添加颜色与荧光抑制剂的试验结果表明，这种智能化涂层能在肉眼观测到腐蚀情况之前就可检测到腐蚀现象。盐雾试验结果表明，微胶囊型防腐蚀抑制剂能够检测到环氧和氨基甲酸乙酯类面涂层中的隐性腐蚀情况。

# 三、KSC 防腐蚀技术研究试验区

KSC 防腐蚀技术研究试验区（BCTS）始于 1966 年建造，距 39A 发射工位南面约 2 千米，距大西洋的满潮线约 30 米。场区内设有一个由电化实验室、综合腐蚀实验室、混凝土腐蚀实验室、涂层应用实验室和快速腐蚀实验室组成的防腐蚀技术实验室。

## （一）改扩建工程

为了更好地深入开展防腐蚀技术的实验与研究工作，NASA 先后在 20 世纪 90 年代和 21 世纪以来对 KSC 防腐蚀试验区进行了

2 次升级扩建。

①第一次扩建的范围是距大西洋约 183 米处，增加了气象站、实验室与加工车间所需的永久性建筑、远程照相系统、远程场区监控设备以及针对发射台的发射硬件与设备所确定的相关规程。

②第二次扩建是主要基于 NASA、美国国防部（DOD）以及其他外部用户进行附加性防腐蚀试验需求而实施的，主要范围包括距大西洋约 275 米处的大气暴露试验点和距离平均满潮线约 61 米处的试验点，并配置相应的试验设备。

## （二）主要试验设施设备

### 1. 全天候气象数据采集站

该站主要是不间断地提供所在区域的气温、湿度、风向、风速、降雨量（以 20 分的递增量进行测量，按日、月、年的时间点记录归档）、总入射太阳辐射值、入射紫外线 B 波段辐射值。

### 2. 海水浸没检验系统

该系统主要用于对防腐涂层、金属合金、钢筋混凝土复合材料及其他相关材料的耐腐蚀性进行评估，此外还可利用该系统开展有关冲击腐蚀、冲刷腐蚀、气蚀等方面的专项测试研究。设有 2 个浸没式储罐，盛放直接采自大西洋的不间断单向流动的海水，水温控制在 20~28℃。储罐上设有 110V 电源和数据采集装置，对被测部件进行加电，并记录测量数据输出值。

### 3. 电化实验室

该实验室主要针对室外暴露在海洋空气环境中的各种材料样品进行电化试验，如：直流（DC）极化电阻、交流（AC）阻抗，以此获取腐蚀系统的瞬间活动数据。电化试验包括：极化电阻、特弗龙外插、交流阻抗及动电位扫描等。

### 4. 涂层应用实验室

该实验室主要通过各种涂层试验样板，对各种涂层应用进行判定，并对涂层工艺所面临的技术难点进行评估。配置的主要设备包括：喷枪、各种组合式流体针及流体喷嘴等。

### 5. 室内快速腐蚀试验设备

室内快速腐蚀试验设备主要通过传统盐雾测试及先进的循环与酸性分析方法对某一材料抗阻腐蚀的能力进行研究，配置的设备主要包括：CCT－NC－40型盐雾箱、CCT－1100型程控盐雾箱、紫外光快速耐气候试验机及氙灯试验箱等。

### 6. 表面检测分析设备

表面检测分析主要是利用先进的电子显微设备通过表面化学过程与现象、深度剖析和合成映射等手段进行腐蚀机理的研究，配置的主要设备包括：透射电子显微镜(TEM)、扫描电子显微镜(SEM)、X射线光电子能谱仪(XPS)、俄歇电子能谱仪(AES)、二次离子质谱分析仪(SIMS)以及卢瑟福背散射分析仪等。

## 四、防腐蚀涂层研发的应用管理

### (一) 组织架构

NASA于1985年设立了防腐蚀技术实验室，这是一个综合性研究实验室，其所配置的先进电化学研究设施设备能开展各种不同腐蚀环境下的材料特性与相关技术研究。该实验室的研究团队目前有14名科学家，主要为NASA和其他外部用户提供有关防腐蚀方面的技术创新和工程服务，研究内容主要包括：

(1) 为NASA和其他外部用户提供防腐技术咨询与试验；

(2) 展开相应的防腐技术应用研究；

(3) 研究新型腐蚀检测与控制技术；

(4) 为NASA、其他政府机构、工业企业和教育研究机构开展针对不同环境条件的材料效能与老化方面的试验、评估和鉴定；

(5) 技术交流活动。

## （二）标准规范

目前，NASA 依据包括国防部、各级联邦政府、NASA、测试与材料学会、压缩气体协会、腐蚀工程师学会、焊接学会、机动车工程师学会等在内的美国各个政府性和非政府性的现行专业机构规范要求而综合制订发布了两个主要应用标准。

一是针对其辖属 10 个中心及相关配套场区的地面设施设备金属构件防腐蚀问题所制订的标准——《发射构件、设施与地面保障设备中碳素钢、不锈钢和铝质材料的防护涂层》。该标准于 2001 年发布，后经 2004 年和 2011 年的 2 次修订，标准号由 NASA－STD－5008A 替换为 NASA－STD－5008B。NASA 环境管理部环境风险减缓技术评估（TEERM）中心近年来与地面系统研发与操作部（GSDO）合作，对该标准的部分内容进行更新，以修正或提高涂层材料的应用效果。最新的修订时间是在 2016 年 5 月 31 日。

二是针对运载火箭和航天器在空间运行过程中出现的腐蚀问题，于 2012 年 3 月制订发布的标准号为 NASA－STD－6012 的《航天飞行硬件的腐蚀防护》。该标准是在马歇尔航天飞行中心于 1977 年 10 月颁布的 MSFC－SPEC－250A 规定的基础上进行修订编制的，最新的修订时间为 2017 年 3 月，但目前仍未获取到发布的版本。

## （二）数据库管理系统

NASA/KSC 于 2000 年通过"基于数据库的涂层管理"项目建立的数据库管理系统，经过 10 多年的发展，该系统现已成为重要的发射场决策工具。该系统主要集中了整个发射场设施设备腐蚀状态信息，包括被防护的设施设备、采用的涂层系统及其应用条件与状态，与发射场相关的每个机构、组织和人员都可通过该系统获取相关信息。它收集了 KSC 约 3600 个主要部件和 650000～740000 平方米面积的信息资料，来自各个机构和部门的人员都可以通过个人电脑进行在线访问，并进行数据收集、浏览、分析、上报与跟踪。

数据库的数据属性主要包括：发射场零部件的位置、类型及面积；基底材料；零部件应用涂层的时间；应用涂层的类型；涂层生产商；涂层系统的干膜厚度(DFT)；以及涂层系统的应用状态等。

通过该系统的应用，KSC 年度涂层维护预算中有关场区检查、数据采集、数据访问、软件开发和信息传递成本得到了很好的控制，此外，在系统设计和维护中的防腐意识得到强化，年度预算规划精确，资金利用更加优化。

# 五、结语

NASA 通过研发和实施新型腐蚀防护、检测和减缓技术，可极大地节省空间探索项目和国家整体的费用。新型技术所提供的环境友好型抗腐蚀和防护性材料、涂层和系统能够使用更长的时间、需要更少的再应用时间、降低维护和检测成本、减少腐蚀相关的损伤和构件故障、降低废弃物处理的成本以及减少环境污染。

未来航天发射场地面设施设备的防腐蚀研究仍面临着巨大的技术挑战：一是基于实验室研发的应用方法仍必须转化为现场应用技术；二是对实际应用环境的腐蚀降解预测的高保真建模；三是在可控的实验室条件下的加速腐蚀测试，该测试将可与在实际应用环境中观测到的长期行为进行定量关联；四是在进行重点修补、替换或大检修之前，对剩余应用时限的精确预测，如腐蚀预报。

（北京特种工程设计研究院）

# 全球卫星导航系统的新进展及
# 在载人航天中的应用

**摘要：** 本文详细介绍了近来全球卫星导航系统(GNSS)的建设情况，包括美国 GPS、俄罗斯GLONASS系统、欧洲"伽利略"(Galileo)系统、印度区域卫星导航系统、日本的准天顶卫星系统(QZSS)以及韩国要自主开发具备抗干扰能力的卫星导航系统等，最后简要分析了全球卫星导航系统在载人航天领域中的应用。

## 一、引言

全球卫星导航系统(GNSS)是个综合性概念，泛指全球所有的卫星导航系统，包括全球卫星导航系统、区域系统和广域增强系统(或者称为星基增强系统，SBAS)，因其全球、全天候、连续和高精度的特点，已经在遍及陆地、海洋、天空和太空的各类军事及民用领域得到广泛运用，成为目前最常见的导航技术。卫星导航已经成为一个跨学科、跨行业的战略性产业，为人类带来了巨大的社会和经济效益。

在 2020 年前，全世界已经投入运营和正在建设又有望建成的全球系统共有 4 个，它们是：美国的 GPS、俄罗斯的 GLONASS、中国的北斗(BeiDou)系统以及欧洲的 Galileo 系统，现在已经正式投入全球运营服务的全球系统有 GPS 和 GLONASS，中国的北斗系统业已投入区域运营服务，Galileo 则在建设过程中。预计中国的北斗系统和欧洲的 Galileo 系统将在 2020 年投入全球运营服务。

现在正在建设的区域系统有两个：日本的准天顶卫星系统（QZSS）和印度的区域卫星导航系统（IRNSS）。

目前，所有建设全球卫星导航系统的国家都在同时建设它们的星基增强系统，其中有美国的广域增强系统（WAAS）、俄罗斯的差分修正监测系统（SDCM）、欧洲的 Galileo 导航重叠系统（EGNOS）、中国已经包含在北斗区域服务系统内的星基增强系统以及日本的多功能卫星增强系统（MSAS）与印度的 GPS 加上静地卫星增强导航（GAGAN）。

近年来，世界卫星导航领域发展迅速，多个国家卫星导航系统的发展取得了里程碑式的阶段性成果，卫星导航领域竞争态势加剧。美国第二代 GPS 卫星星座全部建设完成，开始加速推进第三代系统的建设；俄罗斯 GLONASS 建成了俄"国家高精度卫星定位网"，形成了覆盖全俄的高精度导航系统；欧盟 Galileo 卫星导航系统新卫星发射顺利，正式宣布启动"伽利略初始服务"；印度完成了由 7 颗卫星组成的区域卫星导航系统（IRNSS）星座的建设，成为世界上第 5 个具有自主卫星导航能力的国家；2017 年 10 月 10 日，日本发射了"指路"4 号卫星，日本将从 2018 年 4 月 1 日起开始运用这一自有导航卫星系统——QZSS，计划到 2023 年拥有 7 颗导航卫星，从而达到不依赖 GPS 也能实现高精度定位的目标；针对当前高对抗环境，韩国也决定自主开发具备抗干扰能力的导航卫星系统，以提供打击重要目标并实施"精确作战"的能力。

## 二、全球卫星导航系统的发展

### （一）美国

2016 年，美国联邦航空局（FAA）发布了国家空域系统（NAS）导航战略，从战略上为美国未来导航的发展指明了方向，同时，增加对导航领域的资金投入，《2017 财年美国国防预算申请》中提到的重点投资的 5 个项目中包括"全球定位系统运行控制系统"（GPS OCX）。

2016 年 2 月 5 日，美国成功发射第 12 颗也是最后一颗 GPS IIF 卫星，完成了第二代 GPS 卫星星座的建设。GPS IIF－12 部署到星座中的 F 轨道面，取代 2000 年发射的 GPS IIF 2－6 卫星（转为备用卫星），以增强 GPS 星座的现代化导航覆盖范围。作为未来构成 GPS 星座主干的 GPS IIF 卫星，比以往的 GPS 卫星具有更高精确度、附加信号、增强的抗干扰能力和更长的设计寿命。通过先进原子钟技术实现了更高的精度，可以将时间误差控制在 1 天 8 纳秒以内，GPS 的定位精度提升至 3 米。目前，在轨 GPS 卫星包括了 12 颗 GPS IIR，7 颗 GPS IIR－M 和 12 颗 GPS IIF。

与此同时，美国还在加速发展第三代 GPS 系统的建设。该系统将进一步延长使用寿命、提高精度、增强抗干扰能力，预计首颗卫星将于 2023 年发射。GPS III 卫星寿命将提高至 15 年，GPS III－A 卫星定位精度将达到 0.9 米，而 GPS III－C 将达到 0.15 米，它将为全球的军用和民用定位、导航和授时（PNT）用户提供新的未来能力。GPS III 具有 4 个民用信号：L1 C/A、L1C、L2C、L5。它是首颗使用 L1C 信号的卫星，它具有 4 个军用信号：L1/L2 P（Y）、L2/L2M。

GPS 的地面控制系统经过了 4 个阶段：1970—1980 年地面演示阶段；1980—2007 年第一代地面系统（OCS）；2007—2016 年第二代地面系统（AEP）；2016 年启动了下一代操作控制系统（OCX）建设。GPS 下一代操作控制系统（OCX）将指挥所有现代和传统的 GPS 卫星，负责管理所有的军用民用导航信号，为下一代 GPS 操作提供改进的网络安全和弹性能力。

GPS 应用范围非常广，不仅涉及军用行业，还涵盖了民间的各行各业。美国国会已经强制要求 2018 年开始所有军用 GPS 接收机(MGUE)必须采用 M 码。这种新的现代化 GPS 接收机将能够极大地提高当前和未来 PNT 威胁对抗能力,可在导航战环境下传统接收机无法发挥效能时,实现军事应用。

## (二) 俄罗斯

近年来,俄罗斯 GLONASS 星座建设速度明显加快,成功发射了 2 颗 GLONASS - M 导航卫星,对 GLONASS 星座进行了补充,预计 2020 年可实现全部卫星组网。目前,在轨的 GLONASS 卫星为 27 颗。GLONASS 卫星已经发展了 2 代 3 种型号,分别为 GLONASS、GLONASS - M 和 GLONASS - K 卫星。GLONASS - K 采用全新设计,是新一代 GLONASS 卫星,分为 GLONASS - K1、GLONASS - K2 两个型号。GLONASS - K1 为实验卫星,采用改进的星钟,稳定度达到 $5 \times 10^{-14}$,在 L3 频段增加了首个 CDMA 信号,L3OC 用于民用。GLONASS - K2 是 GLONASS - K1 卫星的改进型号,再增加 3 个 CDMA 信号,使其拥有 4 个 CDMA 信号,其中 2 个民用,2 个军用,星座系统的稳定度将达到 $1 \times 10^{-14}$。此外,俄罗斯还在研制 GLONASS - KM 卫星,将再增加 4 个 CDMA 信号,使卫星信号达到 12 个,成为导航信号最多的全球卫星定位系统。

在星座更新换代上,俄罗斯计划在 2020 年前发射 13 颗 GLONASS - M 卫星和 22 颗 GLONASS - K 卫星,2017—2020 年形成全部由 GLONASS - K 或更新一代卫星(GLONASS - KM)组成的星座。

俄罗斯还于 2016 年底完成了"国家高精度卫星定位网" (NVSY)的建设,使 GLONASS 的定位精度提高 1 倍,达到厘米级。俄罗斯于 2015 年 7 月开始布设"国家高精度卫星定位网",把 600 多个 GLONASS 卫星基准站纳入其中。该项目通过建设多个大型高精度定位地区网,旨在形成覆盖全俄的高精度导航系统,为用户有保障地提供一周 7 天、每天 24 小时的全天候定位导航服务。

与 GPS 不同，GLONASS 采用频分多址（FDMA）的信号体制，卫星靠频率不同来区分；GPS 采用码分多址（CDMA）体制，根据调制码不同区分卫星。FDMA 信号不利于与 CDMA 信号互操作，在定位精度上也弱于 CDMA 信号，阻碍了 GLONASS 的商业化应用。近几年，俄罗斯在升级导航星座的同时，也注重了导航信号的革新，开始增播 CDMA 信号。GLONASS - K1 上发送了系统首个 CDMA 信号 L3OC。GLONASS - K2 将发射 4 个 CDMA 信号，L1OC、L3OC 为民用，L1SC、L2SC 为军用。GLONASS - KM 上将增加 L5 载波，其 CDMA 信号将达到 8 个，其中包括 2 个能与 GPS 和 Galileo 卫星导航系统兼容互操作的信号。

## （三）欧盟

Galileo 卫星导航系统是由欧盟主导的新一代民用全球卫星导航系统，是继美国的 GPS、俄罗斯的 GLONASS 以及中国北斗系统之后第 4 个全球卫星导航系统，由欧洲自主研制，提供全球、全天候的实时定位、导航和授时服务。

2016 年，欧洲 Galileo 卫星导航系统取得重大进展，完成 6 颗新的 Galileo 卫星的部署，使卫星在轨数量达到 18 颗。Galileo 系统于 2016 年 12 月 15 日开始正式向全球提供初始导航定位服务，其免费定位精度可达到 1 米以内，付费服务精度达到厘米以内。至此，欧洲 Galileo 卫星导航系统正式步入稳定发展的快车道。

Galileo 系统初始提供 3 种类型的服务，包括开放服务、授权服务和搜索与救援服务（SAR）。在目前在轨的 18 颗 Galileo 卫星中，有 11 颗可用于开放服务和授权服务，12 颗用于 SAR 服务。

至 2020 年，Galileo 系统将完成全部 30 颗卫星的组网，由 2 个地面控制中心和 30 颗卫星组成，卫星运行在 3 个夹角为 120° 的地球中圆轨道，每个面上有 9 颗卫星和 1 颗备份星，具备全面运行能力。投入使用后 Galileo 卫星导航系统将与 GPS 在 L1 和 L5 频点上实现兼容和互用。

## （四）印度

近来，印度卫星导航系统发展迅速，分别于 2016 年 1 月 20 日、3 月 10 日和 4 月 28 日成功发射了 IRNSS – IF, 1KNSS – 1F 和 IRNSS – 1G 共 3 颗 IRNSS 卫星，按计划完成了由 7 颗卫星组成的基本导航星座的构建，实现了对印度全境及南亚和印度洋地区导航信号的覆盖，覆盖印度及周边 1500 千米以内的范围，成为继美国、俄罗斯、中国和欧洲之后第 5 个拥有自主卫星导航能力的国家。2016 年 9 月，继 IRNSS 的 7 颗卫星完成部署后，印度决定今后为 IRNSS 建造 2 颗备份卫星，以 IRNSS 为基础，发展印度的全球卫星导航系统。最终，印度的卫星导航系统将与美国 GPS 和欧洲 Galileo 卫星导航系统实现互操作。

IRNSS 由空间段、地面控制段以及用户段组成，其中空间段由 7 颗导航卫星组成导航星座。地面控制段包括控制主控站、系统时间基准中心、监测站、上行信号注入站以及系统数据通信网络组成。用户段是指所有军用和民用接收机，接收机可以安装在导弹、飞机、舰船等武器装备以及士兵的手持仪器中。

地面控制段跟踪并估计导航卫星的轨道，以确保系统的完好性；另外地面站还要监测卫星的健康状态，并通过系统软件修正电离层和时钟偏差。

空间段由 "3GEO ＋4IGSO" 轨道卫星组成区域导航星座。IRNSS 地面控制段主控中心及各监测站在印度境内，包括印度导航中心 INC、测距和完好性监测站 IRIMS、C 频段 CDMA 测距站 IRCDR、系统数据通信网络 IRDCN、飞行控制署 SCF。多模式型号的 IRNSS 用户接收机可以同时接收美国 GPS、俄罗斯 GLONASS 以及欧洲 Galileo 卫星导航系统的卫星信号，可以进一步提高用户的定位精度、服务的连续性和可用性。IRNSS 将会提供两种类型的服务，"标准服务 SPS"和"有限/授权服务 RS"。印度区域卫星导航系统是一套独立的区域导航卫星系统。印度区域卫星导航信号在设计上可以实现与 GPS 和 Galileo 兼容互操作。

根据印度空间研究组织(ISRO)的设计方案，印度区域卫星导航系统 IRNSS 的 7 颗导航卫星完成组网后，将能为印度及其周边1500~2000 千米范围内的用户提供全天候、全天时的精确定位、导航及授时服务，系统覆盖范围在东经 40°~125°，南纬 30°~北纬 45°之间。

印度区域卫星导航系统的定位精度在印度洋区域优于 20 米(2σ)，在印度本土及邻近国家定位精度优于 10 米，比 GPS 民用单频接收机 15 米定位精度高。系统采用局域增强后，能够进一步提高用户定位精度。

# (五) 日本

日本的准天顶卫星系统(QZSS)是日本按照"先增强，后独立，兼容渐进"的发展思路建设的区域性卫星导航系统。2012—2017年为研发阶段，2018—2032 年为运营阶段。2018 年建成 4 颗准天顶卫星组成的卫星星座，未来以 QZSS 为基础进行扩展，发展独立自主的区域卫星导航系统(JRANS)。要求 JRANS 能够独立连续地提供 PNT 服务，同时，要与当前和现代化后的 GPS 具有良好的兼容与互操作性。

QZSS 可为 GPS 提供区域增强，可将日本民用信号的精度从10 米提高到 1 米以内。从 2018 年开始全面启用由"3IGSO+1GEO"构成的 QZSS，再以此为基础进行扩展升级，在 2020 年后建成一个由"4IGSO+3GEO"构成的区域导航系统。

QZSS 第二颗"指路"卫星在 2017 年 6 月进行发射。2017 年 8月下旬，将第 3 颗"指路"卫星送入轨道，2017 年 10 月，将第 4颗"指路"卫星送入轨道。日本计划在 2018 年 4 月 1 日起开始运行这一自有卫星导航系统。第2颗、第3颗和第4颗卫星均采用同样的配置。这是一个区域性的卫星导航系统，所发射的信号与GPS的卫星一样，所以它相当于是GPS在日本及其海域的一个补充。作为美国GPS的辅助应用，可将定位误差降至6厘米。

QZS发射之后，在日本及东南亚地区，GPS用户可以很方便地使用该系统获得相当高的定位精度，QZSS的高完好性也能更好地满足用户需求。由于与GPS信号的兼容性好，该系统未来的用户估计会很多。在日本、其周边海域和东南亚包括中国东南的部分地区，尤其对山区或视野遮挡严重的用户来说，QZS的高仰角非常有用，这是QZSS特有的优势。

## （六）韩国

韩国针对目前国内严重依赖GPS的现状，认为有必要构建本土的卫星导航系统。韩国决定自主开发具备抗干扰能力的卫星导航系统，使其具备打击重要目标并实施"精确作战"的能力。韩军的研发目标是打造覆盖周边地区的区域卫星导航系统，而非覆盖全球，因此，该系统最多可能只需要18颗卫星。

韩国计划先期开发有关卫星导航的核心技术，再纳入宇宙开发计划，发射6~8颗导航卫星，以及3~4颗监控卫星，以便实施24小时不间断精确定位，其误差可控制在数米之内，在时间同步上可精确到10毫秒的级别。韩国国防部对本土的导航卫星非常自信，认为韩军用卫星系统不但精确可靠，而且具备较强的抗干扰能力，目前相关的研发方案已在制定之中。

# 三、全球卫星导航系统在载人航天领域中的应用

## （一）卫星导航系统在航天飞机上的应用

研究表明，卫星导航系统几乎可以用在包括航天飞机在内的所有飞行器发射段的入轨控制、初轨捕获、在轨飞行时的轨道测

量、返回轨道捕获的计算、飞行器间对接时的相对运动状态测量等各个阶段。星载 GPS 的航天应用能从 200 千米的低轨道空间向上延伸到 36000 千米的地球同步轨道空间。由于 GPS 卫星的全球覆盖的特点，在太空中(尤其是轨道机动频繁的近地轨道)，航天飞机可以在其飞行的任意时间同时获得十几颗 GPS 卫星的测量数据，其数据更新率不低于 1 赫兹。利用这些测量数据可以实时或者近似实时地确定航天飞机的运动状态。

## (二) 卫星导航系统在国际空间站上的应用

卫星导航星座能够确保为空间站授时提供至少超过 4 颗可用卫星，完全满足导航和授时的信号可用性。ISS 美国段和俄罗斯段各装有 2 台 GPS 接收机，同时俄罗斯段还有 2 台 GLONASS 接收机负责导航与授时。

国际空间站上的导航、制导与控制分系统能完成以下功能：

(1) 状态确定

站上飞行软件利用周期性更新的接收数据，通过运动学算法计算空间站的位置和速度信息。接收数据来自于两套 GPS 接收机及处理器中的一个，或来自于俄罗斯运动控制系统(MCS)的 GLO-NASS 接收机，或来自于地面上行注入的数据。俄罗斯在轨段的运动控制系统能与美国制导、导航与控制(GN&C)的复分接器交换数据。

(2) 姿态确定

俄罗斯在轨段的 MCS(主控站)提供姿态测量的备份能力，与美国 GN&C 系统的复分接器连续进行数据交换。俄罗斯的敏感器包括星跟踪器、太阳敏感器、地平敏感器、磁强计、速率陀螺和 GLONASS 接收机。

(3) 指向和支持(P&S)

P&S 计算 ISS 与太阳的位置矢量，以及太阳的升降时间，将这些信息提供给外部有源热控系统，以便控制热辐射器的指向。

这些信息还将为电源管理控制器所利用，控制美国太阳电池翼的旋转角度，保证其正确指向太阳。

P&S 计算 ISS 与中继卫星的位置矢量以及升降时间，并将信息提供给通信和跟踪系统，以控制天线的指向。

P&S 还计算 ISS 的总体质量和质量分布(动量矩和惯量积)，考虑了有效载荷连同移动服务系统的移动、空间站遥控操作系统、日本实验舱遥控操作系统和俄罗斯在轨段遥控操作系统的影响。P&S 还计算有效载荷质量和质心，并将 GPS 时间提供给指令和控制(C&C)复分接器，以同步所有复分接器的时间。

## (三) 卫星导航系统在交会对接过程中的应用

对 GPS/GLONASS 而言，航天器的交会对接过程是其在空间应用的一个重要领域，也是能充分发挥其优势的一个领域。卫星导航用于空间站及到访航天器交会对接过程的导航、定位和授时。到访航天器与 ISS 的交会对接过程中，涉及两者绝对位置、速度、时间、姿态的测量。目前利用 GPS、GLONASS 系统或二者结合的系统实现上述目标的测量。由于交会对接的各个阶段不同，可以使用伪码定位来分别实现较粗的绝对定位和较精细的相对定位。目前，ISS 到访航天器中，ATV、HTV、"联盟"号、"进步"号、"龙"飞船均使用了 GPS/GLONASS 导航，但是航天飞机与 ISS 的交会对接过程中没有使用 GPS 导航。俄罗斯 GLONASS 为空间站的俄罗斯段提供导航和授时。

到目前为止，地面和空中的实验已经证明 GPS 的不同应用模式能够满足空间飞行器交会对接，特别是交会过程中的绝大多数测量要求。

以 ATV 交会对接过程为例进行典型航天器导航卫星应用分析。在整个任务期间，ATV 绝对姿态与角速率估计值，要以很高的可靠性自主连续地获得。调相机动是由地面 ATV - CC 计算的，ATV 绝对位置与速度也要在地面估计，因此 ATV 接收到的 GPS

粗数据需下传到地面 ATV - CC。

(1)全程绝对导航

整个飞行阶段,应用"绝对姿态与漂移估计"(AADE),连续估计飞行器姿态与角速率。

(2)地面导引绝对导航

地面导引期间,应用 ATV 上 GPS 接收机的遥测数据,在地面执行绝对位置与速度估计。

(3)自主导引相对导航

自主导引交会期间,应用相对 GPS 导航,星上卡尔曼滤波器应用 ATV GPS 与 ISS GPS 原始测量,仅对 ATV 相对轨迹的状态矢量提供自主导航功能。GPS 导航卫星的原始状态矢量提供数据(伪距与岁差动)是精确同步的,求差可消除电离层误差。软件单元"飞行控制监测"(FCM)应用 ATV GPS 与 ISS GPS 的精确解(PVt)作为监测相对轨迹的独立手段。

## (四)卫星导航系统在载人航天搜救中的应用

载人航天是航天领域中技术难度最大、控制系统最复杂、风险也最大的工程,为了保障航天员随飞船返回舱返回地面后的安全,应用 GPS 技术对预测和判断航天员的安全状况、缩短寻找返回舱和营救航天员的时间,实现着陆场区搜索救援指挥决策的科学化、智能化、自动化有着重要的意义。GPS 可以提供全球范围内的紧急事件的搜救服务。

Galileo 系统的主要特点是多载频、多服务、多用户。它除具有与 GPS 相同的全球导航定位功能外,还具有全球搜索救援(SAR)和通信等功能。它的建成明显改善了全球卫星导航定位领域的质量。它通过近乎实时的检测和仅仅几米的定位精度,以改善现有的全球搜索与救援系统的性能。携带 Galileo 接收机的遇险用户的具体定位精度将由现有系统的 5 千米提高到利用 Galileo 系统情况下的 10 米内。

与导航数据相关的双向通信服务的出发点是将未来的 Galileo 系统与已有的无线电通信(GSM/UMTS)以及其他卫星网有机结合起来，为无线通信用户提供更多更强的优质服务。这两种增加的服务都是基于 Galileo 系统的通信功能，这将进一步拓宽导航卫星系统的应用市场，为各类用户提供更好的服务，尤其对于一些空间飞行器的定轨与控制问题，如飞机编队、空间站等交会对接，有着非常重要的意义。

俄罗斯在 GLONASS 的下一代 GLONASS-K1、K2 卫星中搭载了 SAR 功能。当前全球卫星导航系统包括 GPS、Galileo 和 GLONASS，均通过搭载搜救载荷为全球搜救系统提供空间段服务，可以通过中轨道导航卫星无线电测定(RNSS)业务载荷与搜救载荷的系统集成，大幅提高传统 COSPAS-SARSAT 的搜索与救援能力。

# 四、结束语

全球卫星导航系统及其产业当前正经历前所未有的三大转变：从单一的 GPS 时代转变为多星座并存兼容的 GNSS 新时代，卫星导致导航体系全球化和增强多模化；从以卫星导航为应用主体转变为定位、导航、授时(PNT)与移动通信和因特网等信息载体融合的新阶段，导致信息融合化和产业一体化；从经销应用产品为主逐步转变为运营服务为主的新局面，呈现应用规模化和服务大众化。三大趋势发展的直接结果是使应用领域扩大，应用规模跃升，大众化市场和产业化服务迅速形成。

研究表明，卫星导航系统几乎可以用在包括航天飞机在内的所有载人航天飞行器发射段的入轨控制、初轨捕获、在轨飞行时的轨道测量、返回轨道捕获的计算、飞行器间对接时的相对运动状态测量、载人航天飞行器安全返回以及着陆场区搜索救援等各个阶段。

　　载人航天是航天领域中技术难度最大、控制系统最复杂、风险也最大的工程，为了保障航天员随飞船返回舱返回地面后的安全，应用 GPS 等技术对预测和判断航天员的安全状况、缩短寻找返回舱和营救航天员的时间，实现着陆场区搜索救援指挥决策的科学化、智能化和自动化有着重要的意义。

　　　　　　　　　　　　（北京跟踪与通信技术研究所）

综 述 篇

# 2017年国外载人航天运载器发展综述

2017年，全球共执行91次航天发射，其中与载人航天相关的发射活动有14次(见表1)，与2016年持平。参与发射的火箭包括俄罗斯的"联盟"FG、"联盟"U、"联盟"2－1a，美国的"猎鹰"9－1.2、"宇宙神"5、"安塔瑞斯"230，中国的长征七号，均获得成功。

## 一、任务执行情况

2017年，在国际空间站项目下，国外载人航天领域开展了4次载人飞行及9次货运飞行，4次载人飞行任务均由俄罗斯的"联盟"FG搭载"联盟"载人飞船完成，共将11名航天员送入太空；货运任务由俄政府、美国太空探索技术(SpaceX)公司和轨道ATK公司承担。参与发射的火箭包括"联盟"U、"联盟"2－1a、"猎鹰"9、"宇宙神"5和"安塔瑞斯"230。

### (一)"联盟"FG火箭继续承担载人任务

2017年，"联盟"FG搭载"联盟"载人飞船完成4次载人发射。4月20日、7月28日、9月13日、12月17日分别将11位航天员及70千克的货物送往国际空间站。

"联盟"FG为两级液体运载火箭，LEO运载能力6.8吨。于2001年5月20日投入使用，2002年10月30日完成首次载人任务，目前是俄罗斯唯一的载人运载火箭。截止2017年底，"联盟"FG总计发射52次，其中49次发射"联盟"载人飞船，3次发射"进步"货运飞船，均获得成功。该火箭计划服役至2020年，此后由"联盟"2代替。

表 1 2017 年载人航天活动发射情况

| 序号 | 发射国家 | 运载器 | 发射日期 | 有效载荷 | 发射结果 | 发射场 | 备注 |
|------|----------|--------|----------|----------|----------|--------|------|
| 1 | 俄罗斯 | "联盟"FG | 2017.4.20 | 联盟 MS－4 载人飞船 | 成功 | 拜科努尔 | 2 名航天员 |
| 2 | | | 2017.7.28 | 联盟 MS－5 载人飞船 | 成功 | 拜科努尔 | 3 名航天员 |
| 3 | | | 2017.9.13 | 联盟 MS－6 载人飞船 | 成功 | 拜科努尔 | 3 名航天员 |
| 4 | | | 2017.12.17 | 联盟 MS－7 载人飞船 | 成功 | 拜科努尔 | 3 名航天员 |
| 5 | | "联盟"U | 2017.2.22 | 进步 MS－5 货运飞船 | 成功 | 拜科努尔 | 2.5 吨物资 |
| 6 | | "联盟"2－1a | 2017.6.14 | 进步 MS－6 货运飞船和 TNSO－2 等 4 颗搭载载荷 | 成功 | 拜科努尔 | 3 吨物资 |
| 7 | | | 2017.10.14 | 进步 MS－7 货运飞船 | 成功 | 拜科努尔 | 2 吨物资 |

续表

| 序号 | 发射国家 | 运载器 | 发射日期 | 有效载荷 | 发射结果 | 发射场 | 备注 |
|---|---|---|---|---|---|---|---|
| 8 | 美国 | "猎鹰" 9-1.2 | 2017.2.19 | "龙"货运飞船 | 成功 | 肯尼迪航天中心 | 2.39 吨物资 |
| 9 | | | 2017.6.3 | "龙"货运飞船和 NICER 等 8 个搭载载荷 | 成功 | 肯尼迪航天中心 | 2.42 吨物资 |
| 10 | | | 2017.8.14 | "龙"货运飞船 | 成功 | 肯尼迪航天中心 | 重复使用飞船, 2.91 吨物资 |
| 11 | | | 2017.12.15 | "龙"货运飞船 | 成功 | 卡纳维拉尔角 | 飞船与火箭均为重复使用产品, 2.5 吨物资 |
| 12 | | "宇宙神" 5(401) | 2017.4.18 | "天鹅座"货运飞船 | 成功 | 卡纳维拉尔角 | 3.5 吨物资 |
| 13 | | "安塔瑞斯" 230 | 2017.11.12 | "天鹅座"货运飞船 | 成功 | 沃勒普斯 | 3.35 吨物资 |
| 14 | 中国 | 长征七号 | 2017.4.20 | 天舟飞船 | 成功 | 文昌 | — |

## （二）"联盟"U 火箭完成最后一次发射退役

2017 年 2 月 22 日，俄罗斯"联盟"U 火箭从拜科努尔航天发射场成功发射"进步"MS－05 货运飞船，飞船搭载约 2.5 吨物资。2 月 24 日，飞船与国际空间站成功对接。本次发射之后，"联盟"U 火箭正式退役。此后的空间站货运发射任务全部由"联盟"2－1a 火箭执行，2017 年"联盟"2－1a 完成 2 次货运发射，为国际空间站送去总质量 5 吨以上的物资。

"联盟"U 为两级液体火箭，近地轨道运载能力 6.9 吨，可用于近地轨道、太阳同步轨道和地球同步转移轨道等航天器的发射，2000 年以来主要用于"进步"货运飞船的发射。"联盟"U 火箭于 1973 年首飞，共执行发射 786 次，其中 22 次失败，1 次部分成功，成功率达 97.07%。"联盟"U 服役 44 年，是执行航天发射任务时间最长的运载火箭，并在 1979 年创造了全年发射 47 次的世界纪录。

## （三）"猎鹰"9 复用火箭投入国际空间站货运任务

2017 年，SpaceX 公司使用"猎鹰"9 火箭/"龙"飞船系统执行了 4 次国际空间站货运任务，总计为国际空间站送去约 10.52 吨的物资。

特别是在执行 12 月 15 日的任务中，SpaceX 公司首次使用了复用火箭。"猎鹰"9 火箭使用编号为 B1036 芯级在卡纳维拉尔角 SLC－40 发射台成功发射了"龙"飞船，将 2.5 吨重的物资送往国际空间站，这是 SLC－40 发射台自 2016 年 9 月的发射台静点火爆炸事故损毁后的首度恢复使用。任务中使用的火箭一子级为年初执行国际空间站补给任务中使用的那一枚，并在此次发射中再度成功回收，而任务中的"龙"飞船也是从此前任务中回收复用的。

"猎鹰"9 火箭在 2017 年总计 18 次的发射任务中，5 次使用复用火箭，14 次成功回收一子级，代表了该公司垂直起降回收和复用技术已进入成熟阶段，而此次在国际空间站任务中的应用也标志着 SpaceX 公司的火箭重复使用技术得到 NASA 的认可。

## （四）轨道 ATK 公司执行 2 次国际空间站货运任务

2017 年，轨道 ATK 公司使用"宇宙神"5、"安塔瑞斯"230 发射 2 艘"天鹅座"飞船，共为国际空间站送去约 6.85 吨物资。

4 月 18 日，在美国佛罗里达州卡纳维拉尔角空军基地，"天鹅座"飞船搭乘"宇宙神"5（401）火箭发射升空，执行该公司的第 7 次国际空间站货运任务，将约 3.5 吨的物资送往国际空间站。本次发射原计划在 3 月 19 日进行，但因火箭液压系统故障而推迟到 3 月 21 日。这是轨道 ATK 公司自"安塔瑞斯"火箭 2014 年爆炸后，第三次利用"宇宙神"5 火箭发射"天鹅座"飞船，为完成与 NASA 签订的第一轮商业轨道运输服务（COTS）计划，并弥补"安塔瑞斯"火箭爆炸事故的影响，2019 年该公司还将使用一枚"宇宙神"5 火箭执行国际空间站货运任务。

11 月 12 日，"安塔瑞斯"230 型火箭搭载"天鹅座"飞船从沃勒普斯成功发射，执行该公司第八次国际空间站货运任务，本次发射原计划一天前进行，但因倒计时最后几分钟有飞机误入靶场上空的禁飞区域而不得不取消。任务中飞船携带约 3.35 吨货物，包括 16 颗立方星，其中 2 颗从国际空间站上部署，其余 14 颗由飞船离站后升轨部署。

# 二、政策规划

## （一）俄罗斯实施月球计划"四步走"战略

2017 年，俄罗斯能源公司详细解读了俄月球规划，主要涉及载人月球车研制以及辐射防护设施、月表试验设施和矿产资源开采设施的建造等，计划将月球基地建造成未来深空探索中转站。其实施具体包括 4 个阶段：第一阶段（2017—2030 年）进行月球基地的选址工作。同时，将开展载人运输系统，特别是载人飞船、重型运载火箭和地面设施的研制；第二阶段(2031—2040年)为建立月球基地做准备。这一阶段将开始载人探月、地质研究和搭建月球基地组件等；第三阶段(2041—2050年)主要目标是建成月球基地，实施科研项目；第四阶段(2050年后)利用月球资源探索宇宙。研制生产和保存航天飞船燃料的系统、可重复使用的升降工具、轨道装配和加油工具、稀有资源开采系统，提升月球基地自给自足的水平。

## (二)美国特朗普政府调整深空探索战略

12月11日，在美国登月45周年纪念日的这一天，总统特朗普签署了"1号航天政策指令"，宣布美国航天员将重返月球表面，并最终前往火星。虽然美国深空探索战略稍有调整，包括取消小行星重定向任务，但探索火星的远期目标没有改变。NASA早在2017年初就提出了在月球轨道建设"深空之门"的建议，这与总统要求重返月球计划非常契合。此外，特朗普政府还表示此次重返月球是由美国政府主导，但希望美国商业航天企业能够参与计划，进而促进美国商业航天技术与能力的跃进，同时还希望美国盟友及国际机构能够加入。美国重返月球的经费将在2018年2月公布的NASA 2019财年预算申请中有所体现。

## 三、载人运载器研制最新进展

## (一)俄载人火箭逐步更新换代

### 1. 近期用"联盟"2火箭替换"联盟"U/FG

俄罗斯自2005年就计划使用"联盟"2火箭替代"联盟"U/FG。不过由于"联盟"U和"联盟"FG分别承担着"进步"货运飞船和"联盟"载人飞船的发射任务，俄罗斯在型号更替过程中非常谨慎，再加上"联盟"2火箭在发射货运飞船任务中曾遭遇发射故障，使得老型号退役的步伐进一步放缓，直到2015年才停止"联盟"U

的生产。

"联盟"FG 火箭还需要再服役 2 年。已确定在 2019 年 3 月和 9 月使用"联盟"2－1a 火箭发射"联盟"MS－12 和 MS－13 载人飞船任务。但为了确保"联盟"2－1a 首次载人任务的按期进行，将原计划在 2018 年 10 月和 2019 年 2 月由"联盟"2－1a 进行的"进步"MS－10 和 MS－11 货运飞船发射任务改由"联盟"FG 火箭进行发射。

"联盟"2－1a 为两级液体运载火箭，近地轨道运载能力为 7.8 吨，较"联盟"FG 火箭提高 1 吨，采用了新一代飞行控制系统等先进技术。2013 年，"联盟"2－1a 火箭投入使用，2014 年开始执行空间站货运任务。截止到 2017 年底，该火箭共进行了 6 次货运任务，5 次成功，1 次失败。

## 2. 中远期使用"联盟"5 执行新型载人飞船发射任务

2017 年底，能源火箭航天集团提出了新的"联盟"5 中型火箭的设计方案。该火箭一子级将采用"天顶"火箭上使用的 RD－170M 发动机的改进型——RD－171MV，二子级采用由化学自动化设计局负责研制的 RD－0124M(目前应用于"联盟"2－1b)，三子级使用 Block DM 系列上面级。该方案已得到俄罗斯政府认可，并在 2017 年底完成了初步设计评审。虽然此次未公布具体运载能力，但此前曾宣称预计的起飞质量约 269 吨，最大高度 50.1 米，LEO 运载能力可覆盖 3~26 吨。未来 5 年内，俄罗斯将完成"联盟"5 中型运载火箭的研制。

研制成功后，"联盟"5 火箭将用于代替"天顶"火箭，并取代原规划中的"安加拉"A5P 火箭，用于发射未来的"联邦"载人登月飞船，并利用较低的发射价格在商业发射市场占据一席之地。此外，能源公司还提出以其一子级为基础研制重型运载火箭，通过捆绑 5 枚"联盟"一子级作为助推器，根据二、三、四子级的不同可形成 2 种重型火箭构型，近地轨道运载能力分别为 108 吨和 88

吨。目前，俄罗斯重型火箭方案尚未确定，预计首飞时间2030年后。

### 3. "安加拉" A5V 火箭为载人登月提供更多选择

经历20多年的设计和研发，"安加拉"火箭的型谱及任务规划不断改变。在2017年最新官方报道中仅保留"安加拉"1.2、A5、A5V 三种构型。删除了原方案中的中型"安加拉"A3、载人型 A5P 和重型"安加拉"A7。按照公司的最新规划，"安加拉"A5V 将用于执行载人登月计划。

"安加拉" A5V 的设计继承了"安加拉" A5 的 5 个通用芯级（URM）设计，二子级使用 2 两台 RD－0150 液氢/液氧发动机替换了现有的 URM－2 液氧/煤油发动机，近地轨道运载能力为 35~38 吨，月球轨道运载能力约 10 吨，满足多次对接载人登月的基本需求。"安加拉" A5V 火箭二子级发动机 RD－0150 的研制工作已经开始。该火箭首飞时间由原来的 2023 年推迟至 2026 年。

## (二) 美国载人火箭稳步推进

### 1. SLS 重型运载火箭首飞时间再次推迟

作为执行美国载人深空探测任务的 SLS 重型运载火箭将在特朗普重返月球计划中继续发挥重要作用。2017 年，首飞箭 SLS1 型芯级的 5 个部段(氢箱、氧箱、前裙段、发动机段和箱间段)飞行件全部制造完毕，4 台 RS－25 发动机已完成飞行准备工作，完成 8 次热点火试车，后续还开展联合试车；过渡型低温上面级(ICPS)的集成飞行件正式转交给肯尼迪航天中心的地面系统研发和运行项目办公室(GSDO)；探索上面级(EUS)完成了初步设计评审，为 2021 年 SLS 和猎户座飞船的第一次载人飞行奠定基础。

2017 年 11 月，NASA 宣布将 SLS1 型的首飞时间至少要推迟至 2019 年 12 月。除研制难度造成的影响以外，经费预估不足也是重要原因，因此 NASA 在 2018 财年预算案中为 SLS 申请的经费超过 19 亿美元，远超以往水平(13~14 亿美元左右)。

### 2. 商业轨道货运任务第一轮接近尾声第二轮已启动

在 NASA 第一轮商业货运补给服务(2011—2019 年)合同下，SpaceX 公司和轨道 ATK 公司要分别向国际空间站提供 20 次和 10 次货物补给服务。SpaceX 公司已累计完成 13 次，其中 1 次失败，轨道 ATK 公司已累计完成 8 次，其中 1 次失败。

NASA 于 2016 年初授出了第二轮商业货运补给服务合同(2019—2024 年)，SpaceX 公司、轨道 ATK 公司和内华达山脉公司从竞争中胜出。每家公司将在此期间至少完成 6 次货运任务。其中内华达山脉的"追梦者"号航天飞机是首次中标，计划使用"宇宙神"5 火箭执行发射。2017 年，"追梦者"号航天飞机完成了第三次集成评审和滑翔试飞，下一步将进行关键设计评审。

### 3. 商业乘员运输系统即将开展验证飞行

为实现美国从本土发射载人火箭的目标，NASA 鼓励商业部门积极参与到载人运载能力的发展中。2014 年，NASA 在商业乘员计划下分别授予 SpaceX 与波音公司 26 亿美元和 42 亿美元的合同，分别开展"猎鹰 9/龙"和"宇宙神 5/CST–100 飞船"载人系统的研制。

2017 年两家分别获得 4 次国际空间站载人任务(根据该合同规定，每家公司国际空间站载人飞行任务最多不超过 6 次)。为了完成最终设计、提高系统适用性，商业乘员计划项目下的 2 套载人系统正在进行关键硬件的测试和评估及系统认证。美国航空航天安全咨询小组(ASAP)对商业乘员计划的运行情况进行了评估。认为商业乘员计划认证过程合理，在关键技术方面取得了实质性进展，虽然进度上有所滞后，但总体正朝着其最终目标稳步前进。两家公司均计划在 2018 年分别进行 2 次不载人验证飞行和 2 次载人验证飞行。通过验证后两家公司将正式开展国际空间站航天员轮换任务。

### 4. SpaceX 将进行月球旅行及未来探火

SpaceX 公司宣布将于 2018 年利用"猎鹰重型"火箭发射一艘载有 2 名私人旅客的飞船实现月球旅行。该公司称其为 45 年来人类首次重返深空，具有重要意义。目前，仅有 7 名私人旅客在 2001—2009 年间乘坐俄罗斯载人飞船抵达国际空间站进行近地轨道的太空飞行，人均花费在 2000~3000 万美元，但私人旅客搭乘美国太空飞船前往月球还没有先例。

SpaceX 并未透露私人旅客为此次飞行要支付多少钱，但据悉他们已经缴纳了可观的押金。SpaceX 创始人伊隆·马斯克称，私人太空旅行将成为 SpaceX 收入的重要来源。只要每年发起 1~2 次登月旅行，这项任务就将贡献公司总收入的 10%~20%。按照规划，"月球旅行"时间大约一周，预计旅程为 50~65 万千米，飞船将掠过月球轨道，此后返回地球。任务中将使用"猎鹰重型"火箭及"龙"载人飞船。"猎鹰重型"火箭 LEO 运载能力为 63.8 吨，火星运载能力为 16.8 吨，于 2018 年进行首次非载人验证飞行。

## （三）印度以 GSLV‑MK3 成功为契机发展载人航天能力

2017 年 6 月 5 日，印度新型地球同步轨道卫星运载火箭 MK3（GSLV‑MK3）从萨迪什·达万航天中心成功将 GSAT‑19 送到地球同步转移轨道，使印度 GTO 运载能力提升至 4 吨，LEO 运载能力提升至 10 吨。GSLV‑MK3 作为印度新一代的大型运载火箭可为印度与国际商业发射市场竞争提供支撑，同时也是印度未来开展载人航天任务的基础。

GSLV‑MK3 于 2002 年开始研制，芯级直径 4 米，采用两级捆绑结构，一子级采用常温推进剂，以 Vikas 发动机为动力，捆绑 2 枚 S200 固体助推器，二子级为印度自主研制的 C25 低温上面级。其中，固体助推器单台推力达 6000 千牛，上面级氢氧发动机推力 200 千牛。印度在固体推进技术和低温推进技术方面有了非常快速的进步。

## （四）欧洲、日本发展下一代运载火箭

欧洲、日本积极推进下一代运载火箭的研制。"阿里安"6 是欧洲用以取代"阿里安"5 的下一代运载器，包括"阿里安"62 和"阿里安"64 两种构型，分别装有 2 枚和 4 枚固体助推器。GTO 运载能力达 10.5 吨，发射价格为 1 亿美元，发射单价甚至低于"猎鹰"9 火箭（GTO 运载能力为 5.5 吨，发射价格为 6200 万美元）。2017 年，"阿里安"6 火箭研制项目成功通过 2 个重要评审节点，验证了火箭技术特征以及项目流程，确定工业流程足够成熟，已经进入首飞火箭的制造阶段。"阿里安"6 项目预计在 2018 年对固体助推器进行试车，2019 年末到 2020 年初开展全箭试验，2023 年全面取代"阿里安"5 火箭。

日本推动 H-3 火箭的研发工作，该火箭用于替代 H-2A 系列火箭，采用两级构型，可不捆绑或捆绑 2 个或 4 个改进型固体助推器。H-3 在研制中强调低成本、简化设计、合理结合新工艺与现有技术等目标是将 H-3 火箭的成本降至现役 H-2A 火箭的一半，即 4430 万美元。火箭芯级采用 2 台或 3 台 LE-9 发动机，二子级采用改进型 LE-5B-3 发动机。500 千米 SSO 运载能力为 4 吨，GTO 运载能力 6.5~7 吨，计划于 2020 年实现首次试飞，未来可实现载人运载能力。2017 年，LE-9 发动机进行了首轮试车，点火时间累积约 270 秒。验证了发动机的性能和耐久性；LE-5B-3 上面级发动机装配并开展试车；固体助推器 SRB-3 全尺寸壳体进行了强度试验。

## 三、展望

2018 年，将是载人航天发射较为频繁的一年，除了国际空间站既定的 13 次乘员轮换与货运补给任务外，还将有波音公司与 SpaceX 公司的 4 次载人能力验证飞行（2 次不载人、2 次载人）以

及 1 次印度"月船"2 号的深空探测任务。

此外，俄罗斯将进一步完善未来载人火箭及重型火箭的规划，着力推动"联盟"5 和"安加拉"系列火箭的研发工作；美国在新的重返月球计划牵引下，SLS 重型火箭规划将更加明确，同时还将开展商业及国际合作，共同促进深空探索的发展。SLS 重型火箭将完成首飞箭芯级和助推器的交付，准备进行总装集成。商业乘员计划进入最终验证阶段，有望实现美国载人运输能力的回归。商业公司推进新型载人火箭的研制，SpaceX 公司的"猎鹰重型"即将迎来首秀，将成为运载能力最大的现役火箭。

（北京航天长征科技信息研究所）

# 2017 年国外载人航天器发展综述

2017 年，全球载人领域共进行了 14 次发射任务，全部成功。其中 4 次载人飞船发射任务，10 次货运飞船发射任务，发射数量与 2016 年相比稍有增长。其中，俄罗斯发射 3 艘"进步"号货运飞船、4 艘"联盟"号载人飞船，美国商业公司成功发射 6 艘货运飞船，美国太空探索技术(SpaceX)公司实现了运载火箭和飞船的重复使用，再次创下航天史新纪录。

2017 年，载人航天领域稳步发展。重点围绕近地轨道开展空间应用，同时积极推进近地轨道以远的长远规划和系统建设。特朗普新政府执政后，取消了"小行星重定向"(ARM)任务，重启"重返月球"计划，提出发展地月空间，并以载人火星为长远目标持续推进新技术、新系统的研发。任务执行上，美、俄围绕国际空间站开展运营维护。美国主要依靠商业公司的"龙"飞船、"天鹅座"飞船开展货物运输；俄罗斯"联盟"号载人飞船仍承担运送航天员至国际空间站的重任。系统建设和技术研发上，美国持续推进以"猎户座"飞船和"航天发射系统"(SLS)为主的探索系统开发。俄罗斯新一代载人飞船"联邦"号稳步推进，东方发射场建造工作继续，计划 2023—2025 年间进行首次载人发射，2030 年起开展月球探索任务。空间应用方面，重点围绕国际空间站这一在轨平台开展技术开发与验证试验。商业化发展方面，近地轨道商业运输稳步推进，商业公司继续拓展太空旅游市场，新型公私合作伙伴关系得到进一步深化。波音公司、SpaceX 公司持续推进"星际客船"飞船和载人版"龙"飞船的研制工作；波音公司与纳米架

（NanoRacks）公司将联合研制国际空间站上首个商业气闸装置。此外，以 SpaceX 公司、蓝色起源公司为代表的商业公司提出涉及月球探测的相关计划。

# 一、各国围绕国际空间站积极开展空间活动

## （一）俄罗斯"联盟"MS 飞船继续向国际空间站运送航天员

本年度，俄罗斯最新升级版载人飞船"联盟"MS 继续执行将航天员送至国际空间站的任务。俄罗斯航天国家集团公司（ROSCOSMOS）计划从 2017 年 4 月直至俄罗斯多功能实验舱启用，国际空间站俄罗斯乘组人员将从 3 人缩减至 2 人，以提高国际空间站俄罗斯舱段的工作效率。本年度，俄罗斯共发射了四艘"联盟"MS 飞船。

北京时间 2017 年 4 月 20 日，"联盟"FG 运载火箭搭载"联盟"MS－04 飞船从哈萨克斯坦的拜科努尔发射场发射升空。本次飞船搭载了俄罗斯航天员费奥多尔·尤尔奇欣和美国航天员杰克·费希尔，这是十年来飞船首次搭载两名航天员前往国际空间站。此次飞船采用的是 6 小时快速交会对接方式，成功与国际空间站的搜索号舱段对接。

北京时间 2017 年 7 月 28 日，"联盟"FG 运载火箭搭载"联盟号"MS－05 飞船从哈萨克斯坦的拜科努尔发射场发射升空。本次飞船搭载了俄罗斯航天员谢尔盖·赖萨斯基、美国航天员兰道夫·布雷斯尼克和欧洲航天员保罗·内斯波利。

北京时间 2017 年 9 月 13 日，"联盟"FG 运载火箭搭载"联盟"MS－06 飞船从哈萨克斯坦的拜科努尔发射场发射升空。本次飞船搭载了俄罗斯航天员亚历山大·米苏尔金、美国航天员马克·范德·黑和约瑟夫·迈克尔。该批考察组将进行 40 多项的航天生物学、生物技术等领域的试验。

北京时间 2017 年 12 月 17 日，"联盟"FG 运载火箭搭载"联盟"MS－07 飞船从哈萨克斯坦的拜科努尔发射场发射升空，飞船采用了传统的两天交会对接方式。

## (二) 俄罗斯发射三艘"进步"MS 货运飞船

本年度俄罗斯继续使用更新版货运飞船"进步"MS 为国际空间站俄罗斯舱段运送货物，2017 年共发射了三艘"进步"MS 飞船。

北京时间 2017 年 2 月 22 日，"联盟"U 运载火箭搭载"进步"MS－05 飞船从哈萨克斯坦的拜科努尔发射场发射升空，这是"联盟"U 运载火箭最后一次执行发射任务，此次发射后，"联盟"U 运载火箭正式退役，其发射任务将由"联盟"2 和"安加拉"A3 系列的中型运载火箭执行。

北京时间 2017 年 6 月 14 日，根据国际空间站飞行任务计划，"联盟"2－1a 火箭在拜科努尔发射场第 31 号发射台成功搭载"进步"MS－06 货运飞船发射升空。发射后 8 分 48 秒，"进步"飞船同火箭第三级成功分离，计入预计轨道。飞船于 6 月 16 日与国际空间站对接。除标准货物外，"进步"MS－06 上还搭载了纳米卫星，该卫星由俄科罗廖夫能源火箭航天集团专家与库尔斯克西南大学的年轻科学家共同研制。

北京时间 2017 年 10 月 14 日，"联盟"2－1a 火箭在拜科努尔发射场成功搭载"进步"MS－07 货运飞船发射升空。"进步"货运飞船将为空间站送去燃料、物资补给和空间站硬件，以供国际空间站运行及生活在空间站内的航天员提供生活支持。此外，飞船还搭载俄罗斯舱段宽带数据传输用户设备的接收模块，全套的接收设备于 2017 年底由俄罗斯航天员轮流出舱进行安装，而设备组件的舱内安装工作于 2018 年 2 月开始。新型接收设备由能源火箭航天集团联合列舍特涅夫信息卫星系统公司等企业共同研制，设备将通过"射线"(Luch) 多功能空间中继系统进行工作。安装 Ku 频段宽带通信信道后，国际空间站俄罗斯舱段人员可独立访问高速互联网，包括试验结果、照片和视频等数据的传输速率将显著提升。

## （三）国际空间站成为前沿技术的重要在轨试验平台

作为全球最大的在轨航天器，国际空间站已实现连续有人驻留超过 15 年，已在空间应用领域取得了众多成果，延寿至 2024 年，将为近地空间带来更大发展空间。作为一个独有的技术开发与试验平台，国际空间站将为未来长期的探索任务所需的技术、系统和材料以及地球上使用的新技术提供独一无二的试验条件，试验和发展机器人技术、在轨服务技术、先进通信技术等众多先进技术，推动技术的进步和探索能力的发展。

在开展长期载人深空探索之前，需要在国际空间站上开展大量研究，旨在进一步了解并降低太空飞行对人体健康及工作的影响，如防止骨质疏松和视力退化，同时也针对疾病预防、诊断和治疗的技术进行不断试验。

NASA 和俄罗斯航天国家集团公司目前正在研究方案，商讨是否将国际空间站的运行时间从 2024 年延至 2028 年。此前，国际空间站成员国花费了三年时间最终决定将运行时间从 2020 年延至 2024 年。NASA 专家表示，只要更换老旧的太阳能电池板，并进行适当维修，国际空间站理论上可以持续工作到 2028 年以后。国际空间站是否还将延寿目前尚未确定。

## 二、商业载人航天发展持续推进

美国对商业公司的培育推动发射服务业和航天器制造业的进一步发展，形成了载人航天服务市场，有助于航天产业化和国家经济发展。近年来，NASA 推行商业航天的意志愈加坚决，涉及领域从近地空间拓展到深空。2017 年，美国继续加大力度，推动商业载人航天的发展。

## （一）SpaceX 公司取得重大突破，创造航天史上新纪录

北京时间 2017 年 2 月 19 日，"猎鹰"9v1.1 全推力型火箭从肯尼迪航天中心的 LC 39A 发射台发射，成功将 SpaceX 公司的"龙"货运飞船送入轨道，执行该公司第十次商业补给服务（CRS）合同任务（SpX－10）。火箭升空后 8 分 15 秒，第一级返回大气层，成功在陆上着陆场实现软着陆。这是太空探索技术公司首次在白天完成陆上回收火箭，第三次陆上回收，以及第八次完成火箭回收。本次任务是 SpaceX 公司首次启用肯尼迪航天中心的 39A 发射台，重新启用尘封多年的发射台是 SpaceX 公司的里程碑事件，具有重大意义。但本次任务一波三折，发射原定于北京时间 2017 年 2 月 18 日进行，但因为二级火箭推力矢量控制系统故障，任务推迟一天。北京时间 2 月 22 日，由于导航系统出现故障，飞船计算机系统识别到关于国际空间站的错误数值，自动中止交会对接操作。这是"龙"货运飞船首次在交会对接阶段出现故障。北京时间 23 日，飞船再尝试与国际空间站对接取得成功。

北京时间 2017 年 6 月 4 日，SpaceX 公司的"猎鹰"9 火箭从位于佛罗里达州肯尼迪航天中心的 LC 39A 发射台发射升空，成功将"龙"飞船送入初始目标轨道，执行第十一次商业补给服务合同任务（SpX－11）。执行本次任务的"龙"飞船曾于 2014 年 9 月发射升空，与国际空间站对接停留 34 天后返回地球，降落太平洋。本次飞船携带重要的补给与试验材料，支持 250 多项在轨科学研究试验。空间站乘组将在轨完成"幼苗生长－3"实验、"高级胶体实验-温度－6"实验、"先进微重力燃烧实验"等，分别研究植物光感应与重力感应的基本机制，胶体在凝胶和乳霜的微观动态，燃油效率提高及燃烧污染物减少的方法。本次任务的成功标志着航天史上首次实现货运飞船加压舱重复使用，也是人类航天史上首次发射重复使用的飞船，具有极为重大的意义。

北京时间 2017 年 12 月 15 日，SpaceX 公司的"猎鹰"9 火箭从位于卡纳维拉尔角的空军基地的 L 40 发射台发射升空，成功将"龙"飞船送入初始目标轨道，执行第十三次商业补给服务合同任务（SpX－13）。本次发射使用的火箭第一级和飞船增压舱均是重复使用的，所用火箭第一级曾是用来发射"龙"CRS－11 的火箭，本次任务的成功执行让 SpaceX 公司的箭船复用工作再向前迈进一步。

## （二）轨道 ATK 公司"天鹅座"飞船成功执行两次正式合同任务

北京时间 2017 年 4 月 18 日，联合发射联盟（ULA）的"宇宙神"5 火箭于在卡纳维拉尔角发射基地成功发射，并将"天鹅座"飞船成功发射入轨，飞船在 4 月 22 日与国际空间站对接，向其运送货物，包括物资、飞行器硬件和科学试验载荷等。此次运送的科学试验有效载荷包括"高级植被栖息地"零重力温室，用于生物科学试验，研究航天员未来长期在轨种植补给食物的可行性。而国际空间站微重力环境还将助抗癌药物的试验研究。此次"天鹅座"还携带 38 颗立方体卫星，其中 28 颗来自欧洲 QB50 地球热层研究卫星项目。"天鹅座"的成功发射将进一步推动国际空间站空间科学试验的进程。"天鹅座"与空间站分离后，进行了为期一周的自由飞行，释放了 28 颗 QB50 立方体卫星，并开展烟火试验，以探讨如何提高飞船乘员的安全。本次"天鹅座"飞船起飞质量为 7229 千克，其中有效载荷质量为 3495 千克，包括 954 千克的人员补给、1215 千克的空间站系统硬件以及 940 千克的科学应用设备，是目前为止商业货运任务中单次运输质量最大的一次。

北京时间 2017 年 11 月 12 日，轨道 ATK 公司的"安塔瑞斯"（Antares）火箭从位于美国弗吉尼亚州的瓦勒普斯飞行中心发射场点火起飞，成功发射该公司"天鹅座"飞船的第八次商业补给服务合同任务。11 月 14 日，飞船飞行 45 小时后抵达国际空间站，创造了"天鹅座"飞船从发射到交会的最短飞行时间记录。飞船共向空间站运送了 3500 千克货物，包括 860 千克科学试验和新技术验证设备，以及供站上乘员使用的补给品。

## （三）商业公司持续推进相关项目的发展

特朗普上台后多次强调要大力发展公私合作关系。在近地轨道载人航天领域将大力发展与私营公司的商业航天合作，在近地轨道以远的深空探索领域也寻求合作可能性。进一步推进"政府主导，私营公司参与"的载人航天发展模式，使得探索主体多元化。

近地轨道商业货物方面，SpaceX 公司、轨道 ATK 公司实现近地轨道货物运输常态化，内华达山脉公司正在追赶。此外，SpaceX、轨道 ATK 和内华达山脉公司将从 2019 年起分别用"龙"飞船、"天鹅座"飞船和"追梦者"号航天飞机为国际空间站提供货物补给。近地轨道商业乘员运输方面，波音公司、SpaceX 公司有望近期实现近地轨道商业乘员运输。2017 年 11 月 11 日，"追梦者"号航天飞机试验样机在美国加利福尼亚州爱德华空军基地成功完成滑翔试验。此次滑翔试验是该公司商业乘员协议中的重要里程碑，将支撑该公司按照 2016 年获得的 NASA 第二轮商业补给服务合同研制货运型号太空飞机的工作。"追梦者"号航天飞机货运系统的首飞预定于 2020 年进行，在 2024 年前最少进行 6 次飞行任务。波音公司的"星际客船"（Starliner）项目主管表示，"星际客船"目前正处于飞行硬件广泛开发和多种运载系统测试阶段，计划于 2018 年第三季度进行非载人试验飞行，如果测试结果良好，则计划于 2018 年第四季度进行载人飞行测试，一旦"星际客船"完成了飞行测试并获得 NASA 认可，波音公司将获得一份 6 次飞行任务合同，为 NASA 向国际空间站输送航天员。

此外，围绕国际空间站开展了商业搭载和小卫星释放等空间应用活动，进一步发展新型商业模式。2017 年 2 月，纳米架公司与波音公司签署协议，将共建国际空间站的首个商业气闸舱。2017 年 7 月 7 日，国际空间站日本希望号实验舱通过小行星释放机构 (J‑SSOD) 释放了 5 颗 1U 立方体小卫星。这些卫星同属于 BIRDS 联合多国项目 (Joint Global Multi Nation BIRDS)，即日本九州工业大学与亚洲、非洲国家合作进行的小卫星研制项目，目的是加强日本与这些国家在航天领域的合作和提高日本的国际影响力。

太空旅游方面，2017 年 12 月 12 日，"新谢帕德"亚轨道飞行器新型号首次试飞取得成功。此次"新谢帕德"使用的新一代火箭和 2.0 版载人舱，蓝色起源公司计划利用"新谢帕德"开展亚轨道旅游，时间暂定为 2019 年。

## 三、以月球为下一步发展目标，积极推进新型载人航天器系统发展

2017 年 10 月 5 日，美国副总统彭斯发表题为《迈向新疆域：国家航天委员会的一个重点》的演讲，宣布美国将重启登月计划并建立永久性月球基地。12 月 11 日，特朗普总统签署了备忘录，正式重启了"重返月球"计划。至此，美国的载人航天发展走向基本明朗，新政府将更多的目光聚焦到深空探索、载人航天和商业化发展。特朗普新政府的上台，对美国现有的航天政策进行了重大调整，将产生深远影响，进而可能影响全球其他各国航天政策的走向。未来美国将以月球为下一步目标，火星为长远目标，持续推动能力建设，保证其核心能力发展，不断推进新系统的研发。

## （一）持续推进"猎户座"多用途乘员飞行器（MPCV）

2017 年，"猎户座"飞船的关键技术相关测试稳步推进，但仍存在待解决的问题。负责"猎户座"飞船项目的工程师对"猎户座"的一些关键安全系统开始进行一系列重要测试。轨道 ATK 公司在犹他州普罗蒙特利的试验场对"猎户座"飞船发射中止系统（LAS）

的中止引擎进行了时长 5 秒钟的点火测试。尽管相关数据分析尚未结束，但此次测试已经证明在紧急情况下中止引擎能够在毫秒之间点火启动，并能在高温条件下正常运转。6 月 14 日，在亚利桑那州尤马的美军测试基地进行的测试中，"猎户座"飞船仿制舱体从波音 C-17 运输机上被投下，以测试"猎户座"飞船仅展开三个主降落伞时整个降落伞系统的运行效果。此次测试评估了降落伞在低空低动压环境下的性能。此外，"猎户座"团队还对升级版的船员舱直立系统进行了测试。在之前的 EM-1 测试过程中，气囊未能完成正常充气，之后工程师改进了气囊设计，便有了升级版的气囊。本次在约翰逊航天中心的中性浮力实验室共进行了 8 项测试，评估气囊在正常情况与意外情况下的充气效果，以此验证计算机模型的准确性。针对载人的 EM-2，NASA 面临的主要挑战之一就是确保"猎户座"飞船座舱环控生保系统正常运转。NASA 正在国际空间站上和地面实验室中测试该系统组件，部分组件将在 EM-1 中试飞，完整系统的首次试飞将在 EM-2 中进行。NASA 选定了最初 24 小时飞船在大椭圆轨道上运行的任务方案，以检验环控生保系统和其他系统。总的来说，"猎户座"飞船整体上还是按照计划稳步推进相关测试和试验等工作。

## （二）俄罗斯新型载人飞船持续推进研制工作

俄罗斯能源火箭航天集团下属机械制造试验厂计划于 2019 年 1 月之前建成升级系列载人"联盟"MS 型飞船，研制经费为 23 亿卢布。飞船承包商机械制造试验厂负责飞船舱段的研制、组装，并负责在控制测试站对飞船进行测试，最终交付飞船。新飞船将于 2019 年 1 月之前完成建造。

此外，俄罗斯也在稳步推进新一代载人飞船"联邦"号飞船的研制工作。2017 年 3 月，俄罗斯载人航天领域总设计师叶甫盖·米克林在接受采访时表示，主要用于载人登月的"联邦"号飞船计划于 2021 年进行首次自主无人飞行试验，届时将搭乘"费奥尔多"机器人，"联邦"号飞船的首次载人飞行任务计划于 2023 年实现。

# 五、结语

2017 年，载人航天发射数量有所增长，也取得了突破性的成就。主要航天大国仍将载人航天作为国家重要战略而持续投入，近地轨道载人航天技术发展成熟，各国围绕国际空间站开展全面应用，面向近地轨道以远的月球、火星等目标探索的相关先进技术、系统研发持续推进。美国以保持和巩固全球领导地位为目标，锁定月球，发展地月空间，并以火星为长远目标，不断开展新系统、新技术的研发，同时积极探索商业化运营模式，将初步成熟的近地轨道载人航天活动推向市场，积极调动商业力量服务载人航天发展；俄罗斯为巩固载人航天的优势地位，明确载人航天长远发展思路和重点，包括继续运营空间站，研制新一代载人飞船、计划实施载人登月项目，并提出国际月球轨道站构想；欧洲和日本通过国际合作发展本国载人航天。

（北京空间科技信息研究所）

# 2017 年国外载人航天发射场发展综述

2017 年国外载人航天发射场建设发展的重点仍在美国和俄罗斯。美国国家航空航天局（NASA）针对其新一代空间运载系统任务实施而开展肯尼迪航天中心现代化改造已进入最后的设施设备与试运行阶段，针对商业乘员项目的后续任务要求而重启和改建卡纳维拉尔角空军基地的 40、36 和 11 号发射场。俄罗斯新建的东方航天发射场进入第二阶段建设期，同时针对其未来空间运载系统的规划与实施而在拜科努尔航天发射场建造相应的发射工位。

## 一、美国肯尼迪航天中心进入最后的设施安装与试运行

### （一）垂直总装厂房高跨间的十层工作平台已全部安装完毕

2 月，NASA 安装了肯尼迪航天中心（KSC）垂直总装厂房（VAB）3#高跨间（HB3）内 A 层北面半块工作平台，这意味着 K～A 共十层 20 个工作平台已全部安装完毕。这些工作平台通过 2 个重约 27.24 吨的轨道梁与 VAB 结构相连，并使工作平台沿运载火箭和航天器进行前后摆动。目前，这十层工作平台已进入运行测试。

### （二）活动发射平台进入装配测试阶段

KSC 从 2016 年 11 月至 2017 年 7 月间的 9～10 个月里完成了 15 项脐带部件的生产，包括 8 个主支撑杆及 2 个备用件、2 个后裙段电子脐带、"猎户座"飞船服务舱脐带、主芯级前裙段脐带

（CSFSU）和主芯级箱间段脐带（CSITU）等。6月底将CSFSU安装到ML上，而CSITU已完成相关测试与包装，并通过水路运往ML建造区进行安装。8月进行了CSITU的安装。2个尾部服务塔脐带（TSMU）的测试准备评审已完成，并开始对其进行测试。火箭稳定装置（VS）处于测试中，进展良好。过渡低温推进级脐带（ICPSU）的测试准备评审已完成，已开始低温测试。9月底将乘员进入臂（CAA）直接运到ML建造区，年底直接运到VAB内后实施安装。

对于ML本身配置的一些辅助设备与部件，诸如低温系统和环境控制系统的钢制支撑、各种管线与电缆、配电柜、照相机、气动控制盘、地面特种电源、危险气体泄漏探测、KSC地面控制系统、发射释放系统、靶场安全控制系统、传感器/数据采集系统、热系统、气象系统、访问与通信系统等，目前已完成50%以上的安装，其中ML基座部分占75%，塔体部分占25%。

## （三）39B发射工位的导流槽整修完成并安装新型导流器

NASA和KSC针对SLS火箭发射任务需求，对39B发射工位导流槽进行了适应性改造，重新应用了93000块新型耐火砖，并拆除了原航天飞机时期的火焰导流器系统。7月，地面系统研制与运营（GSDO）项目部已完成发射台导流槽的修整，并开始安装导流器和消音系统的水管线。新研制的导流器形状类似于滑板的凸面斜坡，能直接将SLS火箭主芯级和SRB的火焰全部从一个方向排放到导流槽的另一端。该型导流器的表面压力能经受得住火焰排放后产生的高温，同时不会导致火焰羽烟回流。由于导流器的前部表面能经受得住火焰高温，而后部则是开放式结构，技术人员在发射后能易于进入到导流槽，这种可应用于SLS火箭和其他商业型火箭的通用型设计能使导流器的操作和维护更加简化和高效。

## （四）39B 发射工位应用新型液氢分离装置

基于航天飞机与 SLS 火箭的不同设计特点，改造后的 39B 发射工位增加了氢排放系统的分离装置。航天飞机时期，技术人员需将冷却火箭发动机的液氢排放至火炬塔中进行加热汽化燃烧。虽然 SLS 火箭的发射仍使用液氢冷却发动机，但液氢用量较大，技术人员通过分析发现，排放至火炬塔中的液氢并没有完全呈汽化状态，因而采用了类似地面化粪池的设计，通过分离装置采集液氢，然后再将其加热汽化并输送到火炬塔中燃烧。

## （五）39B 发射工位液氢/液氧低温罐进行燃料加注

虽然液氢/液氧低温罐的燃料加注不属于目前的施工建设项目，但它是发射台处于运行状态的一个标志性事件，意味着 KSC 逐渐步入 EM－1 的发射保障阶段。两个储罐的燃料加注始于 9 月，约耗用 6 个月才能注满。耗用如此长的时间主要基于：一是两个储罐的容量高达 900000 加仑（约 4091400 升），且使用的是槽车加注燃料，这就需要耗用大量时间；二是两个钢制储罐的温度均处于与佛罗里达州夏季高温同样的状态，技术人需首先加注低温燃料以对储罐进行降温，而在这个过程中有大量液氢会蒸发掉，随后槽车不断向储罐补加液氢。

## （六）KSC 液氢应用演示验证装置的初期测试完成

为期一年半的 KSC 新型"液氢应用演示验证装置"（GODU LH2）演示验证测试，分三个阶段依次按 IRAS 储罐的液氢设定量为 30%、60% 和 90%，开始零损耗卸载与存储、零蒸发、氢液化和氢致密化等 4 项能力的演示验证试验。GODU LH2 装置及配套系统的研制与演示验证测试能在大规模氢液化与致密化理论、关键技术以及核心设备研制等方面取得更大突破，优化 KSC 的液氢运用与操作系统，从而降低液氢在发射场的过程操作成本，减少环境影响，提供高效的保障。

## 二、美国商业乘员项目配套的发射场陆续重启或改建

### （一）SpaceX 公司重启卡纳维拉尔角空军基地 40 号发射场

在经过 15 个月的恢复重建后，SpaceX 公司再次启用卡纳维拉尔角空军基地的 40 号发射场，并进行一次"猎鹰"9 火箭助推器的飞行验证静态点火试验。在重建 40 号发射场的过程中，SpaceX 公司将所积累的一些 KSC 39A 发射工位建设经验应用其中，此外还进行了大量的设计更新与设备升级，包括改进后的全新牵制夹紧装置、与 39A 发射工位的 TEL 具备同样转回功能的全新 TEL 以及全新的地面保障设备（GSE）的管道与电气和数据线。TEL 在发射 T-0 时的转回机动功能极大地提高了 SpaceX 公司实现发射工位的任务快速周转的能力。与重建前的 40 号发射场不同的是，新设计的转回机动功能可将 TEL 摆脱"猎鹰"9 火箭排放的火焰烟羽的影响，有效地保护了连接点构件、密封件和推进剂管线，由此可重复使用而无需像传统做法那样进行一次性更换。SpaceX 公司能在仅仅 10 个月内(2 月~11 月)完成发射场重建，这说明了该公司具备强大的从不可预见性意外事件中恢复的能力，发射台初始建造与设计的坚固耐用性以及发射场某些设备能够很好地经受住爆炸的破坏。

### （二）联合发射联盟完成 41 号发射场逃逸系统的安装

美国联合发射联盟(ULA)日前在 4 月份完成了卡纳维拉尔角 41 号发射场乘员进入塔(CAT)的逃逸系统(EES)安装。由于 41 号发射场将分别为波音公司的"星际客船"飞船和内华山脉公司的"追梦者"号航天飞机提供发射服务，两者在逃逸要求上存在一定

的差异，因此在逃逸系统的设计上采用了类似 KSC 39 号发射场的传统滑索与吊篮方案，并使用商业成品化的产品，在保证可靠性和安全性的同时以低成本、应用灵活的方式满足 ULA 的各项任务需求。

EES 能容纳 20 人（包括地面人员和航天员）。其逃逸滑索设在 CAT 的 12 层，高度距发射台约 52.4 米，能允许航天员快速地从运载火箭逃离至 408.4 米外的着落区。在着落区，每个滑索段都配置了长约 9.14 米的弹簧，以便在航天员（或工作人员）忘记执行制动时，能使其缓慢降落。逃逸系统的承包方还在 CAT 的北面安装了一个训练系统。

## （三）蓝色起源公司将改建卡纳维拉尔角空军基地 36、11 号发射场

蓝色起源公司拟利用卡纳维拉尔角美国空军基地的 36 号和 11 号发射场实施其新一代"新格伦"运载火箭的测试与发射任务。蓝色起源公司将这两个发射场区域联合定名为轨道任务发射区（OLS），在 36 号发射场建造的主要设施有发射台、组装厂房（长 152.4 米，宽 91.4 米，面积约 13935 平方米）、与发射相关的地面操作设施、整修厂房和地面保障设施（GSE）。在 11 号发射场建造的地面设施主要有发动机试车台、GSE、液氢、液氧、消音和消防用水箱等相关系统。

根据蓝色起源公司完成的环境评估报告显示，有关火箭一子级、二子级和有效载荷整流罩等大型部件将在该公司在 KSC 工业园区建造的新厂房内生产，完成运载火箭的硬件处理后，通过公路将其运送到 OLS。有效载荷则在 KSC 之外的操作保障区内建造。在完成主有效载荷的相关操作处理后，通过货车将其运送到 OLS，并在组装厂房内进行加注。在 OLS，技术人员首先将火箭一子级、二子级和三子级组装至运输起竖车上，然后安装助推器、有效载荷（或卫星），最后对整个系统进行准备状态测试。完成上

述操作后，将运载火箭和有效载荷组合体运送到距组装厂房约610 米外的发射台，起竖后等待发射。

由于"新格伦"运载火箭的一子级将回收再使用，因此蓝色起源公司在大西洋上的北纬 29° 42′17.79″和西经 71° 30′ 53.01″处划定了一个回收区，长 1013 千米，宽 708 千米。回收后的火箭芯级将被运送到位于 36 号发射场入口的整修厂房内。根据环境评估报告显示，试车台的导流槽设在东北偏北方向，倾斜度为 5°。设在试车台北面的蓄水池的尺寸约为 30.5 米×30.5 米。试车台能针对不同类型的发动机进行测试，最大运行时限为 500 秒，每个月能进行 9 次测试，总测试运行时限为 30 分钟。

## 三、俄罗斯东方航天发射场进入第二阶段建设期

2017 年，俄罗斯东方航天发射场第二阶段建设的相应工作已通过了全部专家评估，俄罗斯负责航天发射场事务的运营方——地面航天基础设施与设备中心(TsENKI)已确定东方航天发射场第二阶段建设(始于 2018 年)的承包商。

针对拟于 2022 年建造完工并投入运营的东方航天发射场"安加拉"火箭发射工位，俄罗斯拟投入 380 亿卢布(约 6.3 亿美元)的建设资金，不包括发射场技术设备的研发、制造与装配，有关信息表明"安加拉"发射工位的建设费用将会高达 580 亿卢布(约 9.68 亿美元)。此外，俄罗斯计划于 2025 年在东方航天发射场建设第二个"安加拉"火箭发射工位。

东方航天发射场从第三季度开始进入年度地面设施设备维护期，以为下次发射任务做准备。俄罗斯航天国家集团公司表示，工程技术人员将开展联合检测，替换活动勤务塔液压系统的油料，使压力气体接收装置充满并呈操作状态，此外还对推进剂加注设施进行整修。俄国家航天集团公司表示，发射场地面设施设备的年度维护对于运载火箭和航天技术的寿命周期是一项非常重要和

关键的环节，这是俄罗斯所有发射场的惯例。

## 四、俄罗斯加大拜科努尔航天发射场新工位建设的投资

俄罗斯与哈萨克斯坦针对俄新一代运载火箭和载人飞船而拟在拜科努尔航天发射场联合建造的"拜捷列克"（Baiterek）发射区将耗资约 2.8 亿~3.1 亿美元。俄哈双方目前已完成了投资企划书的编制，并通过了有关专业和经济领域专家的评估，哈国家预算委员会正在对投资企划书进行审核批复，随后航天部门将正式开始可行性研究。拜捷列克公司已收到了俄罗斯航天国家集团公司提供的相关技术数据，这也意味着该建设项目已启动，而哈经济部已拨付了用于可行性研究的资金，而可行性研究工作拟于 2018 年 9 月完成。根据拟于今年 12 月完成调整和批准的该建设项目的技术路线图，"拜捷列克"发射区的首次测试发射将于 2022 年末实施。

俄罗斯航天部门表示，2017 年 11 月已启动"拜捷列克"发射区的方案设计。最初的发展规划是将"拜捷列克"发射区建造成一个商业性发射区，但在 2017 年 5 月俄罗斯决定采用"联盟"5 火箭发射新一代"联邦"号飞船后，该建设项目扩展了原规划功能，而俄方已对项目原计划进度进行了相应调整，并取消了原定的"天顶号"M 火箭发射区建设项目。目前，俄方即将完成有关"拜捷列克"发射区建设项目的政府部门间调整协议的正式批准，诸如新版"拜捷列克"发射区技术发展路线图的草案、项目实施条款等以及需向哈国提供的项目资金可行性研究报告的输入数据等。

此外，出于成本节省、技术方案利用的最优化以及与东方航天发射场并行使用的角度考虑，俄罗斯准备将拜科努尔航天发射场的原"天顶"号火箭发射工位升级改建成新型"凤凰"和"联盟"5 运载火箭的发射工位，并增加相应的投资，以加快发射工位的现

代化改造。

俄罗斯总统普京在 2017 年高层欧亚经济委员会会议上表示，俄罗斯为了延长拜科努尔航天发射场的使用，将会尽快调整其未来的航天发展计划，包括东方航天发射场的使用计划，以便在哈萨克斯坦现有的航天发展项目框架下开展双方的技术合作。

## 五、结语

美国和俄罗斯在 2017 年里分别加快完成了对肯尼迪航天中心和东方航天发射场地面设施设备与系统的升级改造和新建工程，并取得了阶段性成果，为新一代空间运载系统及近期空间探索任务的顺利实施奠定了良好的基础。同时，不断根据各自的航天发展战略规划，改扩建卡纳维拉尔角空军基地和拜科努尔等原有航天发射场的地面设施设备与系统，拓展任务支撑能力，以为未来的载人登月和火星探索提供更加强大的任务保障。

（北京特种工程设计研究院）

# 2017 年国外航天员系统发展综述

2017 年，国际空间站（ISS）第 50～53 长期考察组执行驻站任务，驻站乘员借助独特的微重力实验室协助完成了 120 多项美国的新研究项目，为今后的深空探索和改善地球生活做准备。为迎接未来更长期的航天飞行和深空探索，美、俄、加开始选拔补充新一批航天员新生力量，NASA 人体研究计划继续在多方面开展研究，并发布一年期任务和双胞胎研究的最初研究结果，此外，不同地点不同时长的系列地面模拟试验也分别在美、俄、欧深入展开。

## 一、美俄加为未来空间任务补充航天员新生力量

### （一）NASA 公布新一批预备航天员名单

2017 年 6 月 8 日，NASA 在位于休斯顿的约翰逊航天中心宣布了新一批预备航天员人选。这些预备航天员是从 2015 年 12 月至 2016 年 2 月期间提交申请的 18300 名候选人中选出的，共计选出 12 名航天员，其中包括 7 名男性和 5 名女性。这是 NASA 自 2000 年以来选出的最大规模班底，也是 NASA 团队以及美国载人航天团队的重要补充力量。

8 月，这批预备航天员入驻约翰逊航天中心，开始完成飞船系统、舱外活动技能、团队协作、俄语和其他必要技能的训练。预备航天员完成两年的培训后，将乘坐商业飞船从美国本土发射升空前往国际空间站执行任务，未来，他们还将乘坐 NASA 新的"猎户座"飞船和航天发射系统（SLS）执行深空任务，去探索更为

广阔的太空。随着这 12 名成员的加入，自 NASA 1959 年选拔 7 名航天员起，截至目前已共计选拔 350 名航天员。

## (二) 俄罗斯启动新一轮航天员选拔工作

2017 年 3 月，俄罗斯航天国家集团公司宣布公开选拔新一轮航天员，旨在为"联邦"号新型载人飞船执行国际空间站和月球任务选拔航天员。参选者将通过包括教育和专业资格选拔、体检、心理素质评估和体能测试等多个选拔阶段。参选者必须是俄罗斯公民，年龄不超过 35 岁，具备工程、科学或飞行专业的高等教育学历并具有工作经验。具有俄罗斯航空和火箭航天工业领域工作经验的人员享有优先权。此外，申请人还必须具有空间技术研究能力、会使用计算机、懂英语，但在性别和种族上没有限制条件。

此次选拔将是俄罗斯航天员大队第 17 次选拔。上一次选拔在 2012 年。此次选拔的特点是开放的，申请人不局限于军人飞行员和火箭航天部门的工作人员，预计最后选拔 6~8 人。

## (三) 加拿大航天局新增两名航天员

2017 年 7 月 1 日，在加拿大举行的国庆第 150 周年活动中，总理贾斯汀·特鲁多宣布了加拿大航天局第四次航天员选拔结果：珍妮·赛迪和约书亚·库特里克加入加拿大空间探索者团队，他们分别是加拿大航天局的第十三位和第十四位航天员。加拿大航天局的这次选拔历时一年，有 3772 人报名，他们二人从最后的 17 名候选人中胜出。

珍妮·赛迪博士，1988 年 8 月 3 日出生于阿尔伯塔省的卡加利，2011 年获得位于蒙特利尔的麦吉尔大学数学工程学士学位，在麦吉尔大学期间，与加拿大航天局以及国家研究委员会飞行研究实验室合作开展了火焰在微重力中蔓延的研究。后来到英国剑桥大学学习，专攻燃烧，并于 2015 年获得工程学博士学位。

约书亚·库特里克中校，1982 年 3 月 21 日出生于阿尔伯塔省的萨斯喀彻温港市，自 2000 年至今在加拿大武装部队服役。2004

年获加拿大皇家军事学院机械工程学士学位，2009 年获得安柏瑞德航空大学空间研究硕士学位，2012 年获得美国空军航空大学飞行试验工程硕士学位，2014 年获加拿大皇家军事学院防御研究学硕士学位。在加入加拿大空间计划之前，他是 CF－18 战斗机试飞员。约书亚·库特里克曾于 2009 年参加过加拿大航天员选拔，是前 16 位候选人之一。

这两位新入选的航天员同期加入 NASA 2017 年航天员训练班，并于 8 月到 NASA 约翰逊航天中心开始为期两年的预备航天员训练。

## (四) 阿联酋启动首个航天员选拔计划

2017 年 12 月，阿联酋副总统兼总理、迪拜酋长阿勒马克图姆宣布启动首个航天员选拔培训计划，要在 5 年内把 4 名阿联酋航天员送往国际空间站。

这个海湾富油国此前就已宣布了其雄心勃勃的航天计划，要在 2021 年发射称为"希望"的火星探测器，成为首个把无人探测器送往火星的阿拉伯国家。新启动的航天员选拔计划将会让其成为中东少数几个有人上天的国家之一，从而兑现其"要在未来 50 年成为太空探索领域全球领先者"的誓言。阿联酋的远期目标是要在 2117 年前在火星上建立一座"科学城"，并在那里建设首个人类定居点。

最早进入太空的阿拉伯人是沙特亲王阿勒沙特。他于 1985 年搭乘美国航天飞机上天。两年后，叙利亚空军飞行员穆罕默德·法里斯在苏联的"和平"号空间站上度过了一个星期。

此次申请参选阿联酋航天员的人员将通过严格的选拔，入选者还要接受数月的培训，最终从中选出 4 人。

# 二、人体研究计划取得多方面研究进展

## (一) NASA 发布一年期任务和双胞胎初步研究结果

2017 年 2 月，NASA"人体研究计划"年度学术研讨会上，研究人员发布了国际空间站一年期任务和双胞胎研究的初步研究成果。

### 1. 一年期任务研究初步结果

雅各布·布鲁姆伯格发布了"功能任务测试"的一些研究结果，该实验测量未来火星任务着陆后航天员执行任务的能力。实验发现，乘组在执行需要姿态控制和稳定、肌肉灵巧的任务中，遇到了很大的困难。但是其他大部分测试并没有显示 6 个月任务和一年任务之间有实质性的差异，未来还需要进行更多的被试测试来证实这个结论。

米勒德·雷施克和伊涅沙·科兹洛夫斯卡娅发布了飞后恢复的"地面测试研究"。研究发现，尽管在太空呆了相同的时间，两位一年期任务航天员的绩效和恢复却非常不同。这些差异可能是飞前训练和经验的水平造成的。这些发现提出，地面重力环境下的训练值得关注。

迈克尔·斯滕格进行了"视觉损伤颅内压"研究。一些空间站航天员曾报告飞后出现视力问题，原因至今不清楚。一年期任务中的一名航天员出现了视力问题，包括视神经乳头水肿、脉络膜皱褶和屈光度改变，随着任务的延长，一些症状开始变得更加严重；而另一名一年期任务航天员在飞行的前 6 个月里没有症状，只是到任务临近结束时才开始出现一些眼部变化，这表明在太空停留时间的长短可能会影响眼睛。

克里蒂娜·霍顿的研究关注的是长期微重力导致的"精细运动技能"绩效变化，这些变化可能会影响未来乘组登陆行星表面后，执行基于计算机的设备操作的精确性。本研究使用 Apple iPad，包括 4 个类型的精细运动任务：点击、拖拽、形状描绘和夹点旋转。初步结果显示，在向重力过渡期间，精确性降低和反应时间延长。

劳拉·巴杰开展的空间站"睡眠–警醒周期"发现，与较短期空间站任务相比（2004—2011 年乘员平均睡眠时间 6.1 小时），一年期乘组平均睡眠持续时间较长，即 7.1 小时。有几种因素可以改善睡眠：包括改进国际空间站建造期结束后的时间表设置、减少工作轮换改变，以及改变照明工作负荷。巴杰提出，在未来计划的一年期任务中，还需要进行睡眠评估，这是因为只有两位航天员被试，并不能为确定的睡眠预测提供足够的数据。

蕾切尔·赛德勒的研究聚焦于"神经认知功能"和"神经映射"。该研究发现，尽管一年期任务飞后恢复较慢，但是一年期任务被试出现的活动性改变与 6 个月任务被试差不多。除了类似的行为改变之外，较长期任务飞行被试出现处理前庭（内耳）输入的大脑区域数量增加。

## 2. 双胞胎初步研究结果

集成组学研究科学家迈克·斯奈德称，斯科特（飞行）的一组脂质水平发生改变，这表明出现了炎症反应。此外，马克（地面）体内的 3–吲哚丙酸（IPA）增加。这种代谢物是由肠道细菌产生的，目前正在研究将其作为潜在的大脑抗氧化治疗手段。IPA 也可以帮助维持正常的胰岛素活动，对饭后血糖进行调节。

苏珊·贝利的研究集中在端粒和端粒酶。目前已经了解，端粒长度随着年龄减少。有趣的是，在一年期任务时间内，贝利发现在斯科特的端粒在白细胞染色体两端的长度增加，这可能与任务期间增加锻炼和减少热量摄入有关。然而，在他返回地球之后，长度又开始缩短。有趣的是，11 月，两位双胞胎兄弟的端粒酶活性（可以修复并增长端粒的酶）增加，这可能与当时发生重要的有压力的家庭事件有关。

马赛厄斯·巴斯内尔开展了"航天飞行中的认知绩效"研究，该研究观察认知绩效，特别是 12 个月任务与 6 个月任务的差异。一年期任务后，马赛厄斯发现任务后速度和准确率略微下降。然而，总的来说，数据还不足以支持任务持续时间从 6 个月延长到 12 个月相关的飞行中认知绩效的变化。

斯科特·史密斯进行的生物化学剖面研究显示，在斯科特后半段任务期间，骨形成下降。同时，通过观察 C 反应蛋白水平（广泛作为炎症的生物化学标记），发现在着陆后不久有炎症激增，这可能与再入和降落的压力有关。在一年期任务期间，应激激素皮质醇在低正常值水平，但 IGF－1 的激素水平增加。分泌这种激素表示骨骼和肌肉健康，这可能受到了飞行期间高强度锻炼对抗措施的影响。

弗雷德·塔瑞克开展研究的重点是"消化道的微生物"——人体为帮助消化自然产生的"小生物"。在各个时间点上双胞胎体内产生了明显不同的病毒、细菌和真菌微生物，然而，这可能是他们不同的饮食和环境造成的。令人感兴趣的是，观察到斯科特在地面与在太空时相比，微生物物种存在差异。他的消化道出现两个占主导地位的细菌组（例如厚壁菌门和拟杆菌门）比例发生变化。在飞行期间一组相比另一组的比例增加，返回地球后又回到飞前水平。

以马内·米格诺开展了免疫组研究，观察双胞胎兄弟接种流感疫苗前后的身体改变。接种流感疫苗后，产生了"个性化"T 细胞受体。这些独特的 T 细胞受体在双胞胎兄弟体内都发生增加，这是防护流感感染预期的免疫反应。

克里斯·梅森对这对双胞胎白细胞内的 DNA 和 RNA 进行了基因组测序。全基因组测序已经完成，显示双胞胎兄弟每位都有数百个独特的基因突变，这是正常的变异。RNA（转录组）测序显示，两位兄弟之间超过 20 万个 RNA 分子存在表达差异。他们将会更深入的观察是否斯科特在太空时激活了"太空基因"。

安迪·范伯格开展了基因组学，或者环境调节基因表达的研究。在斯科特的白细胞 DNA 内，他发现飞行中甲基化水平或 DNA 化学修改减少——包括基因调节端粒，返回后又恢复正常。在地面上，马克的白细胞 DNA 的甲基化水平在研究中期增加，但是在末期又恢复正常。观察到双胞胎的甲基化模式不同，然而，飞行期间斯科特的表观遗传的噪声轻微增高，返回地球后恢复到基线水平。这些结果表明，无论在地球还是在太空，基因对环境变化更为敏感。

## （二）空间辐射项目完成辐射对认知功能影响的研究

由凯瑟琳·戴维斯博士和罗伯特·海因茨博士率领的约翰霍普金斯医学院的神经行为研究小组，评估了长期太空探索期间辐射暴露对航天员的可能影响。为了确定这种辐射对航天员认知功能和中枢神经系统（CNS）的可能影响，戴维斯和海因茨已经开发了一种常用的、可以反映人体反应的动物模型，即啮齿动物的精神运动警惕测试。这项测试目前被航天员用于国际空间站，称为"自我反应测试"（PVT），它被用于评估目前的警戒、注意力和精神运动速度。

研究结果表明，在暴露到空间辐射离子情况下，与任务有关的质子、铁离子或硅离子，可以明显地损伤认知功能，表现为注意力失效增加和正常反应时间减慢。重要的是大鼠的个体辐射敏感性有所不同——也就是说，一些大鼠对辐射敏感，而另一些则显示出更强的辐射效应。这种对辐射认知效应的敏感性差异，与仅在放射敏感受试者中看到的 CNS 多巴胺系统和与神经递质功能相关的蛋白质水平变化有关。

这种综合、灵活的航天员绩效动物模型的发展，为其他领域的临床前研究提供了一个有用的工具，例如，睡眠和时间生物学、神经精神障碍、衰老和认知增强。在进行的研究中，戴维斯和海因茨医生研究生物医学的对抗措施，这些防护措施可以保护或减少空间辐射对人类认知功能的影响，并可以研究空间辐射对睡眠、疲劳和日常昼夜节律的影响。

## （三）乘员健康防护措施项目进行了各种飞行和地面研究

### 1. 探索由航天飞行引起的眼、脑和心血管系统的变化

体液转移实验比较了飞行前、中、后体液的分布，并确定心血管系统和眼对航天的适应性。它还研究了下体负压在暂时逆转或减少失重时体液头向转移对血管和眼的作用。为了研究体液转移和二氧化碳升高对脑生理的影响，并检验新的德国航空航天中心（DLR）卧床实验设施，美国国家空间生物医学研究所（NSBRI）推出了一项名为 SPACE - COT 的国际性研究：研究二氧化碳和卧床对脑生理和结构的影响。此研究旨在观察体液头向转移和 $CO_2$ 升高对脑生理和功能的影响。此研究小组由 10 个独立的机构和公司组成，利用核磁共振成像（MRI）技术和新的可携带技术，测量了 8 名健康中年男性被试者 28 小时内体液头向转移和 $CO_2$ 升高对脑、眼、心脏、肺和认知功能的影响，这种便携式技术有利于航天中使用。该研究按时和按预算完成，收集到 95% 的预期数据。MRI 分析表明，头低位 6°倾斜（HDT）降低脑内血流量；但是，与预期相反，HDT 与轻度升高的 $CO_2$ 联合作用，改善了血液流动，并且提高了单独 HDT 作用时的认知能力。单独的 HDT 或 HDT 加升高的 $CO_2$ 作用，没有出现 ICP 或眼结构的显著变化。

眼部健康研究记录了飞行期间和飞行后眼结构和功能变化的时间过程，并试图了解这些变化对眼部健康的影响。

心脏 Ox 研究观察了长期航天飞行对动脉结构和功能的影响，并确定它们是否与氧化和炎症引起的应激变化有关。心脏 Ox 不仅观察了飞行期间和飞行后即刻航天员的血管适应性，也是首次监测航天员长期航天飞行后 5 年中血管的健康状态。其研究结果与

相关的地面研究和以前工作的结果联合在一起，可以进一步了解长期航天和航天后对心血管系统的影响，并对于今后探险任务中的风险有进一步的了解。

## 2. 深入了解运动模式对脑-眼血液动力学和压力的影响

中度和高强度的有氧和阻力运动，十分明确是有利于心脏、肌肉和骨骼健康的，但是，这种运动（如减轻或加大运动量）对于航天飞行期间诱发的颅内高压和视力变化的影响是未知的。鉴于有氧和阻力运动是长期飞行中使用的重要对抗措施，确定运动模式对头、眼血流和压力的影响至关重要。2016 年，约翰逊航天中心运动生理学和对抗措施实验室的杰西卡·斯科特博士领导的一项研究表明了三种运动对头部和眼部血流和压力影响的特征。

在每次测试期间，被试者仰卧 10 分钟，然后将其置于 15°HDT 中 10 分钟，之后在 15°HDT 下进行运动。使用超声技术评估头部血液的流入和流出。还使用了几种新技术，其中包括用手持 3D 成像工具来测量 HDT 引起的面部肿胀、用隐形眼镜连续测量眼压（IOP）以及用超声波工具非侵入性地测量颈静脉压。

初步结果表明有几个独特的发现。首先，3D 成像工具可以准确地评估体液头向转移，它是一种有前途、可使用在太空的简单工具。安德森癌症中心的研究者使用此工具在甲状腺眼病和眼眶肿瘤患者中创建了动态眼球突出的 3D 模型。第二，使用 Triggerfish©隐形眼镜首次测量运动时的眼压。因此，Triggerfish 可以用来评估航天员执行日常任务时的眼压。第三，获得的运动对头部和眼血流、压力影响的信息，可能用于优化航天员在探索任务时的运动对策，以防止颅内压的增高。

## 3. 完成手动控制研究：飞行后感觉运动紊乱的影响

航天飞机计划的证据表明，即使短期暴露于微重力环境下，也会影响航天员驾驶航天器的能力。这对于未来探索任务来说是一个关键问题——长时间地暴露在失重环境下，对航天员着陆和执行其他飞行后任务的能力有多大的影响。由芒特西奈伊坎医学院斯蒂斯·摩尔博士和阿兹塞太平洋大学斯科特·伍德博士领导的小组，在 JSC 进行了一项联合研究，通过评估国际空间站上飞行 6 个月后航天员执行全动态模拟的能力，以及完成一组感觉运动和认知功能任务的能力，来回答这个问题。

观察到 8 名航天员从国际空间站返回后 24 小时内操作能力出现明显下降。与飞行前的绩效相比，驾驶模拟汽车时保持车道位置的能力明显受损。在 6 名航天员中，模拟驾驶 T－38 喷气式飞机着陆的能力受损，其中包括在跑道进口处出现一次碰撞。在模拟火星漫游者对接操作性能的可变性也显着增加。对照组和睡眠剥夺 30 小时一组没有出现明显改变，表明航天员中出现的变化是由航天飞行引起的。

航天员返回的那一天，他们在认知和感觉运动表现方面有微妙而明显的变化。手动灵敏度和倾斜感知能力减弱，表明飞行后运动功能和感知功能下降。虽然跟踪移动目标的功能不受影响，但会明显降低分散注意力任务的绩效，表明在面对多种任务时，会出现缺乏认知准备。对照组和缺乏睡眠组没有观察到这些变化。

在着陆后大约 4 天，所有任务的绩效恢复到基础水平。总而言之，结果表明航天引起的微妙生理变化让航天员在着陆当天绩效下降。建议采取的对抗措施包括"及时"培训、安装显示航天器倾斜的显示器、在尝试挑战性任务之前自我评估体质，以及限制涉及手动控制的多种任务。

## 4. 飞行前训练可能有助于减轻航天飞行期间的空间失定向

NASA 确定了今后航天员乘坐航天器，如"猎户座"多用途乘员飞行器(MPCV)，在返回地球大气层存在的潜在风险。其潜在风险是由于控制头晕或恶心症状的药物并非对所有乘员都有效，而且可能导致不利的副作用。

艾姆斯研究中心帕特里夏·考林斯博士负责的研究，试图确定是否可通过 6 小时生理训练程序，称为自动反馈训练(AFTE)，帮助航天员适应航天飞行和返回地球的再适应。

20 名被试者被随机分为对照组或 AFTE 组，被试者按性别和对运动病易感性进行匹配。记录的生理指标有：心率(HR)、呼吸、手臂和腿的肌肉活动、皮肤电阻、血压、外周血流量、心输出量和每搏量。使用标准的旋转椅试验来评估所有被试者的运动病敏感性。然后，被试者每周一次在转椅上进行 4 次模拟"猎户座"再入试验，以及 3 次手动执行任务。此外，一些被试者在模拟"猎户座"返回测试前，给予 AFTE 训练。使用标准的诊断标准来评估所有被试者运动病症状的严重程度。

结果表明，4 小时的 AFTE 可以明显降低被试者在模拟"猎户座"返回期间的运动病症状。在第三次和第四次"猎户座"模拟期间，与对照组比，AFTE 被试者能够保持较低的 HR 值和更恒定的呼吸率和容积。对照组在所有模拟中显示较高的呼吸率。趋势表明，AFTE 被试者绩效降低较少。此项研究的结果和早期 AFTE 的研究表明，飞行前进行至少 4 个小时的训练对航天员是有利的，在任务期间，他们可以使用小型移动反馈设备来进行生理性的自我调节。

## 5. 数字航天员项目提供"猎户座"运动量评估

2016 年，数字航天员项目(DAP)进行了运动量分析，以评估乘员是否能够在相对有限容积的"猎户座"探测任务飞船内进行有氧和阻力运动。使用生物力学模型和从地面和抛物线飞行获得的数据，DAP 小组分析了阻抗运动，其中包括男性在第 99 和第 50 百分位数时的垂直体位划船、俯身上拉、肩膊推举、下蹲、高翻、单索推力和硬拉。该小组利用男性第 50 百分位数生物力学模型分析 0G 环境下的有氧划艇运动。

最初的评估是执行阻抗锻炼第 99 和第 50 百分位的男性，如果运动的方向是面向飞船的尾部，并且脚踏板可以使锻炼者运动时处于允许的容积内，这种情况下大多数的运动可以在此容积下进行。对于进行有氧划艇运动第50百分位的男性被试者来说，当运动者面向飞船前部的方向时，运动保持在容积最小干扰的范围内。

操作容积的进一步评估于2017年在ISS上使用小型运动装置（MED2）来完成。这些数据将用于建模，并将用于"猎户座"首次飞行任务的初步设计评估。

## （四）探索医学能力项目继续发展和推进确保乘员健康和绩效所需的医疗技术

### 1. 灵活超声系统为探测任务提供附加功能

灵活超声系统（FUS）是一项技术开发项目，可为未来探索任务中的乘员提供医学成像。超声是目前最好的内部成像方式，这是因为它是便携式的，消耗的功率比其他方法少，而且没有电离辐射。ISS上的乘员可以使用优良的超声波设备，但仍然无法满足NASA对医疗成像的全部需求。

FUS可以通过使超声波超出其典型应用范围来提高医疗能力。它既是最先进的临床超声波扫描仪，也是创建新型超声方法的开发平台。它可以在深空探测的恶劣辐射环境中生存，故也是创造可靠超声设备的途径。

通用电气公司全球研究中心向格林研究中心和NASA交付了三个FUS，建立了贷款协议，使FUS可用于先进超声模式的开发。这些FUS可以作为华盛顿大学、石溪大学研究团队和休斯敦KBRwyle的开发平台。

使用FUS，研究人员现在可以开发新的扫描方法和治疗方法，以满足长时间航天飞行的独特挑战，在此同时保持传统的临床级超声波。FUS项目将最终证明，许多不同的新型超声波模式可以集中在单个扫描仪上，同时还可以为探测任务期间的乘员提供最先进的传统模式。

## 2. 使用定量超声波评估骨和骨折愈合能力

肌肉骨骼的退化和相关的并发症，如骨质减少和应激性骨折，对长期飞行航天员构成重大威胁。骨结构和强度是骨骼组织对抗骨折的关键。这些骨紊乱的早期诊断可以大大降低骨折的风险，对长期飞行航天员的健康是有益的。

无创评估骨小梁的强度和密度对于预测空间骨折的风险极为重要。定量超声具有直接检测骨小梁强度的潜力，NSBRI 资助了石溪大学的秦毅贤（Qin Yixian）博士来解决这些问题。

秦博士开发了一种基于图像的共聚焦扫描声学导航（SCAN）系统，它可以提高诊断骨质疏松症的分辨率、灵敏度和准确性。此外，还开发并展示了一种使用超声波加速骨折愈合的系统。他当前的工作是努力开发一种结合成像和治疗能力的便携式快速扫描系统，集成到 FUS 中，进行空间无创骨丢失评估。

## 3. 射频识别（RFID）技术提高在轨医用耗材的追踪

ISS 提供医疗设备和消耗品，用于治疗急性和创伤性损伤。跟踪这些医疗用品是困难和耗时的，由于提供消耗品的资源多于报告的资源，导致任务后医疗工具包被带回地面。这对于 ISS 来说不是一个问题，因为可以经常得到补给；但是，在星际探索任务期间，不可能频繁的补给。为了应对这一挑战，在国际空间站进行了一项研究，以确定是否可以更有效地追踪这些消耗品。

医用耗材追踪（MCT）系统使用由 RFID 读取器和 RFID 应答器或标签组成电子识别系统，可以读取和写入数据，以跟踪药物和医疗耗材。系统发送无线电信号，该无线电信号由附在每个物品上的 RFID 标签读取。标签发送自己的信号，由系统注册，记录哪些耗材被消耗。

## 4. ExMC 为航天研究开发多个数据库和应用工具

随着太空探索任务医疗系统的发展，评估医疗和其他航天器资源之间的能力，对于确保这些任务期间提供足够的医疗保健至关重要。ExMC 开发了 MONSTR 数据库,用于识别各种与探索任务相关医疗条件所需的医疗资源。ExMC 将使用 MONSTR 来划分研究的前后次序、开发医疗系统的资源以及量化风险分析。

2016 年,ExMC 也开始发展其操作概念(ConOps)。目前的 ConOps 文件将有助于火星探测任务综合医疗系统的规划、设计和原型设计。该文件有助于确定 NASA 如何在探索范式中为载人航天提供医疗保健,并确定最大限度满足医疗需求的系统要求。

ExMC 与来自 BCM 的维吉尼亚·沃特林博士合作,开发和使用剂量跟踪器,它是一种原生的 iPad 应用程序,用于任务前、期间和之后记录乘员药物使用情况。该应用程序捕获了以前未记录的关于药物在航天中使用的数据,其中包括症状、频率和药物副作用的严重程度。剂量追踪器从 2016 年开始收集资料,将在 2020年度继续收集数据。

## (五)空间人的因素和适居性项目继续照明效果和多模式增强显示研究

### 1. 评估显示器和指示器光对航天器室内照明的影响

目前的 NASA 航天器标准和要求中,并不限制光源(如显示器和指示器)对环境光谱的影响。由托尼·克拉克领导建模项目的目标就是确定这些光源如何影响操作环境,并提出解决方案。

项目研究小组使用计算机模型和真实的照明模型来记录环境照明系统以外的光源对照明环境的贡献。该小组侧重于航空电子设备或计算机显示器附近光源对执行长期任务的影响,然后分析采用改变环境光谱作为照明对抗措施的可能性。该项目使用各种基于物理和计算机的模拟来确定系统实施和光谱之间的直接关系。

对计算机模型和现实数据的分析表明,航天器的结构和航空电子设备可以对到达视网膜光谱产生可测量的影响。当处于较小的操作区域包括高反射面,不期望的光谱会增加。数据显示出设计技术可用于调整环境光谱,使操作环境接近于更理想的光谱。

这些发现对未来探索栖息地的设计是重要的。

## 2. 研究认为语音和音调报警比只有声调更有效

语音报警——使用口语而不是用音调来报警——在航空中被大量使用，并被推荐用于其他领域。在紧急情况下撤离时，声音和语音指令相组合的报警比单纯声音报警更安全，因为它有助于人们保持冷静，并可以提供有关撤离路线的额外信息。

在阿尼哥·桑德尔博士领导的研究小组研究了受控条件和载人探索模拟器（HERA）情况下的声音和语音报警。测量识别和觉察时间，并记录 HERA 参与者的评论。研究表明，语音报警比声音报警可以更快、更准确地被识别。重要的是在识别问题所在和相关细节的情况下，语音报警（包括细节）会提供更多优势。

目前，在 HERA 设施中大量使用本研究产生的语音报警。鉴于积极的结果，这些报警应该考虑用于当前的 ISS 和未来的空间探索，因为它们比单独的声音报警可以更快、更准确地被检测和识别。

## 3. 研究建议将听觉和视觉线索结合起来提高 EVA 和遥控机器人任务

在行星或月球表面进行探测时，可能需要航天员同时执行多个任务，预计通信时间会延迟，乘员可能会感觉输入减少或不存在，所有这些情况都会增加视觉的工作量，减少情境意识，并对航天员的绩效产生不利影响。NASA 艾姆斯研究中心的伊丽莎白·文策尔博士领导的研究人员，使用视觉和空间听觉模式评估了增强显示器的优势，作为在探索环境中提高表面出舱活动（EVA）绩效的潜在对策。

研究小组在模拟火星表面出舱活动，通过三种类型的显示来检查在执行一项定位任务时的绩效：3D 空间听觉导航系统、2D 北视地图以及视觉和听觉提示组合或双模式辅助。结果表明，双模式辅助可以使被试者更准确地判断方向和反应更快。

第二项研究是使用三种类型的对接辅助设备，模拟远程控制漫游器与不同时间延迟和可见度条件下的表面栖息地的对接：二维视觉瞄准盘、听觉发音和组合双峰协助。结果表明可以使用所有三种类型的辅助设备进行准确的对接，并可以准确地确定如何增加控制响应延迟的减少和增加反应时间。

这些结果证明对于行星表面的定向、定位和对接等多种任务，整合的 3D 音频对 EVA 有潜在价值。当提供听觉线索的同时提供视觉信息时，诸如定向和定位等任务的双峰性能可以超过最佳单峰性能。

## （六）行为健康与绩效项目（BHP）重点研究睡眠和通信延迟问题

### 1. 昼夜节律失调影响航天飞行期间睡眠和药物的消耗

航天员在太空经常出现入睡困难和失眠，导致出现诸如疲劳、认知功能下降和决策能力受损等许多问题。许多原因可以引起这些睡眠问题，例如，对微重力的不适应、噪声、不舒服的温度以及不规律的作息。在地球上，每天明暗周期会促进人们在夜间睡眠，白天醒来；但是，空间站每 90 分钟绕地球转一圈，这种新的日出和日落周期需要人去适应，这些时间表和光照的快速变化会引起类似时差的症状。

NASA 艾姆斯研究中心的研究人员在艾琳·弗林-埃文斯博士的领导下，研究了 21 名在 ISS 上生活和工作的航天员。这些航天员在长期飞行任务期间，戴着便携式监视器，记录睡眠、警觉性和药物的使用情况。研究人员使用数学模型来确定航天员何时可能在偏离昼夜节律状态下睡眠。

研究发现，航天员在航天飞行中约有 20% 的夜晚与睡眠昼夜节律不同步。当他们在昼夜节律不同步的夜晚睡觉时，睡眠时间大约减少一个小时，并要服用更多的药物来帮助他们睡眠。这些研究结果表明因为反应时间与觉醒、警惕和集中注意有关，采取一些措施保证航天员作息时间表和照明模式的稳定，可能使航天员在航天飞行中获得更多的睡眠和消耗更少的安眠药。此举对于监测未来执行任务时个人幸福感和绩效可能是有用的。

## 2. 完成"ISS 反应自测"实验数据的收集

宾夕法尼亚大学大卫·丁格斯博士领导的"ISS 反应自测"实验，使用名为"反应自测"（RST）计算机程序，评估了 24 名 ISS 航天员 6 个月任务前、中、后的变化。RST 是一个简便的 5 分钟任务，使航天员能够在太空中监测疲劳对绩效的影响。对于此项研究，航天员自愿每 4 天进行一次早晚测试，同时在 ISS 任务之前和之后的几周内进行测试。

每次评估使用反应时间实验快速地确定航天飞行对行为、警觉性的影响。警觉性包括睡眠持续时间和质量、疲劳程度、压力和使用的药物。总计获得 2856 次 RST 评估报告，其中 2109 次是在轨报告，剩余的 747 次 RST 测试在飞行前后完成。

RST 数据显示，反应时间对 ISS 睡眠时间是敏感的，随着睡眠时间的减少，RST 评分下降。在工作日，航天员的睡眠时间通常为 5.5~6.5 小时，比周末睡眠时间少，且远远低于返回地球后的睡眠时间。

睡眠质量评分显示航天员的睡眠质量差，对于许多航天员来说，它往往与任务时间延长引起的身体疲惫、困乏和压力有关。航天员的 RST 绩效降低、睡眠时间减少和压力增加有明显的个体差异。总体而言，该项测试证明 RST 可以检测和跟踪航天飞行中航天员的重要神经行为变化。

## 3. SMARTCAP 基金帮助 LumosTech 研发调整昼夜节律的睡眠面罩

受 NSBRI 空间医疗和相关技术商业化协调计划（SMARTCAP）的资助，LumosTech 公司正在研制一种智能、可佩戴的眼罩，它可以改善太空中航天员的睡眠。

LumosTech 使用斯坦福大学概念验证研究成果，开发出一种人性化的睡眠面罩，使用者在睡觉时，它可以发出短脉冲的光，调节昼夜节律时相。这种技术可以帮助航天员在没有自然光线的情况下优化睡眠时间表，也可以帮助地勤人员调整睡眠，并提高唤醒后的警觉性。该技术在睡眠期间是有效的，不会引起睡眠障碍，而且可以减少持续亮光疗法的副作用，如头痛和眼紧张。

在执行计划期间，瓦内萨·伯恩斯领导的研究小组开发了 30 种先进的睡眠面罩原型，并在昼夜节律紊乱的人中试验。具体来说，他们试验的对象是经常旅行至少 2000 英里的旅行者，它可导致大约 3 小时的昼夜节律失调。面罩功能的测试指标包括光疗效果，以及与配套智能手机应用程序有关的用户界面。

还对倒班工作者和青少年进行了用户访谈，以确定该产品是否可以用于普通消费者。在用户反馈的基础上，为工程和纺织部门开发了综合功能列表，LumosTech 正在进行睡眠面罩生产的验证测试。这个更新模式的目标是提供一个可以轻松地在多种环境中移动睡眠周期的方案，其中包括 ISS 和地球上消费者的睡眠周期。

### 4. 完成通信延迟研究协议和团队动态研究

南加利福尼亚大学劳伦斯·帕金斯博士率领的研究人员，利用 ISS 来评估通信延误对个人和团队的绩效及愉悦感的影响。在一个为期 166 天的任务期间，观察 3 名 ISS 航天员和 18 名任务支持人员对 50 秒的单向通信有无延迟。每次任务之后都对个人和团队的绩效、情绪、沟通质量以及任务自主权进行评估。

结果表明，与没有通信延迟的任务相比，有通信延迟任务的愉悦感和通信质量明显降低。定性数据表明通信延迟影响到操作结果、团队合作过程和情绪，尤其明显的是当任务涉及许多与通信需求有关的活动时，不管是由于沟通策略差，还是乘员的自主性下降，均是如此。

佐治亚理工学院的尤特·费希尔博士和旧金山州立大学的凯斯琳·莫热博士进一步研究了这些问题。在这几个实验室和空间模拟研究中,研究人员确定了空间-地面相互作用的通信延迟问题与传输延迟有关,并且开发了通信协议来减轻这些问题。协议旨在抵消人类固有的通信偏差,并帮助远程团队成员在异步通信期间有效跟踪会话线程和信息序列。

在 2 次 NEEMO 任务和 6 次 HERA 任务中对该协议的有效性进行了评估。参与者接受了异步通信挑战的培训,并且了解协议和公约的要素。使用协议的接受程度和承诺很高,而且在整个任务期间进行的调查表明,参与者认为该协议有效支持了与任务控制人员之间的沟通,这些协议可以减轻由于通信延迟而引起的通信质量下降。

# 三、美、俄、欧开展系列地面模拟试验

## (一)"赫拉"模拟试验系列-4 启动

"赫拉"模拟试验(Human Exploration Research Analog,HERA)是 NASA 为航天员执行深空探索任务(如小行星或火星任务)所开展的地面模拟任务之一,任务期间主要研究人受到的生理和心理影响,这些影响与航天飞行经历相似。

"赫拉"模拟试验系列-1 于 2014 年实施,任务期为 7 天;系列-2 于 2015 年实施,任务期为 14 天;系列-3 于 2016 年实施,任务期为 30 天;2017 年开展的是系列-4 试验,该系列包括 4 次为期 45 天的模拟空间探索任务。将任务时间不断加长,主要是为获得更多与真正长期飞行任务相关的研究数据。

人体研究计划要求"赫拉"模拟试验系列-4 的乘组在所有 4 次任务中进行同样的实验,这样研究人员就能够识别出研究数据的模式和差异。实验包括测试硬件原型样机,利用一台 3D 打印机制造设备,为航天食品检验一个新概念,驾驶一艘模拟探索航天器并实施一次虚拟小行星舱外活动。当"赫拉"乘组在模拟舱内开展工作时，"赫拉"项目组的研究人员会在舱外实施监测，收集延长隔离和受限对乘组生理和心理的影响，以及团队动力学和冲突解决等方面的数据。

按计划本年度应完成系列-4中的3次任务，但第二次任务由于受到哈维飓风的影响而中止了。任务期间，研究人员主要进行了睡眠剥夺研究。允许乘组每周有5天每晚睡5小时，另外2天每晚可以睡8个小时进行恢复。这组试验方案里规定不能打盹和提供限量的咖啡因。研究目的是测试将居住舱照明作为乘组人员对抗疲劳的措施，并评估生物数学模型预测乘组人员疲劳的适用性。在这些条件下，团队凝聚力、人员表现和人际关系也要进行评测。

## (二) 完成第 5 次 HI-SEAS 火星模拟任务

HI-SEAS全名为"夏威夷太空探索模拟"试验，是由夏威夷大学在莫纳罗亚火山上进行的。该研究得到NASA资助，研究主要集中在航天员选拔、团队协作和凝聚力上。

2017年1月，参加第5次HI-SEAS任务的6名乘员开启了在类似火星的环境中生活8个月的模拟任务。任务中，他们需要应对一系列的挑战，比如20分钟的通信延迟、穿上防护服勘测着陆点地质特征等。同时，乘员们还要忙于各种各样的实验和项目，包括3D打印、用脱水食物烹饪、种植和收获新鲜的药草、鉴定在太空种植植物应具备的最佳特性等。

科研人员希望在这次HI-SEAS任务中进行的研究能为人类下一步探索火星的计划作出重大贡献，并计划在2018年进行第6次HI-SEAS任务，同样为期8个月。

## (三) NEEMO-22 开展模拟载人登月救援试验

NASA于6月18日派遣一支国际乘组到大西洋海底进行了为期10天的极端环境任务行动(NEEMO-22)，乘组人员的任务目标包括测试航天飞行对抗措施设备、掌握精确跟踪栖息地设备的技术以及开展人体构成和睡眠研究。任务期间，参加 NEEMO－22 的 4 位"水下航天员"还开展了一项模拟救援航天员返回月球基地的水下试验，以评估由欧洲航天航局赞助的月球营救设备。

乘员营救是月球远距离跋涉的必备能力，但由于航天服的重量和行动约束，航天员拉拽转移同伴极为困难。"月球救援系统"能够在保持航天服活动性的前提下实现快速救援。它可以机动到航天员上方打开锥形可折叠结构，并使用滑车举起受伤的航天员，将之放在带滚轮的担架上。该系统由荷兰 HAL－3 Projects 公司制造。在进入"宝瓶座"之前，已经在欧洲航天航局航天员中心的大型训练水槽中进行的模拟月球出舱行走时经过了测试。

两位"水下航天员"佩德罗·杜克和谢尔·林德格伦互相模拟了营救对方的试验。该试验的负责人说："我们以国际合作的视野设计试验，并利用了已经开展的为未来空间探索进行的前瞻性试验以及以往空间探索经验。我们的平台能够验证更多的创新性月球探索设备"。基于近期的试验反馈，欧洲航天航局能够改进月球救援装备，并使月球行走营救更快、更简单。

## (四) 维生素超级混合物抗击卧床 60 天负面影响

2017 年 9 月，欧洲航天航局进行第二轮卧床试验，研究混合抗氧化剂和维生素以帮助航天员对抗太空生活的副作用。10 名志愿者卧床 60 天，头部向下倾斜 6°，至少保持一只肩膀始终放在床上。高强度卧床导致肌肉和骨丢失现象发生，血液和体液冲向头部，这和航天员在太空经历的情形相似。为了测试新的锻炼制度、饮食以及了解航天员身体发生了哪些反应，欧洲航天航局定期进行卧床研究，模拟太空失重环境对人体的影响。

在这项由法国航天医学和生理学研究所(MEDES)发起的研究中，志愿者们测试了一种抗氧化剂和维生素的混合物，该干预剂早在 2011 年就被呼吁进行过一轮测试。当时另 10 名志愿者的 60

天试验从 1 月进行到 4 月，15 项试验同时进行，作为对照组，受试者中的一半人不使用混合物。

健康的混合物是否会减少 60 天卧床带来的不适感？研究人员将在研究过后发表试验成果。在此期间，欧洲航天航局已经准备与 NASA 合作，将在 2018 年 8 月开始在欧洲航天员中心进行下一轮卧床试验。在这 60 天里，研究人员将在静止状态下用离心机旋转受试者，以此来测试人工重力对抗失重症状的有效性。

## （五）俄美联合开展"天狼星"模拟飞行试验

俄罗斯和美国于 11 月 7—23 日在俄罗斯科学院生物医学问题研究所内的地面实验舱联合开展了"天狼星"系列模拟飞行试验。"天狼星"是一个系列试验，本次试验为期 17 天，是其中最短的一个，其他几次试验分别计划开展 4 个月至 1 年。两国科学家将在几年内模拟长期航天飞行，研究受限空间长期密闭隔离所带来的相关生物医学问题和心理学问题，试验还有助于科学家深入理解长期飞行中人的工作能力。本次模拟试验计划开展约 60 项实验，其中 60% 是俄罗斯的，40% 是美国的。

"天狼星"模拟试验旨在解决摆在俄罗斯和美国航天人面前的两项新任务。第一项任务，是隔离条件下不同文化背景的人之间的相互关系研究，第二项任务是最大限度地达到乘组活动的自主化，其中包括紧急情况下实施医疗救治。试验组织者表示，自主性的研究和探索，对于月球飞行、火星飞行以及在月球上建造驻留基地而言都是非常重要的。

本次模拟试验设计为 17 天，是搭乘俄罗斯"联邦"号或者美国的"猎户座"飞船去探索月球时开展的飞行旅程的模拟。参试乘员需要模拟实际任务中航天员的所有操作，就连乘组吃的食品也都是为长期航天飞行的航天员加工制作的。

本次试验的参试乘组由 3 名男性和 3 名女性组成，在性别的比例上达到了平等。此次模拟试验的主要任务之一就是考察性别平等将如何影响乘员间的相互关系以及乘组内部的互动。此外，还将研究性别平等如何影响行为、影响乘员对空间的利用，以及如何影响乘组的自我感觉及整体状态。这些问题俄罗斯和美国学者都未曾涉足过，本次试验首次触碰到了这一问题。

试验中通过虚拟现实技术来模拟月球。乘组的任务包括观察月球表面的目标，遥控事先已登陆月球的机器人–月球车。此外，乘员还要按照 NASA 的计划开展"机械手"的测试，用这个"机械手"去抓取捕获"卫星"。专家指出，这些虚拟模型就是未来模拟器的基础，例如，未来火星飞行训练模拟器。所有作业乘组不需要出舱就能完成。

在本次试验中，3 名乘员在实验舱内顺利完成了俄罗斯"联邦"号新型飞船驾驶员操作控制平台模拟器的首次测试，这是一个与负责接近、对接及控制系统完全一致的模型。对该平台在虚拟绕月飞行的不同阶段上都进行了测试：在近地轨道上"月球飞船"与助推器的对接阶段，飞船的轨道调整阶段，从近月轨道转移到飞向地球的轨道阶段及在地球的着陆阶段。在测试过程中对 3 名参试人员的心率、血压及应激指标也同时进行了监测。

"天狼星"模拟试验是俄美于去年年底签署的为期 5 年的合作协议框架下开展的第一个项目。IBMP 负责人表示，此次试验是俄美长期合作计划的第一个阶段，俄方也希望能够与更多的国家进行合作，以促进开发及制定实现深空探索飞行的方法和手段。

（中国航天员科研训练中心）

# 2017 年国外空间科学与应用发展综述

国际空间站第 49~50 次和第 51~52 次长期考察任务乘组(2016 年 9 月—2017 年 9 月)在技术开发与验证、人体研究、教育活动和推广、生物学与生物技术、物理科学及地球与空间科学 6 大研究领域开展了 349 项科学研究实验。

## 一、科学研究与应用概况

在这 4 次长期考察任务中,美国国家航空航天局(NASA)、俄罗斯航天国家集团公司(Roscosmos)、日本宇宙航空研究开发机构(JAXA)、欧洲航天局(ESA)和加拿大航天局(CSA)在 6 大研究领域资助开展的实验项目数及其中新实验的项数如表 1 所示。

表 1　国际空间站第 49~52 次长期考察任务中各航天局在各研究领域资助开展的实验项数(括号中为新实验项数)

| | 技术开发与验证 | 人体研究 | 生物学与生物技术 | 物理科学 | 教育和文化活动 | 地球与空间科学 | 总计① |
|---|---|---|---|---|---|---|---|
| NASA | 68(41) | 22(4) | 40(34) | 24(8) | 26(18) | 15(9) | 195(114) |
| Roscosmos | 17(3) | 20(2) | 19(3) | 4(1) | 5(0) | 9(2) | 74(11) |
| ESA | 10(4) | 17(3) | 1(1) | 16(11) | 2(1) | 2(0) | 48(20) |
| JAXA | 3(0) | 6(2) | 6(0) | 7(0) | 1(0) | 5(0) | 28(2) |

续表

| | 技术开发与验证 | 人体研究 | 生物学与生物技术 | 物理科学 | 教育和文化活动 | 地球与空间科学 | 总计① |
|---|---|---|---|---|---|---|---|
| CSA | 2(0) | 4(0) | 0(-) | 0(-) | 2(2) | 0(-) | 8(2) |
| 总计 | 100(48) | 66(11) | 66(38) | 50(20) | 36(21) | 31(11) | 349(149) |

①存在合作项目，总研究领域项目总计小于等于各航天局项目数之和。

在第 49~52 次长期考察任务开展的全部 349 项实验中，NASA 资助了 195 项，其中技术实验最多，其次为生物学与生物技术实验。Roscosmos 共资助 74 项实验，其中人体研究最多，生物和技术实验次之。此外，ESA 在人体研究和物理科学，JAXA 在物理科学、人体研究和生物，以及 CSA 在人体研究方面的实验项目数相对较多。在全部 349 项实验中有 149 项为新实验，其中 114 项由 NASA 资助，技术、生物、教育和物理科学领域的新实验较多。

## 二、科学研究与应用进展

### (一)技术开发与验证实验

#### 1. 研究概况

技术开发与验证实验共计 100 项，其中 48 项为新实验，NASA、ESA 和 Roscosmos 分别资助了 41 项、4 项与 3 项新实验，小卫星和控制技术、航电设备和软件、航天器和轨道环境、辐射测量和防护等研究方向的新实验最多。

#### 2. 研究进展和新变化

NASA 资助了 9 项小卫星和控制技术新实验。"OSIRIS-3U 立方体卫星"将对地基 Arecibo 天文台向电离层特定区域发射的脉冲开展近距离观测，增进对电离层的理解。"国际空间站耐辐射计算机任务"测试新型计算机系统在空间辐射环境下的表现。"立方体卫星的恒星陀螺系统验证"利用小型相机拍摄星场并开展在轨分析，为小卫星提供定位，并测试新型软件预测卫星在大气阻力下的路径。"同步位置保持、轨道预定、再定向实验卫星-光晕"将升级多个同步位置保持、轨道预定、再定向实验卫星（SPHERES），使每个SPHERES可以同时支持6个外围设备，测试新型控制和远程组装方法。"技术教育卫星-5-按需样品返回能力-小型载荷快速返回"实验研究利用大气阻力调整航天器的"外构刹车"（Exo-Brake）系统。"纳米机架-QB50项目"利用国际空间站部署由28颗立方体卫星构成的星座，开展地球热层研究。"纳米机架-冰立方"卫星将测量云层中的冰粒子，有助于提升大气监测技术。"纳米机架-'牵牛星'空间平台技术探路者"实验测试"牵牛星"（ALTAIR）下一代可负担弹性空间平台所需的导航传感器等多项关键技术。"纳米机架-加利福尼亚州立大学北岭分校卫星1"旨在测试适用于空间低温环境的新型轻质、长寿命电池系统。

NASA资助了8项航电设备和软件新实验。"用于维护、库存和配载的增强现实应用"实验验证利用增强现实技术执行维护任务和配载管理等标准活动。"乘员自主规划测试"实验旨在确定乘员自主规划日常任务运行是否会对任务造成负面影响。"霍尼韦尔公司-摩海德州立大学-可靠多处理器-7"实验验证可靠多处理器新型计算机软件系统技术在空间辐射环境下的性能。"SG100云计算载荷"实验验证基于SG100单板计算机的云计算载荷长期处于近地轨道辐射环境下的性能。"高精度雷达校准航天器"实验验证利用立方体卫星为地面雷达站基座偏移提供校准数据。"国际空间站上的高性能商用现货计算机系统"实验验证高性能商用现货计算机系统在国际空间站辐射环境下的性能。"空间测试计划-休斯顿5-高性能可重构计算中心空间处理器"实验研究用于立方体卫星、小型卫星和其他小型航天器系统的微型空间计算机。"空间测试计划-休斯顿 5 - SpaceCube - Mini"实验验证该版本混合计算机处理器的性能。

NASA 资助了 4 项航天器和轨道环境新实验。"空间测试计划-休斯顿 5 -自动化羽流哨兵"实验研究到达的航天器的推进器与国际空间站的相互作用。"空间测试计划-休斯顿 5 -无线电掩星和紫外分光光度法共定位"实验研究电离层的结构和变化。"空间测试计划-休斯顿 5 -集成微型静电分析仪-再飞行"实验测量等离子体的密度和能量，改进对电离层以及航天器在近地轨道的充电效应的预测。"空间测试计划-休斯顿 5 -临边成像电离层和热层极紫外摄谱仪"实验研究热层和电离层，有助于更好理解和预测空间天气。

NASA 资助了 4 项辐射测量和防护新实验。"快中子光谱仪"实验研究更加适用于深空混合辐射场的新型中子测量技术。"微型粒子望远镜"实验旨在验证仅有掌心大小的辐射探测器确定空间带电粒子能谱的方向特性的能力。"空间屏蔽：被动屏蔽伽马射线"实验利用盖革计数器测量被动屏蔽材料的抗辐射水平。"空间测试计划-休斯顿 5 -抗辐射电子存储器实验"研究电子存储器在空间高能粒子辐射下的故障频率。

NASA 资助了 2 项表征实验硬件新实验。"国际空间站便捷性非侵入式采样和结果传回地面"实验测试一种可在轨检测乘员的唾液，实现直接实时分析的便携式生物分析设备。"铺展式天阳能电池阵列"实验测试一种可展开的新型太阳能电池阵列。

NASA 资助了 2 项成像技术新实验。"纳米机架-电荷注入器件"实验验证电荷注入器件在空间环境下的性能。"纳米机架- KE IIM"微卫星搭载电光成像系统载荷，验证在近地轨道利用微卫星支持关键操作的概念。

NASA 资助了 2 项灭火和火情探测新实验。"航天器火灾实验-2"和"航天器火灾实验-3"系列实验在"天鹅座"飞船返程期间在空舱内燃烧多种材料的实验样本，结果有助于遴选空间应用的阻燃材料，以及理解火焰是如何在航天器中蔓延的。

NASA 资助了 2 项热管理系统新实验。"被动热飞行实验"测试三种先进的基于热管技术的器件，验证其在轨性能。"空间测试计划-休斯顿 5-电流体动力学"实验研究一种利用电场泵浦冷却剂的原型泵。

NASA 资助了 2 项生保系统和宜居性新实验。"用于生保研究的毛细结构"实验研究利用毛细结构被动分离微重力下的气体和液体的新方法。"空间探戈公司有效载荷卡-仙人掌介导微重力二氧化碳去除"实验评估仙人掌去除航天器舱内空气中的二氧化碳的能力。

NASA 资助了 2 项微重力环境测量新实验。"空间测试计划-休斯顿 5-航天器结构健康监测研究"实验监测空间测试计划设备上的零部件从组装、测试至到达轨道所发生的变化，旨在发现确定设备失效的新方法。"无线泄漏探测"实验验证一种新型超声传感器，以确定国际空间站结构上发生漏气的位置。

NASA 还资助了其他 4 项新实验。"空间测试计划-休斯顿 5-创新涂层实验"研究近地轨道航天器采用的新型涂层长期暴露于空间环境的稳定性。"气溶胶取样实验"采集并分析国际空间站舱内空气的粒子样本，为未来长期载人任务设计粒子监测器提供信息。"热防护材料飞行测试和再入数据采集"实验研究可搭载航天器再入地球大气层的新型记录设备，为了解航天器经历的极端条件提供关键数据。"空间测试计划-休斯顿 5-渡鸦"实验旨在验证航天器自主实时导航系统。

ESA 资助了 4 项新实验。"回声"实验评估遥操作超声系统，为在轨人员提供快速准确的医疗诊断。"国际空间站新型表面材料的微生物气溶胶附着"实验研究多种新型航天器舱内表面材料在空间中的抗菌性能。Aquapad 实验旨在验证新型水质检测方法，提高国际空间站饮用水测试的速度和效率。EveryWear 是一个利用可穿戴式传感器的动态数据采集系统，可记录和传输服务科学和医疗目的的各类生理学数据。

Roscosmos 资助了 3 项新实验。"冲击"实验将在脉冲串模式下建立羽流污染排放簇射流场的时间分布函数计算模型。"纳卫星"实验验证 TNS - 02 纳卫星在真实空间环境的飞行控制能力。"计时器"综合研究国际空间站的技术运行环境，开发用以评估航天员出舱活动准备情况的自动系统。

此外，"毕格罗可扩展式活动模块""机器人航天员""激光通信科学光学有效载荷"等 52 项实验继续开展。

## (二) 人体研究实验

人体研究实验共计 66 项，其中新实验有 11 项。

NASA 资助了 4 项新实验。"医用耗材跟踪"实验利用无线电识别码跟踪国际空间站上的药品和医疗用品，方便地面管理人员了解医疗用品的使用和剩余情况。"空间探戈公司有效载荷卡-微重力下的葡萄糖生物传感器"实验旨在评估医疗植入式葡萄糖生物传感器用于日常糖尿病管理的准确性。"国际空间站上免疫功能的改变，潜伏的疱疹病毒再激活，以及生理应激与临床发病率"实验通过分析航天员血液和唾液样本，确定飞行过程中航天员身体免疫系统发生的变化。"国际空间站高保真模拟和飞行研究期间测试利用固态照明改善生理适应、睡眠和绩效"实验测试航天员在日间活动期间使用固态发光二极管照明的效果，评估固态照明使用时间规划表对航天员视觉、睡眠、警觉性、昼夜节律以及整体健康状况的影响。

ESA 资助了 3 项新实验。"感觉运动绩效的重力参考：伸手与抓取"实验旨在更好地理解中枢神经系统如何整合不同感官的信息。GRIP 实验研究长期空间飞行对人在操作物体时调节握力和上肢轨迹的能力的影响。"透视"实验利用虚拟现实技术研究人体认知功能适应微重力环境时产生的变化。

JAXA 资助了 2 项新实验。"空间生态系统中人体微生物代谢串扰的多组学分析"实验结合对肠道中微生物成分、代谢物概况和免疫系统的测量数据,评估空间环境和益生菌对小鼠免疫功能的影响。"封闭微重力环境下评估持续摄入益生菌对航天员免疫功能和肠道微生物群的影响"实验研究长期空间飞行中摄入干酪乳酸菌代田株能否改善航天员肠道菌群及免疫功能。

Roscosmos 资助了 2 项新实验。"预防-2"实验研究在长期空间飞行条件下,不同种类的体育锻炼对航天员身体和生理健康状态的影响与机制。Sarcolab 实验研究长期飞行状态下航天员做出规定或受限收缩动作时肌肉肌腱和神经肌肉之间的关系。

此外,"空间头痛研究"等 55 项实验继续开展。

## (三) 生物学与生物技术实验

生物学与生物技术实验共计 66 项,其中新实验有 38 项。

NASA 共资助了 34 项新实验,其中细胞生物学方向有 14 项。"Azonafide 抗体-药物复合体(ADC)在微重力下的功效与代谢"实验旨在评估新型 ADC 药物,将免疫激活药物与抗体结合,针对癌细胞进行靶向治疗。"脂肪间充质干细胞转化成成熟的心肌细胞"实验利用空间微重力环境研究干细胞如何分化成特定的心肌细胞。"空间飞行对心血管干细胞功能的影响"实验研究微重力如何影响干细胞,探究控制干细胞活动的因素。"辅酶 Q10 在国际空间站上作为由放射和微重力引起的视网膜病变的抗凋亡对策:视网膜细胞培养实验"实验利用培养的人视网膜细胞检测辅酶 Q10 对空间辐射和微重力的防护作用。"微重力对干细胞介导的细胞再生的影响"实验通过为不同类型的肺细胞提供关键生长因子,观察微重力如何影响新生肺组织的生长和特化形态。"微重力下用于生物研究的磁化三维细胞培养"实验旨在验证磁性细胞培养和生物打印可否成为微重力下二维和三维细胞培养的通用平台。"心肌细胞生物制造的成熟研究"实验旨在研究三维生物打印的心脏和血管细胞在微重力环境下的生长和发育。"微重力下干细胞扩增"实验利用国际空间站平台培育人体干细胞用于临床试验并评估其治疗效果。"分析微重力引发人体卫星细胞功能改变的多学科方法及可能对策研究"实验观察人体肌肉卫星细胞的分子、细胞和功能变化,研究特定基因 IGF - 1 在抵消微重力导致的肌肉萎缩中的作用。"纳米机架–北京理工大学–1 –空间环境下在 PCR 反应中 DNA 错配规律研究"实验旨在研究空间辐射及微重力环境对抗体编码基因的突变影响。"纳米技术对长期暴露在微重力环境下的肌肉组织氧化应激的解决方案"实验利用氧化铈纳米颗粒抵消肌肉变化与变化引发的功能性问题。"微重力环境下内源性大麻素系统在干细胞重编程过程中的作用"实验评估微重力环境下内源性大麻素系统在骨代谢变化中的作用,鉴定新的骨再生治疗靶点。"空间探戈公司细胞培养硬件测试"实验旨在评估 TangoLab - 1 设备内的细胞培养模块和微流控。"空间探戈公司有效载荷卡–平滑肌细胞培养"实验旨在评估小鼠主动脉平滑肌细胞的不自主收缩。

NASA 在微生物学研究方向上资助了 7 项新实验。"高等植物实验–02 – 2"实验测定空间飞行中辐射造成的酿酒酵母克隆缺失,确定辐射损伤的分子机制。"微生物跟踪–2 –国际空间站致病性病毒、细菌和真菌的微生物观测"实验将记录和表征国际空间站上潜在的致病微生物,分析样本微生物含量之间的关系以及潜在的健康影响。"利用'基因雷达'预测病原体基因突变研究的概念验证"实验评估"基因雷达"(Gene – RADAR)识别空间中细菌突变的可行性。"空间探戈公司有效载荷卡–外显子组微生物细菌"实验研究常见微生物细菌对微重力环境的响应。"空间探戈公司有效载荷卡–MMARS – 1"商业实验研究巴氏甲烷八叠球菌对空间微重力和辐射环境的适应情况，验证利用压力测量评估细菌的代谢能力。"空间技术和先进研究系统公司-生物科学-1"实验研究 N315 金黄色葡萄球菌在微重力环境下失去有害性的原因。"空间技术和先进研究系统公司-地心真菌"实验利用微重力环境培育罕见的产黄青霉，研究新型抗生素。

NASA 在动物生物学研究方向上资助了 5 项新实验。"啮齿类动物研究-4-组织再生-骨缺损"实验旨在了解受重力影响的伤口愈合机制。"啮齿类动物研究-5-NELL-1 系统治疗骨质疏松症"实验旨在测试一种可以修复骨骼并减缓骨质流失的新药。"啮齿类动物研究-9-空间环境对头部、颈部、膝关节、髋关节以及眼部血液和淋巴管的影响"实验旨在研究微重力对啮齿动物血液、淋巴管、肌肉和骨骼的影响，以及液压对眼部和头部的影响。"利用果蝇模型研究微重力对心脏功能、结构和基因表达的影响"实验将对比空间孵化的果蝇与地面生长的果蝇，了解空间飞行对果蝇心脏功能的影响。"纳米机架-Valley 基督高中-微重力对秀丽隐杆线虫神经发育的影响"实验对秀丽隐杆线虫进行特殊遗传标记并记录其形态变化，与地面对照组进行比较。

NASA 在植物生物学研究方向资助了 4 项新实验。"高等植物实验-04-拟南芥响应空间飞行的后生变化-国际空间站上植物的微分胞嘧啶 DNA 甲基化"实验研究微重力下拟南芥幼苗生长过程中发生的分子变化。"罐中生物学研究-22"实验研究拟南芥在微重力条件下应激反应的基因调控。"拟南芥根的吸力表征-2"实验研究空间飞行导致植物生长、特别是根的生长发生改变的分子信号，以及植物感知重力方向的遗传基础。"空间探戈公司有效载荷卡-植物发芽和生长模块评估"实验利用该模块研究多种植物在微重力环境中不同生长阶段的情况，为未来植物生长研究提供科学和技术数据。

NASA 还资助了另外 4 项新实验。"空间科学促进中心-蛋白质晶体生长-6-用于加速再活化剂设计的人乙酰胆碱酯酶中子晶体学研究"实验旨在生产医学上重要的神经递质酶——乙酰胆碱酯酶的晶体。"空间科学促进中心-蛋白质晶体生长-7-微重力条件下 LRRK2 的结晶"实验利用国际空间站微重力环境生长更大的 LRRK2 晶体。"纳米机架-圣约瑟夫卡罗美学院-β-淀粉样肽"实验利用荧光光谱仪研究微重力下纤维的形成和 β-淀粉样肽。"空间探戈公司有效载荷卡-种子-1 和种子-2"实验研究缬草和长春花两种药用植物在微重力下基因表达的改变。

Roscosmos 资助了 3 项新实验。RR 实验旨在理解空间飞行中与组织再生/恢复相关的生物和分子过程的特性，在空间飞行条件下评估某些骨诱导剂的治疗效果。Mikrovir 实验研究空间飞行对噬菌体溶菌速度的影响。Probiovit 实验旨在开发可在国际空间站上简单方便制作益生菌发酵乳的技术。

ESA 资助的新实验"幼苗生长-3"利用拟南芥研究重力对植物感光的细胞信号转导机制的影响，以及在微重力环境下细胞生长和增殖对光刺激的响应。

此外，"JAXA 蛋白质晶体生长""蔬菜硬件-03"等 28 项实验继续开展。

## （四）物理科学实验

物理科学实验共计 50 项，其中新实验有 20 项。

ESA 共资助了 11 项新实验，其中 10 项实验利用电磁悬浮炉开展。"电磁悬浮炉连铸钢的激冷"实验研究模拟连铸产品表面凝固的冷却工业合金钢的表面形态，并分析获得的微结构。"铜合金的过冷和分层"实验研究在地面上难以混溶的铜钴合金样品的表面张力和界面张力。"呈现二十面体短程有序的过冷液态钛锆镍的热物理性能和凝固行为"实验研究不同组成的过冷液态钛锆镍的热物理特性，并通过研究最大过冷条件下液体的流动效应来评估新的成核模型。"过冷熔体中的成核和相选择现象研究与模拟：应用于工业相关磁性合金"实验利用磁悬浮高速相机观测铁、钴、镍等磁性合金，研究磁性合金的亚稳相形成。"非平衡凝固，工业合金微结构形成模拟"实验研究插入液态镍铝合金与铝铜合金的针棒周围形成的微观结构及其生长速度。"电磁对流下包晶合金的快速凝固"实验研究熔体对流对包晶合金相选择的影响。"高温金属的电阻率测量"实验将校准和验证样品耦合电子器件，并测量铌镍合金和锆镍合金的电阻率。"微重力下熔融和过冷液态半导体的热物理特性"实验研究液态硅锗合金的温度与热物理特性之间的关系。"液态合金的高精度热物理特性数据用于模拟工业凝固过程"实验研究液态工业合金的温度与热物理特性之间的关系。"非平衡多次相变：共晶凝固、调幅分解和玻璃形成"实验研究逐步过冷下从共晶和枝晶凝固至调幅分解和玻璃形成的一系列相变过程。ESA 资助的另一项新实验"空间流体动力学"实验研究模拟燃料箱的小球在温度梯度下的质心位置。

NASA 共资助了 8 项新实验。"微重力 CLYC 晶体生长"实验将生长 CLYC 晶体，有助于更好了解获得高质量、无缺陷晶体的精确条件。"碘化铟晶体非接触生长"实验采用非接触方法生长高质量碘化铟晶体。"先进胶体实验-温度-6"实验研究凝胶和乳霜中胶体的微观行为，了解其中微结构的演变。"DECLIC 临界流体与结晶化研究设备-与 ALICE 类似的插件-翻新"实验研究微重力下处于沸腾边缘的液体中热的流动，有助于开发微重力下的冷却系统。"难以润湿的表面"实验旨在研究微重力对药物原料溶解性的影响，结果有助于改善药物递送，改进空间和地面应用药物的设计。"微重力下的冻干法"实验在国际空间站上研究微重力环境下的冷冻干燥过程，并将一系列冻干样品送返地面与控制样品进行对比分析。"先进燃烧微重力实验"开展 5 项层流气体非预混火焰实验，旨在提高地面实际燃烧的燃料效率同时减少污染，并通过开展材料可燃性创新研究改进航天器防火。"纳米机架-Vitae

项目 Vi‑III"实验测试形状记忆合金的空间成熟度。

Roscosmos 资助了 1 项新实验。"火光"实验旨在获取数据并建立微重力条件下的碳氢燃料燃烧模型，以便在密闭舱体内建立消防安全系统。

此外，"毛细管流""冷焰研究""等离子体晶体‑4"等 30 项实验继续开展。

## （五）教育活动和推广实验

教育类实验共计 36 项，其中 21 项为新实验。

NASA 资助了 18 项新实验，其中 13 项利用纳米机架开展，研究内容涉及动植物、蛋白质、微生物等生物学研究，流体、材料等物理学研究，以及环境传感器等技术类研究等。"空间中的基因"开展了 3 项系列实验，"空间中的基因‑2"实验利用聚合酶链反应（PCR）和 miniPCR 系统探究是否可以在空间中增强 DNA，从而测量和监测空间飞行期间 DNA 的端粒变化。"空间中的基因‑3"实验旨在验证可以在微重力环境下使用地面常规方法进行 DNA 扩增和样本制备，并建立一套流程。"空间中的基因‑4"实验利用秀丽隐杆线虫和小型化 DNA 检定系统检测空间高辐射微重力环境下热休克蛋白的基因表达。此外，新实验"国际空间学校教育信托基金"开展微生物燃料电池、突变果蝇的活动、仙人掌介导二氧化碳脱除等 3 个教育项目，"拟南芥"实验旨在研究微重力环境如何影响拟南芥的生命周期。

CSA 资助了 2 项新实验。"西红柿‑5"实验对经历过国际空间站环境的和地面上普通的西红柿种子开展对比种植研究。"音乐与空间"通过在国际空间站上播放音乐提高公众关注度。

ESA 资助了 1 项新实验。两台 AstroPi 电脑将用于测量国际空间站内部环境，探测空间站移动状态和地球磁场。

此外，"地球之窗"等 15 项实验继续开展。

## (六)地球与空间科学实验

地球与空间科学领域共开展了 31 项实验,其中 11 项为新实验。

NASA 共资助了 9 项新实验,其中 4 项为天体物理学实验。"国际空间站宇宙线能量和质量"实验旨在测量高能粒子,研究宇宙线的起源及历史,深入了解宇宙基本结构。"中子星内部构成探测器"旨在开展中子星高精度测量,并测试 X 射线授时和导航技术。"天体物理学研究角秒空间望远镜"是一个从国际空间站部署、旨在探测系外行星的 6 单元立方体卫星。"摩海德州立大学宇宙 X 射线背景纳卫星"是一个从国际空间站部署的 2 单元立方体卫星,旨在以低于 5 % 的精确度测量 30~50 千电子伏的宇宙 X 射线背景。

NASA 还资助了 3 项对地观测新实验。"平流层气溶胶和气体实验 III"通过对地球臭氧层、其他气体、气溶胶和大气中的微小颗粒进行长期测量,帮助人类了解和保护地球大气层。"空间测试计划-休斯顿 5-法布里-珀罗甲烷光谱仪"实验旨在验证开发、建造和运行一种新型天基甲烷测量仪器,有助于解决甲烷分布、通量和趋势等关键科学问题。"空间测试计划-休斯顿 5-闪电成像传感器"实验旨在测量闪电的数量、速度和能量,提高对闪电及其与天气的关系的认识。

NASA 资助的 Dellingr/RBLE 实验为一个 6 单元立方体卫星,旨在测量地球高层大气的磁场波动和分子变化,以确定基线条件并观测空间天气影响;"内布拉斯加大学林肯分校太阳中子探测器"实验旨在测量低能量的太阳中子,验证数十年来对太阳产生中子的预测,并检测由中子造成的辐射损伤和材料疲劳。

Roscosmos 资助了 2 项新实验。"场景"利用国际空间站上的遥感设备记录地球上的灾害现象,并根据观查结果开发评估地球灾害、潜在危险及环境问题的方法。"晨昏线"研究中层大气上部和热层底部的大气分层结构。

此外，"阿尔法磁谱仪－02""量能器型电子望远镜""沿海海洋超光谱成像仪"等 20 项实验继续开展。

# 三、结束语

国际空间站已迎来空间科研应用活动的高峰期。自 2015 年起，每年的 4 次长期考察任务都开展了超过 300 项实验。各国航天局积极谋划在 2024 年国际空间站计划结束之前，最大限度地发挥国际空间站的科研应用价值。在 2017 年 9 月召开的第 68 届国际宇航大会上，NASA 局长表示正在与各方合作伙伴探讨在 2024 年后继续运营国际空间站的可能性，JAXA 局长称现阶段应重点关注如何充分利用国际空间站，以获取更大收益。美国在 2017 年 9 月首次实现美国舱段 4 人驻站，使航天员有更多时间开展科研活动。可以预见，各国还将继续加强对国际空间站的科研应用。

（中国科学院科技战略咨询研究院）

# 2014—2017 年国外航天测控系统发展综述

2014—2017 年间，美国作为航天测控领域的强国继续更新和补充完善其测控通信系统，并完成了第三代跟踪与中继卫星（TDRS）系统的部署；俄罗斯重点完成了中继卫星系统的部署；欧洲航天局（ESA）作为中继卫星系统起步较晚的组织，率先部署首个实用的激光卫星通信系统。除了各政府航天机构，多个商业组织也加强了航天测控系统的部署与建设。与此同时，对于新技术的研发和试验也在不断推进，以激光通信技术、DTN 技术、脉冲导航技术等为代表的新技术研究获得了一定进展。

## 一、天基系统建设及应用

### （一）美国第 3 代 TDRS 完成部署

NASA 自 1976 年启动 TDRS 研制工作以来，已完成第二代 TDRS 的部署，并于 2013 年开启第三代 TDRS 的部署。

第三代 TDRS 共 3 颗（TDRS－K、L、M），设计寿命 15 年，可同时提供 3 个频段的服务能力：S 频段和高数据速率的 Ku、Ka 频段，Ka 频段数据传输速率 800 兆比特/秒。TDRS－K 在 2013 年 1 月 31 日成功发射，升空后更名 TDRS－11。TDRS－L 在 2014 年 1 月 24 日成功发射，升空后更名 TDRS－12。该系列的第三颗卫星 TDRS－M（TDRS－13）原计划 2015 年 12 月发射，但发射推迟至 2017 年进行。美国当地时间 2017 年 8 月 18 日，TDRS－M 从卡纳维拉尔角成功发射。该卫星此前因 1 部天线受损更换而推迟发射。

TDRS－M 卫星的成功发射标志着第三代 TDRS 卫星部署完

成。此后至 2020 年，跟踪与数据中继卫星系统都将处于良好状态，足以支持已有航天任务，包括支持国际空间站、"哈勃"太空望远镜和其他地球轨道卫星的通信。当前 NASA 已经就第四代 TDRS 卫星开展了一些研究工作，将有可能采用激光通信技术，并将可能在 2019 年进行激光通信卫星的试验。

此外，美国当地时间 2016 年 7 月 28 日，美成功发射一颗新型军用数据中继卫星"卫星数据系统"-3（SDS-3）。

## （二）俄罗斯新一代"射线"中继卫星系统部署完成

俄罗斯自 2011 年下半年开始重新部署新一代"射线"系统。继"射线"-5A 于 2011 年 12 月 11 日发射，"射线"-5B 卫星于 2012 年 11 月 3 日发射之后，俄罗斯在 2014 年 4 月 28 日成功发射 1 颗第二代"射线"卫星，这标志着俄罗斯民用中继卫星"射线"系统的第二代中继卫星完成组网。随后，俄罗斯于当地时间 2014 年 9 月 28 日凌晨从拜科努尔航天发射场成功发射一颗"射线"中继卫星，为新一代"射线"多功能中继卫星系统增加了一颗在轨的冗余卫星。

"射线"中继卫星系统主要为国际空间站的俄罗斯舱段、低轨飞行的航天器、运载火箭及其上面级与地面设施之间的通信提供中继服务。"射线"-5 卫星在提供数据中继的同时，还可提供卫星导航增强服务。"射线"-5 卫星搭载着俄差分校正和监测系统（SDCM）的信号转发器，2014 年"射线"卫星的发射，也标志着俄罗斯 GLONASS 星级增强系 SDCM 空间段部署完成。据俄罗斯的数据，"射线"卫星系统发射后，俄境内的 GLONASS 定位精度将提高至与 GPS 系统相当。

2016 年，射线中继卫星系统已经开始为国际空间站的俄罗斯舱段及"联盟"火箭发射提供测控支持。

## （三）欧洲 EDRS 系统开始部署

欧洲数据中继系统（EDRS）项目于 2008 年发布，被称为"太空数据高速路",系统采用激光通信技术,通过地球静止轨道数据中继卫星为近地轨道航天器与地面控制中心提供实时数据中继,通信速率达 1.8 吉比特/秒。EDRS 系统初期设计了 2 颗搭载载荷/卫星,后经论证增加为覆盖全球的 3 颗搭载载荷/卫星。

2016 年 1 月 30 日,EDRS 的首颗激光通信载荷 EDRS-A 搭载"欧卫"-9B(Eutelsat-9B)卫星由俄罗斯"质子"火箭发射进入地球静止轨道,并于 2016 年夏季开始服役。国际空间站的数据中继将在 2018 年开始。

按照规划,EDRS 将在 2020 年完成全星座 3 颗卫星/载荷的部署。EDRS 是第一个工程化的激光卫星通信与中继系统,可用于满足欧洲航天对空间通信数据传输速率、传输量和实时性日益增长的需求,摆脱对非欧洲地面站的依赖。

## (四)日本下一代中继星将采用激光通信技术

JAXA 正在进行大量新的军民两用计划,计划之一是 2 颗新一代数据中继卫星,据日本雅虎新闻网 2014 年报道,JAXA 将在 2019 年发射地球静止同步轨道激光数据中继卫星,为中低轨卫星提供数据中继服务。卫星将继承"数据中继试验卫星"(DRTS)和"光学轨道间通信工程试验卫星"(OICETS)的技术,同时提供激光通信中继和 S、Ka 频段射频通信,激光通信速度为 1.8 吉比特/秒。其地面站仍将设在筑波和鸠山。卫星运行寿命为 10~15 年。与其同时期发射的先进光学卫星将装载配套的通信载荷。2015 财年,日本航天开发预算下拨 32 亿日元,启动激光数据中继卫星的研制工作。

## (五)美空军使用 GPS 跟踪航天发射火箭

2014 年 5 月 16 日,美国联合发射联盟(ULA)利用"德尔它"4 火箭发射最新一颗 GPS IIF 卫星的过程中,首次应用天基 GPS 卫星代替地基雷达跟踪运载火箭飞行轨迹并取得成功。2014 年 8 月 1 日,美空军成功发射第七颗 GPS-2F 导航卫星。在此之后,空军计划采用 GPS 信号跟踪火箭发射，以取代传统跟踪火箭发射的 C 波段雷达。而对未来的载人任务，东靶场仍将提供飞行终止和 C 频段雷达跟踪业务。

2014 年 8 月 14 日，数字地球公司"世界观测"-3 成像卫星成功发射入轨，这是首次完全依赖 GPS 进行跟踪的发射任务。这次任务具有里程碑意义，标志着未来空军从卡纳维拉尔角和范登堡空军基地的火箭发射跟踪将依赖于 GPS 信号。

## （六）美国商业公司计划构建商用数据中继系统

据美国太空网 2016 年 7 月 26 日报道，Audacy 公司计划建造由 3 颗卫星和 2 个地面站组成的通信网络，为私营航天飞行活动提供所需的通信能力。商用数据中继系统包含 3 颗卫星、2 个地面站（分别部署在加州洛杉矶和东南亚），未来可能在欧洲建造第 3 个地面站。公司计划在 2019 年发射卫星。系统计划成本预计为 7.5 亿美元。

系统预计可同时支持大约 2000 颗立方体卫星，或者允许 12 个高容量用户和约 1000 个小容量用户同时共享带宽，未来也可能支持月球任务。商用数据中继系统将帮助商业卫星遥感公司（如加拿大地球直播公司、美国行星实验室公司等）向用户发送数据，帮助卫星发射公司监测火箭状态，或者帮助互联网服务商跟踪大型的卫星星座。

# 二、火星中继通信

2014 年 9 月，印度火星轨道器成功进入火星轨道，开始其环绕火星的科学探测活动，按照计划，在此次活动期间，NASA 的深空网为其提供了深空通信保障。同期，NASA 的"火星大气和挥发性物质演化探测器"（MAVEN）也抵达火星轨道，与印度的轨道器不同的是，它未来将成为 NASA 火星中继通信的有机组成部分。NASA 正在进行的火星探测计划较多，包括 2 个现役巡视器、3 个现役轨道器，以及计划 2018 年发射的"洞察"号着陆器和正在开发的"火星 2020"巡视器，此外，SpaceX 公司宣布 2018 年开展火星任务，根据协议，NASA 将为其提供深空通信与导航支持，因此，NASA 正在加快推进火星中继通信网建设。而欧洲与俄罗斯也在加紧步伐。

## （一）NASA 加快推进火星中继通信网建设

美国 NASA 已经在火星轨道上部署了"奥德赛"（Odyssey）和"火星勘测轨道器"（MRO），作为向地球传输科学数据的中继卫星。将完成探测使命的科学轨道器作为中继通信卫星，保持火星着陆器与地球之间的通信，是多年来 NASA 进行火星探测、提高效费比的一种模式。

### 1. "火星大气和挥发性物质演化探测器"加入火星中继网络

为了保持火星中继通信网，2014 年 9 月，"火星大气和挥发性物质演化探测器"（MAVEN）抵达火星轨道后，留在火星轨道上的轨道器携带的 Electra 无线电有效载荷（由喷气推进实验室提供并运行）已加入火星中继网络，但它仅在科学任务期间偶尔提供中继服务，进入任务扩展期才开始提供常规中继服务。

### 2. 寻求商业性火星通信中继设施

2014 年 9 月至 2020 年间，NASA 基本没有发射火星轨道器的计划，因此，为免 2020 年左右出现中继通信能力缺口，NASA 在 2014 年 7 月发布"信息征求书"，探讨在未来的火星任务中利用商业火星轨道卫星提供低成本、高性能通信中继服务的可能性，试图寻求新的模式以维持和发展其火星通信中继设施。

### 3. 计划利用立方星进行深空中继尝试

NASA 原计划 2016 年 3 月向火星发送"洞察"号新型探测器，一同发射的，还有 2 颗立方星，NASA 将借机开展立方星深空通信中继尝试，作为"洞察"号任务的附加能力验证任务，此次任务被命名为"火星立方 1 号"（MarCO）。这是人类首次深空立方星任务，将为立方星应用于星际探索做出尝试。但此次发射因故取消，其下一次发射窗口是 26 个月以后（2018 年）。

4. 未来利用激光通信升级火星通信中继设施

NASA 计划在 2020 年发射"火星 2020"巡视器，之后，在 2022 年发射新的火星通信轨道器，以此替代火星"奥德赛"，作为着陆任务的通信中继卫星，从而实现对火星通信中继设施的升级。新的轨道器也将携带健全的科学仪器，对火星进行遥感探测。"火星 2022"轨道器可能采用光通信程序包，从而改善传输速度和无线电系统的容量。

NASA 已在 2016 年选择了 5 家公司为未来火星轨道器任务开展概念研究，研究重点之一是通信，将对光学通信进行评估。

## （二）ESA 与俄罗斯合作的 TGO 轨道器进入火星轨道，未来将用于数据中继

ESA 与俄罗斯正在联合开展"火星生物学"（ExoMars）任务，2016 年 3 月 14 日，他们联合研制的"ExoMars 2016"火星探测器从哈萨克斯坦拜科努尔航天发射场发射升空，2016 年 10 月，探测器中的"微量气体轨道器"（TGO）按计划顺利进入火星轨道，开展工作，待 2019 年结束火星考察任务后，将转变角色，为后继火星表面探测任务提供中继通信服务，并持续工作至 2022 年 12 月。

# 三、地面测控网络

## （一）美国空军卫星控制网推动部分星座的商业化运营，欲向通用地面系统过渡

在预算削减的背景下，考虑到面临的潜在威胁，美空军对空军卫星控制网（AFSCN）开展了评审，最终做出决定，将实现部分卫星的商业化运营，并将 AFSCN 的专用测控地面系统向通用地面系统过渡。美空军整合了运维合同降低成本，并升级了多个星座

的地面站，对地面站的升级也配合了向通用地面系统的过渡。

在推动卫星的商业化运营中，具有国际采办背景的"全带全球卫星通信"（WGS）星座成为首个试点项目。

为了建设通用地面系统，美空军已开展了"企业级地面服务"（EGS）项目。鉴于导弹预警星座正在进行 Block10 增量 2 新系统的部署与试验，空军可能将其作为采用通用地面系统的试点。EGS 预计在 21 世纪 20 年代早期用于操控美军的各种卫星。空军官员认为启用通用地面系统可节省成本、提高能力和响应时间。

## （二）NASA 近地网提升地面站网络能力

NASA 近地网（NEN）正在加强其地面站网络，据 2016 年 4 月 16 日 NASA 网站报道，NASA 近期在阿拉斯加新安装了 1 部天线（AS－3 天线），并规划将在南半球再安装几部天线，因此，近地网的能力正在进一步提升。

为向未来航天器提供通信服务，支持"猎户座"的第一个探测任务（EM－1），NASA 已与空军达成协议，二者将重建发射通信站（LCS），支持"猎户座"的载人航天飞行。上行链路站的新 S 频段地面跟踪天线设备已于 2016 年初装配完成。EM－1 预计在在 2017 年 12 月（最初计划）进行，因此，LCS 需在此之前具备 S 频段能力，未来，为了支持 EM－3，LCS 还将提供 C 频段能力。

除了加强地面站网络，近地网团队也在开发增加带宽的新能力，已经开始准备采纳激光通信技术。

## （三）NASA 深空网新的波束波导天线投入运行

2016 年 10 月 1 日，澳大利亚堪培拉的深空站－36（DSS－36）投入运行。DSS－36 位于澳大利亚堪培拉，口径 34 米，是 NASA "深空网孔径改进"项目建设的 4 座 34 米波束波导（BWG）天线之一。堪培拉的第一个新的 34 米波束波导天线 DSS－35 已在 2014 年 10 月 1 日投入运行。位于西班牙马德里的 2 个天线正在建造中：DSS－56 计划 2019 年 10 月投入运行，DSS－53 计划 2020 年

10 月投入运行。

当 4 座天线全部完成后，新的天线阵所能提供的能力(灵敏度和接收到信号的功率)将不亚于 70 米口径天线。

这些新天线支持机器人和载人火星任务，保障探测器与地球之间更大数量的下行科学和遥测、跟踪数据传输，以及上行的指令及指令返回传输。

## (四) 俄为 ExoMars 项目建深空地面站

由于与 ESA 合作进行"火星生物学"(ExoMars)项目，俄罗斯新研发了用于此项目的地面无线电系统，据塔新社网站 2016 年 5 月 10 日报道，该系统的试验模型目前已完成，随后将进行适应性测试。新的地面通信设施将在 2017 年 9 月投入全面运行，服务于进入火星轨道的 ExoMars 火星探测器。新设施将使用 64 米天线，有 2 个样型，分别安装在 2 个地面站内，TNA－1500 型设在梅德韦泽伊·厄(Medvezhyi Ozyora)，TNA－1500K 型则设在卡利亚津(Kalyazin)，不仅可以服务于 ExoMars 项目，还可以与 NASA 和 ESA 的其他探测器通信。

## (五) 商业测控进一步发展

### 1. SES 公司的新卫星运管中心投入使用

全球卫星运营商 SES 公司全球排名第二，共有 50 多颗通信卫星。2014 年 7 月，其在美国新泽西州普林斯顿大学商业销售和卫星工程办公室设立的新卫星运管中心(SOC)投入使用，运管 23 颗广播电视和高速宽带服务卫星。新中心能够支持未来的需求增长，其最大运控能力是 100 颗卫星，还可以控制电推进卫星。该公司在卢森堡的全球总部则管理着其他的卫星。这两个中心能够对所有卫星提供实时服务和备份支持。

### 2. KSAT 新建小卫星地面站，谋求提供全球性测控服务

2015 年 10 月，挪威康斯伯格卫星服务公司(KSAT)在巴拿马新建的地面站完成最终测试，该地面站主要服务于小卫星，具备

S 频段和超高频(UHF)天线。以极地测控站为优势的挪威康斯伯格卫星服务公司(KSAT)为了服务小卫星，提出了地面网络解决方案"KSAT light"。2016 年 1 月，该公司在全球建立了 20 个小卫星地面站，同时，通过与其他国家空间组织的合作，优化地面站资源，谋求提供全球性测控服务。

3. 环球航天网络公司(USN)更名，利用 SSC 品牌效应扩大全球基础设施和服务范围

2016 年 1 月 1 日，瑞典航天公司(SSC)将其子公司环球航天网络公司(USN)更名为 SSC 航天美国公司，SSC 航天美国公司位于美国，主要提供商业性卫星运控服务，早在 2009 年就被 SSC 收购，更名后可以充分利用 SSC 品牌效应扩大全球基础设施和服务范围。

4. 德雷珀实验室与桥卫星公司合作，为其光通信网研发地面控制站

2015 年 9 月，桥卫星公司宣布由德雷珀实验室为其开发地面控制站，应用于桥公司的激光通信系统，使用激光通信来改善卫星和高空无人机的数据传输。桥公司的激光通信系统主要是用于改善卫星(包括小卫星)数据的无线传输，利用德雷珀实验室的地面站运行、任务自主规划和高效数据交付技术，可以为未来的近地轨道任务提供快速、优化和安全可靠的数据传输。

# 四、相关研究和试验

## (一)基础研究

1. 美空军"通信/导航中断预报系统"卫星数据改善轨道衰减预测

2015 年 11 月 28 日，美空军的"通信/导航中断预报系统"(C/NOFS)再入地球大气层烧毁。在服役的 7 年时间中，C/NOFS 卫

星研究高度 40~600 英里的大气电离层，获取了可能引起轨道提前衰减的一系列全面观测数据，这些数据对于改善预测卫星轨道、轨道阻力以及不受控再入大气层的模型非常有用。

### 2. "深空原子钟"飞行演示验证

"深空原子钟"（DSAC）是 NASA 正在开发的小型化、超精确汞离子钟，稳定性比当前最好的导航原子钟高几个数量级，在实验室的频率稳定性达到了 $10^{-15}$，NASA 期望其在飞行验证中频率稳定性能达到 $10^{-14}$，未来的长期频率稳定性能达到 $10^{-15}$。该项目由喷气推进实验室管理，空间技术任务委员会资助。

该项目在 2017 年进行飞行演示验证，演示装置和有效载荷将搭载在萨里卫星技术公司的航天器上，由 SpaceX 的"猎鹰重型"火箭发射，进行为期 1 年的演示验证任务。飞行演示验证将推进 DSAC 从当前的 6 级技术成熟度发展到更高的技术成熟度，从而可以在未来应用于大量任务。目前尚无其最新消息。

## （二）激光通信研究深入推进

### 1. NASA OPALS 项目在 2014—2015 年进行

NASA 利用国际空间站开展的"用于激光通信科学的光学有效载荷"（OPALS）项目是一项天地激光通信试验，2014 年 4 月 20 日，OPALS 随"龙"货运飞船抵达国际空间站，并于 2014 年 6 月 5 日成功演示了高清视频传输：利用 OPALS，NASA 将 175 兆比特的高清视频《你好，世界!》，用 3.5 秒从国际空间站成功传回地球，激光束功率 2.5 瓦，波长 1550 纳米，数据传输速率最高达到 50 兆比特/秒。由于利用商业成品建造，其成本限制在 0.2 亿美元之内。

### 2. NASA"激光通信中继演示"（LCRD）任务持续推进

为了全面充分地验证空间激光通信链路与网络技术，继 LLCD 计划之后，美国开展了另一项空间高速光通信演示验证计划——激光通信中继演示验证（LCRD）计划。

LCRD 计划将利用 LLCD 所获得的知识、经验和技术，进一步演示验证 NASA 下一代跟踪与数据中继卫星的关键技术和近地/深空光通信技术，为未来 NASA 设计、建设和运行高效费比光通信系统和中继网络积累经验。LCRD 终端原计划搭载商业通信卫星于 2017 年发射升空，进行为期两年的试验。为减少风险和追求共同的技术利益，LCRD 终端将搭载空军的"空间试验计划卫星"（STPSat-6），预计在 2019 年发射，计划运行两年时间，将使用国际空间站上的测试有效载荷以及位于加利福尼亚和夏威夷的两个专用地面站，模拟真实的通信支持。

### 3. NASA 研发小型化"空间光学通信与导航系统"

2015 年 10 月，NASA 研发成功一款小型化的"空间光通信与导航系统"，在实验室证明了技术概念与测量精度，该系统比 2013 年的 LLCD 装置更小，所提供的数据传输速度相同，所实现的距离和速度测量更精确。

"空间光通信与导航系统"是电路试验板，使用可购买组件搭建，在实验室内，利用模拟的地面和空间终端，已经实现了 622 兆比特/秒的传输速率，速度测量精度优于 10 微米/秒，距离测量精度优于 20 微米，由于系统内集成了"快速傅里叶变换"算法实现的多普勒频率，因此可以实现精确测量。而 LLCD 的速度测量精度是优于 10 毫米/秒，位置计算优于 12 毫米。

当前，研发人员正在改进技术，争取获得机会应用在立方体卫星上。

### 4. NASA 利用立方体卫星在轨演示验证卫星激光通信系统

"光学通信与传感器演示验证"（OCSD）立方体卫星项目是 NASA 2014 年规划的激光技术演示验证后续计划的组成部分，项目旨在利用立方体卫星演示验证空间激光通信。

2015 年 10 月 8 日，首颗 OCSD 卫星（OCSD-A，或 AeroCube-7A）以搭载方式从范登堡基地发射升空，进入运行轨道。OCSD-A

的评估重点是小卫星的精确定向和数据传输能力，但卫星入轨后姿态控制系统出现故障，无法演示星上激光通信系统功能。

NASA 后续计划是发射 2 颗类似的立方体卫星，OCSD－B 和 OCSD－C（又称 AeroCube－7B 和 AeroCube－7C），测试更高速率的激光通信，以及彼此之间互相接近的机动操作。这 2 颗卫星将搭载 OCSD－A 激光通信系统的简化版本。2017 年 11 月 12 日，OCSD 搭乘"天鹅座"货运飞船飞往国际空间站，将验证小卫星激光通信和交会对接技术，数据传输速率将达 200 兆比特/秒，相关技术可用于抵近详察、在轨服务和组网飞行。

5. NASA 激光通信深空应用研究项目

以 LLCD 为基础，NASA 喷气推进实验室（JPL）和格伦研究中心在开展激光通信深空应用研究。JPL 开展的"深空光学通信"（DSOC）项目致力于研究激光通信对于任务数据速率、占用空间和功耗的改进作用，激光通信有助于解决所有这些挑战。格伦研究中心正在开展"一体化射频与光学通信"（iROC）项目，将在火星轨道部署一颗激光通信中继卫星，该卫星可从远距离航天器接收数据，并将数据中继传输至地球。该系统将使用射频和激光通信，促进 NASA 所有空间资产之间的互操作性。通过集成这两种通信系统，iROC 可为使用激光通信系统的新型航天器提供服务，也可为使用射频通信系统的航天器（如"旅行者 1 号"）提供服务。

6. ESA 将借"小行星撞击任务"测试地球以远星间通信网络

2015 年 3 月，ESA 的"SysNova 创新"项目开始募集可选方案，准备在 2020 年 10 月"小行星撞击任务"（AIM）时，搭载并发射地球以远的欧洲首个立方星，并试验立方星、AIM 及其着陆器三者组成的星间通信网络。

AIM 作为技术验证任务，将对 ESA 未来深空探测中的多项工艺和技术进行试验，包括双向高带宽激光通信系统、深空星间链路。

### 7. 法日联合开展星地激光通信试验

2015 年，根据法国航天局（CNES）与日本国家信息通信技术研究所（NICT）签订的有关"信息与通信技术"框架合作协议，二者联合开展了星地之间的激光通信试验。试验分别在 6 月、7 月和 10 月进行，完成了光学链路试验，搜集了激光束在大气层中传播的数据。光学链路对大气条件更敏感，这些数据可在后续研究中发挥重要作用。未来二者还将进行更多试验，测试不同的链路参数，并交换地面站数据进行结果对比。未来，星地光学链路有望用于卫星观测数据的回传和卫星远距离通信。

### 8. 美国公司将建世界首个商业运营月球激光通信终端

2017 年 6 月底，巴黎国际航空航天展上传出消息，美国 Astrobotic（宇宙机器人）和 ATLAS 太空运营公司（以下简称"ATLAS"）将建造并运营首个月球激光通信终端，从而在地月之间提供商业性激光通信链路。

ATLAS 的激光通信终端将搭载 Astrobotic 未来月球任务，这将使 Astrobotic 向客户提供的数据传输服务速率达到 1 兆比特，这意味着 Astrobotic 月球任务数据传输带宽将提升 1000 倍。地月之间使用激光通信将大幅增加数据传输带宽，可为高清视频传输、数据密集型实验、虚拟现实体验提供保障，是未来月球探测的基础性保障能力。

该激光通信链路将为月球任务通信带来变革。此前，每次月球任务都需要一个通信方案。两家公司合作的激光通信链路将为 Astrobotic 公司的客户提供整体解决方案。

## （三）国际空间站上应用或即将应用的新技术

### 1. DTN 技术在国际空间站上正式应用

据 NASA 网站报道，2016 年 6 月，NASA 在国际空间站上构建了运行性的容延迟/中断网络（DTN）的网络服务。DTN 业务将有助于自动化操作，改进国际空间站试验数据的有效性，并将提升带宽使用效率，增加返回地球的数据。

在国际空间站上，DTN 加载到了已有的"科学电视资源工具包"(TReK)，该软件包主要用于研究人员在其地面运控中心和国际空间站上搭载的载荷之间的数据发送和接收。国际空间站上的这项业务也将改进任务支持应用，包括操作文件传输。

该项业务首次作为操作性能使用，表明国际空间站开始成为进化中的太阳系互联网的一个节点。

## 2. 国际空间站上进行首次太空 4K 视频直播

据美国科技博客网站报道，2017 年 4 月 26 日，NASA 与亚马逊云服务事业部(AWS)合作，在国际空间站上进行了人类首次太空 4K 视频直播。

4K 视频就是所谓的超高清视频，其分辨率为 4096×2160，即横向有 4000 个像素点，总像素超过 800 万，这样的视频对硬件配置、天地间网络传输速率要求很高。

视频直播中，航天员佩吉·惠特森博士和杰克·费舍尔向观众展示了一些惊奇的实验，由于 4K 的高质量和相对较浅的景深，直播具有很高的细节分辨率，使观众感觉如同在 Netflix 视频网站上观看主厨做菜。

太空 4K 视频直播具有技术优势和重要的应用前景。首先，在国际空间站上提供实验中的 4K 实况镜头，意味着航天员可以使用慢动作摄像机捕获质量极高的细节，并将结果实时传输给地球上的研究人员；其次，若能对国际空间站舷窗外的景色进行广播级采集，将具有巨大的潜在经济效益；第三，高分辨率视频采集和传输是深空探测(包括探火)所必须的一项关键能力，例如，在飞往火星时，利用 4K 视频能够对火星进行更好地提前观测和研究，这种先进的成像能力是决策过程与规划中至关重要的一种手段。

### 3. 增强现实技术即将登陆空间站

据电子欧洲 2017 年 4 月 27 日报道，芬兰国家技术研究中心在一个国际项目资助下，为欧空局开发了一种新的增强现实工具。未来，航天员可在空间严苛的条件下使用该工具执行维护任务。

芬兰国家技术研究中心领导的 EdcAR 项目(跨平台增强现实工程数据)为期两年，可以使航天员的作业指导书更加明确清晰。在空间站中，包括维护工作在内的任何工作都至关重要，必须及时无误差地完成。为达到这一能力，需要长时间的练习，需要协调专家参与。由于航天员的时间极为宝贵，其任务和维护说明书必须清晰明确。

增强现实技术在系统中的使用有望能够减少失误，加快任务并改进指令清晰度。最大的好处在于可以实时定位需要维护的位置点。位置信息通过增强现实眼镜以文字、图片、视频和声音的形式及时明确地传送给航天员。系统会在航天员的增强现实眼镜上显示精细的可视化指令，引导他们按顺序逐步完成必要的步骤，如"现在按上这个按钮""然后拨动那个拨杆"。

## (四) 国际空间站上开展的相关试验

### 1. NASA 向国际空间站发送首个外部观测仪用于研究脉冲星导航通信技术

作为 NASA 2016 年 4 月披露的"改变游戏规则发展"(GCD)计划中即将进入飞行演示验证阶段的 6 个项目之一，"中子星内部构造探测器(NICER)/X 射线授时和导航技术空间站探测器(SEXTANT)"(Nicer/Sextant)原计划于 2017 年 3 月搭乘 SpaceX 公司第 11 次货运任务飞船(SpaceX－11)进入国际空间站，演示验证脉冲星导航通信技术。该次任务已于 2017 年 6 月发射，并顺利与国际空间站对接。

Nicer/Sextant 观测仪将使用 X 射线望远镜、硅元素探测仪和其他先进技术，来探测脉冲星发射的电磁脉冲中的 X 射线光子，通过测量和利用专门算法开发出一种完整的平台自主导航解决方案。

Nicer/Sextant 研究组也将对 X 射线通信进行验证。据 NASA 网站 2016 年 11 月 28 日的消息，NASA 已经研制了"调制 X 射线源"（MXS），能够发射高频 X 射线脉冲，该设备将在 2018 年搭载执行国际空间站补给任务的运载器，在飞行到国际空间站下方时向国际空间站上的 Nicer/Sextant 观测仪发送数据，对 X 射线通信进行可行性演示验证。当前，MXS 的技术基本已经就绪。X 射线通信是一种每秒传送数据可达数千兆字节的潜在星际通信能力，如果成功，则可高速远程回传数据，并可在高超声速飞行中通信。

### 2. 触觉感知技术试验

（1）ESA 航天员通过触觉感知技术操控地面机器人

欧洲航天局（ESA）与代尔夫特理工大学合作，开展了一项远程操控项目，项目周期 18 个月，具体成果是演示由国际空间站上的航天员操控地球地面上的机器人，将一枚图钉放入一个小洞。2015 年 9 月 7 日，成功进行了试验的演示验证。触觉感知可以帮助在远程操控中进行复杂的任务，可以应用于深空探测。

（2）俄德利用触觉感知机器人进行太空遥操作

为了在未来建设月球基地或火星基地中使用机器人进行遥操作，俄罗斯和德国航天机构开展了"回路"（Kontur）系统试验，研发从载人航天器上遥控机器人进行远程操作的"远端临场"技术。试验共分 3 期："回路"-1 已完成从地球通过测控系统控制国际空间站上机器人的试验；"回路"-2 在 2015 年完成了从国际空间站远程操控位于地面的人形机器人；"回路"-3 计划进行机器人集群控制试验。

### 3. NASA 开展小卫星"集群"控制试验

2016 年 5 月，国际空间站部署了 2 颗"网络与运行演示验证卫星"（Nodes）立方体卫星，演示验证了卫星间通信和自主指挥与控制。

"网络与运行演示验证卫星"是艾姆斯研究中心以及 NASA 空间技术任务理事会资助的项目，以早前的"电话卫星"演示验证任务和"爱迪生小卫星网络演示验证"（EDSN）任务为基础，所演示的技术可以用于纳卫星群协同运行，并降低运行成本，对控制卫星星座非常重要。

# 五、结束语

纵观航天测控系统近几年的发展，天基系统不断更新和完善，在测控支持中所占比重逐渐增长，特别是 ESA EDRS 系统开始部署，激光通信技术带来强大的数据传输能力；作为深空探测的重点目标，火星中继通信依然是建设热点。地基测控网站部署更加完备，能力提升成为重点。伴随天基系统在测控支持中所占比重的增加，天地一体化测控成为发展趋势，最能体现该思路的美国的空间通信导航（SCaN）综合网建设将在 2018 年初步完成。商业测控呈现发展态势，地基测控站数量呈增长之势，天基系统、地月通信、火星中继通信领域初现商业测控系统设想。

新技术止逐步发展，激光卫星通信技术和 DTN 技术已投入工程应用：ESA 作为中继卫星系统起步较晚的组织，率先部署了首个实用的激光卫星通信系统，激光通信技术在更广范围内的应用研究正在进一步深化；DTN 技术在国际空间站上应用，表明美国空间通信与导航综合网（SCaN）的建设获得里程碑式进展。而 X 射线通信导航、脉冲星导航、触觉感知、小卫星集群控制等新技术还处在研究和演示验证阶段，这些技术将在未来极大地改进航天测控的手段，提升航天测控的精度与效率。实践表明，国际空间站依然是通信与导航新技术演示验证的最佳平台。

（北京跟踪与通信技术研究所）

# 大事记

1. 1月3日，美国太空探索技术公司（SpaceX）公布了"猎鹰"9火箭爆炸事故调查报告。2016年9月"猎鹰"9火箭爆炸事故的主要原因是氦气压力容器出现故障。事故调查由SpaceX公司主导，美国联邦航空管理局（FAA）、美国空军、美国国家航空航天局（NASA）、美国国家运输安全委员会等参与。SpaceX公司称已经采取相应措施解决该问题。

2. 1月6日，国际空间站上的美国航天员肖恩·金布罗和佩吉·惠特森完成了6小时35分钟的出舱活动，任务是为国际空间站的供电系统接入新的锂离子电池。

3. 1月13日，国际空间站上的两名航天员——美国航天员肖恩·金布罗和法国航天员托马斯·佩斯凯历时6小时成功完成出舱活动，两名航天员为三个锂离子电池安装了转接器和电缆，并接入新电池，为国际空间站更换一架失灵的摄像机，将预防陨石雨的防护设备更换位置，并对空间站外部的设备进行摄像等。

4. 1月15日，SpaceX公司迎来自2016年9月以来的首次发射任务，"猎鹰"9火箭以一箭十星的方式，将铱星公司下一代铱星星座的首批十颗卫星送入近地轨道，并再次完成海上回收火箭。

5. 1月18日，NASA表示计划再购买5个"联盟"飞船的座位，具体价格在签订相关合同时才能最终确定。NASA于2017年末和2018年分别购进一个座位，2019年购买3个座位。NASA向俄罗斯购买补充座位的原因是，2016年发生了包括"猎鹰"9火箭爆炸在内的一系列重大事故，NASA对美国私企的载人飞船能够在 2019 年或更早一些时候运送航天员到国际空间站缺乏信心。

6. 1 月 18 日，中国发射的世界首颗量子科学实验卫星"墨子"号圆满完成了 4 个月的在轨测试任务，正式交付用户单位使用。"墨子"号的主要目标是通过卫星和地面站之间的量子密钥分发，实现星地量子保密通信，并通过卫星中转实现可覆盖全球的量子保密通信。

7. 1 月 22 日，俄罗斯科学家成功完成国际空间站果蝇培育实验，该项实验旨在探索未来星际飞行中航天员对宇宙空间不良因素的防护机制。在轨的果蝇实验开始于 2014 年，这项研究成果有助于科学家了解活的生物体在失重状态下的繁殖过程，及理解细胞层面产生不良改变的原因。

8. 1 月 28 日，日本宇宙航空研究开发机构(JAXA)利用货运飞船"鹳"6 首次尝试清除地球轨道上的垃圾，但由于锁链没有成功释放，此次试验宣告失败。飞船释放一条通电的、700 米长的特制锁链，通过与地球磁场的相互作用，使轨道上的空间垃圾进入大气层烧毁，实现主动清除。

9. 2 月 1 日，NASA 公布首个空间双胞胎实验成果，揭晓航天员在执行空间飞行一年期任务后出现的身体变化。研究人员对比这对孪生兄弟，发现他们之间出现了显著差异，DNA 和身高都出现了差异性变化。

10. 2 月 2 日，"毕格罗"充气式太空舱再次被短暂开启，两名国际空间站航天员进入该舱进行了传感器的安装，航天员还在这次任务中研究了人体在空间的形体变化，以及如何预防长期空间飞行产生的背部疼痛。

11. 2 月 6 日，俄罗斯"能源"火箭航天集团公司宣布，已着手论证用 3 小时而不是 6 小时将乘组和货物运抵国际空间站的方案。该方案是将目前应用的飞船绕地球飞行 4 圈后与空间站对接的方式改为绕地球飞行两圈后对接。未来，这项技术可能应用在实施月球探索任务的"联邦"号载人飞船上，飞行两圈对接的方案将在 2017—2018 年发射的"进步"MS 货运飞船上开展验证。

12. 2 月 6 日，波音公司发布消息与纳米架公司签署协议，将共建国际空间站的首个商业气闸舱。新型的气闸舱由纳米架公司研制，波音公司研制并安装气闸舱的被动式通用对接机构，计划 2019 年将气闸舱与国际空间站上美国的加压舱连接。

13. 2 月 9 日，英国政府宣布，将斥资 1000 万英镑推动商业航天产业发展，这些资金将主要用于发展英国的商业航天技术能力。这一举措的目标是从 2020 年起逐步在英国建立商业航天市场，以便从快速发展的全球航天市场中分一杯羹。

14. 2 月 17 日，国际空间站航天员第五次采集了空间站的空间实验蔬菜，此次成功收割的植物是中国小白菜。

15. 2 月 19 日，美国 SpaceX 公司从肯尼迪航天中心的 LC 39A 发射台成功发射一枚载有"龙"飞船的"猎鹰"9 火箭，执行国际空间站的货运补给任务。升空后约 8 分钟，该火箭第一级返回大气层，成功在陆上实现软着陆。这是 SpaceX 公司实现首次白天陆上回收火箭，也是第八次完成火箭回收。

16. 2 月 22 日，俄罗斯"联盟"U 运载火箭搭载"进步"MS－05 飞船，从哈萨克斯坦拜科努尔发射场发射升空，为国际空间站运送约 2.5 吨的物资补给，这是"联盟"U 运载火箭最后一次执行航天发射任务，后续发射任务将由"联盟"2 和"安加拉"A3 系列的中型运载火箭执行。

17. 2 月 22 日，俄罗斯"能源"火箭航天集团公司称，俄罗斯正在研发俄罗斯空间站的设计方案，只要批准设计方案且资金到位，准备在 2024—2025 年国际空间站飞行计划结束后，立刻运行俄罗斯空间站（POC）。如果国际空间站俄罗斯舱段建设进展顺利，小型实验舱、节点舱、科学试验舱按期加入国际空间站，在国际空间站计划结束后，从空间站分离出这些舱体，组成俄罗斯空间站。科学试验舱将作为俄罗斯空间站基础模块使用。

18. 2月22日，俄罗斯"能源"火箭航天集团公司宣布，其研发的大运载力货运飞船计划于2021年底进行首次测试飞行，这种货运飞船近地轨道的运货能力达到3400千克，其中在密封舱运送货物可达2400千克，可运送燃料2050千克。因此，新型货运飞船的运载能力要比现有的"进步"MS飞船高800千克。

19. 3月14日，俄罗斯加加林航天员中心启动新一轮航天员招募工作，入选者将成为俄罗斯航天国家集团公司航天员大队的预备航天员。新一轮选拔将遴选出6~8名预备航天员，未来将执行载人月球探索任务。

20. 3月21日，美国总统特朗普签署法案，批准NASA 2017财年195亿美元的预算方案，并要求其研究2033年送人去火星的可行性，这是NASA最主要的空间探索任务。

21. 3月24日，国际空间站上的2名航天员——欧洲航天员托马斯·佩斯凯和NASA航天员肖恩·金布罗进行了6小时34分钟的出舱活动。两位航天员成功地断开了加压接头-3(PMA-3)上的电缆和电气连接，为3月26日进行的机器移动做好了准备。他们还为机械臂涂抹了润滑油，检查了散热器阀门，并为空间站的日本区域更换了摄像机。

22. 3月30日，国际空间站航天员金布罗和佩吉·惠特森进行出舱活动，他们将连接PMA-3，并将安装一个包含软件升级的计算机继电器盒，以便未来的商业飞船停靠国际空间站。此次出舱活动让惠特森成为太空漫步次数最多及累计时间最长的女航天员，惠特森完成了第8次出舱活动，累计时间达53小时25分钟。

23. 3月30日，美国SpaceX公司利用回收的"猎鹰"9火箭把一颗欧洲商业卫星送入地球轨道，火箭升空约10分钟后，再次实现了火箭一级海上回收。

24. 3 月 31 日，俄罗斯"动力机械制造"公司向美国轨道 ATK 公司交付了 2017 年的首批液体火箭发动机 RD－181。3 部发动机已通过空运运抵美国，计划用于"安塔瑞斯"火箭的第一级，执行国际空间站货物运输任务。

25. 4 月 10 日，国际空间站三名航天员乘坐"联盟"MS－02 载人飞船成功返回地球，在哈萨克斯坦成功着陆。此次返回地球的三名航天员是俄罗斯航天员谢尔盖·雷日科夫、安德烈·鲍里先科和 NASA 航天员罗伯特·金布罗，他们在国际空间站工作 173 天。

26. 4 月 20 日，"联盟"FG 运载火箭搭载"联盟"MS－04 飞船从哈萨克斯坦的拜科努尔发射场发射升空。本次飞船搭载了俄罗斯航天员费奥多尔·尤尔奇欣和美国航天员杰克·费希尔，这是十年来飞船首次搭载两名航天员前往国际空间站。飞船经过 6 个小时的飞行后抵达国际空间站，为空间站运输 70 千克的日常物资补给。

27. 4 月 20 日，搭载着天舟一号货运飞船的长征七号遥二运载火箭，在中国文昌航天发射场点火发射，约 596 秒后，飞船与火箭成功分离，进入预定轨道。飞船入轨后，按预定程序与在轨运行的天宫二号先后进行自动交会对接、自主快速交会对接等 3 次交会对接，3 次推进剂在轨补加，以及空间应用和航天技术等领域的多项实(试)验。9 月 22 日，天舟一号在完成空间实验室阶段任务及后续拓展试验后受控离轨再入大气层。

28. 4 月 28 日，ESA 官员证实，欧洲将进一步与中国开展航天合作，ESA 正与中国探讨有关月球基地的计划，并希望对"嫦娥五号"带回来的样品进行分析。

29. 4 月 18 日，联合发射联盟的"宇宙神"5 火箭携带轨道 ATK 公司的"天鹅座"飞船从美国佛罗里达州卡纳维拉尔角空军基地的第 41 号航天发射场发射升空，执行国际空间站第七次货运补给任务。飞船携带重约 3459 千克的航天员补给及科研设备飞赴空间站，同时飞船还将直接部署所携带的小型卫星。飞船于 4 月 22 日与国际空间站成功对接。

30. 5 月 9 日，NASA 副局长格雷格·威廉斯在华盛顿特区举行的"人类登陆火星"峰会上发表了讲话，提出了美国载人登陆火星的 5 个阶段：第一阶段，继续在国际空间站进行研究和测试以解决太空探索中的挑战，评估月球资源的潜力，制定标准；第二阶段，从现在到 21 世纪 20 年代：开始进行月球轨道飞行，建造"深空之门"空间站，开始组装"深空运输"飞行器；第三阶段，21 世纪 20 年代至 30 年代，建成"深空运输"飞行器，在月球轨道进行为期一年的火星模拟飞行；第四阶段和第五阶段，2030 年之后，开始进行持续的前往火星系统和火星表面的载人长途飞行。

31. 5 月 12 日，NASA 宣布，利用一种全新的 4D 打印技术，制作出用于空间活动的先进纤维材料。这种材料由一个个微小的金属部分组成，在激光和电子束的精确控制下，通过熔融聚合物或烧结金属粉末逐层叠加，形成链甲般保护航天器的外层材料。不同于以往的 3D 技术，这种技术打印出来的材料不仅具有一定的几何形状，更是拥有了特定的功能，可以根据需求任意定制形状甚至折叠，还可以直接回收利用，重新打印成新的结构作为其他用途。

32. 5 月 23 日，美国航天员惠特森和费舍尔进行了紧急出舱活动，更换国际空间站上发生故障的转发器。国际空间站上的一个转发器 5 月 20 日发生故障，但损坏对机组乘员的生活和空间站运转不构成危险。

33. 5 月 31 日，NASA 宣布，计划于 2018 年向人类既熟悉又陌生的星球——太阳发射一个探测器，将在距离太阳表面 650 万千米的外大气层轨道，观测日冕的活动。这将是 NASA 第一个飞入日冕的探测器，也是人类首次近距离接触太阳。

34. 6月2日，国际空间站上的两名航天员搭乘"联盟"号载人飞船返回地球，安全着陆于哈萨克斯坦。这两名航天员分别是俄罗斯航天员奥列格·诺维茨基和法国航天员托马斯·佩斯凯。他们于2016年11月18日搭乘"联盟"MC－03载人飞船抵达国际空间站，共在空间站内停留了197天。

35. 6月4日，SpaceX公司的"猎鹰"9火箭从佛罗里达州卡纳维拉尔角搭载"龙"飞船发射升空，为国际空间站运送货物补给。此次发射不仅实现了SpaceX公司火箭的第五次陆地回收，还首次尝试发射回收过的"龙"货运飞船。这是"龙"飞船第11次为国际空间站送去补给和实验设备。

36. 6月5日，印度空间研究组织（ISRO）研制的新型地球同步轨道卫星运载火箭MK3（GSLV－MK3）从萨迪什·达万航天中心的第2发射台起飞，成功将质量为3136千克的GSAT－19卫星送到地球同步转移轨道。GSLV－MK3作为印度新一代的大型运载火箭，完全采用自主技术，尤其是在固体、液体动力方面的技术发展迅速。而此次GSLV－MK3的首飞成功也成为了印度未来开展载人航天任务的基础。

37. 6月5日—6月9日，2017年全球航天探索大会在北京召开。2017年全球航天探索大会属于国际宇航联合会（IAF）单位竞争举办的专题性会议。此次大会的主题是"分享"与"合作"，回顾了近年来世界各国在航天探索领域取得的成就，聚焦月球探索、火星探索、小行星探索等13个技术领域。

38. 6月8日，NASA在位于休斯顿的约翰逊航天中心宣布了新一批预备航天员人选。这批预备航天员共计12名，其中包括7名男性和5名女性。这是NASA自2000年以来选出的最大规模班底。

39. 6月12日，NASA发布了一款新型火星探测概念车，这款两用车既可以作为一辆火星车在火星漫游，也可以用作一个完整的实验室，在火星开展实验。这款概念车长达 8.5 米，宽 4 米，高 3.4 米，拥有 6 个超大车轮。车轮由碳纤维和铝合金制成，既坚固耐用，又轻巧灵活，可以越过火星崎岖不平表面上的沙丘和岩石等；车轮还拥有特别设计的超大型通风口，目的是避免被恐怖的火星沙尘暴堵死，导致车辆无法前进。

40. 6 月 14 日，搭载"进步"MS－06 货运飞船的"联盟"2－1a 火箭在拜科努尔发射场第 31 号发射台成功发射升空。发射后 8 分 48 秒，"进步"飞船同火箭第三级成功分离，计入预计轨道。飞船于 6 月 16 日与国际空间站对接。除标准货物外，"进步"MS－06 飞船上还搭载了纳米卫星，该卫星由俄科罗廖夫能源火箭航天集团专家与库尔斯克西南大学年轻科学家共同研制。

41. 6 月 18 日，NASA 派遣一支国际乘组到大西洋海底进行了为期 10 天的极端环境任务行动，乘组人员的任务目标包括测试航天飞行对抗措施设备、掌握精确跟踪栖息地设备的技术以及开展人体构成和睡眠研究。

42. 6 月 26 日，NASA 发布消息，国际空间站上的试验性太阳能电池阵列尝试收起失败，决定将这些电池阵列直接从其被固定的机械臂尾部分离。按此前计划，在试验结束后将收起太阳能电池阵列并装入"龙"货运飞船中，于 7 月返回地球。

43. 6 月 28 日，JAXA 在文部科学省召开的委员会议上称，力争到 2030 年实现日本航天员的探月之行。为此，日本将参加美国的月球空间站计划，以期获得抵达月球表面的机会。JAXA 力争利用 2019 年度计划向月球发射的无人探测器 SLIM，并研发航天员穿梭于空间站与月球之间的飞船。此外，JAXA 还希望承担研发空间站内居住所需饮用水与空气净化装置、辐射防护技术等，获得日本航天员抵达月球表面的机会。

44. 7 月 1 日，加拿大总理贾斯汀·特鲁多宣布新一批航天员选拔结果：珍妮·赛迪和约书亚·库特里克成为加拿大航天局的第 13 和第 14 位航天员。

45. 7 月 18 日，第 13 届莫斯科国际航空航天展览会在莫斯科郊外的茹科夫斯基市拉开帷幕。在为期 6 天的航展期间，26 个国家和地区的 790 多家航空航天企业集中展示数千项研发成果或设计方案，寻找项目伙伴并洽谈合作

46. 7 月 26 日，在"首届中国航天员飞天摄影作品展"上，中国航天英雄、载人航天工程办公室副主任杨利伟透露，中国将启动第三批航天员的选拔工作。与之前航天员选拔标准不同的是，这次将面向社会，选拔那些有工程背景的工程人员和科研人员，他们将在未来的太空任务中担任空间站、航天器的维护、维修、组装、出舱和其他使命。

47. 7 月 28 日，俄罗斯"联盟"FG 运载火箭搭载"联盟"MS - 05 载人飞船从拜科努尔航天中心发射升空，将三名航天员送上国际空间站。三名航天员分别是俄罗斯航天员谢尔盖·梁赞斯基、美国航天员兰道夫·布莱斯尼克和意大利航天员保罗·内斯波利。他们将在国际空间站停留 139 个昼夜，完成应用性的科学研究，拍摄图片和视频资料以及出舱活动等。

48. 8 月 14 日，SpaceX 公司发射的"猎鹰"9 火箭携带"龙"货运飞船从弗洛里达州卡角空军基地升空，执行的国际空间站第 12 次货运补给任务，飞船共携带了 2.9 吨物资。这是 SpaceX 公司最后一次使用第一代"龙"飞船执行货运任务，剩下的货运任务将由翻新的二手"龙"飞船完成。

49. 8 月 18 日，国际空间站的两名俄罗斯航天员成功执行了一次出舱活动，完成了手动释放五颗纳米卫星的任务。执行此次任务的是航天员是费奥多尔·尤尔奇欣和谢尔盖·梁赞斯基。他们的出舱活动持续了 7 小时 34 分，超出了之前计划的 6 小时零 5 分。

50. 9 月 13 日，"联盟"FG 运载火箭搭载"联盟"MS - 06 飞船

从哈萨克斯坦的拜科努尔发射场发射升空。本次飞船搭载了俄罗斯航天员亚历山大·米苏尔金、美国航天员马克·范德·黑和约瑟夫·迈克尔。该批考察组将进行 40 多项的航天生物学、生物技术等领域的试验。

51. 9 月 15 日，NASA"卡西尼"号探测器主动坠入土星大气，结束了成就卓越的探索之旅。"卡西尼"号于 2004 年 7 月 1 日进入土星轨道，此后通过多次调整运行轨道，对土星及其卫星进行了细致入微的观测，得到了很多重要发现，这使得土卫二成为搜索地外生命的重要候选目标。

52. 9 月 22 日，天舟一号货运飞船受控离轨。此前，天舟一号货运飞船按计划完成了多项拓展应用和相关试验，地面科技人员对其飞行状况进行科学评估后，决策实施离轨。至此，中国载人航天工程第二步任务全部完成，阔步迈进"空间站时代"。

53. 9 月 22 日，JAXA 宣布，2020 年代实施的火星卫星无人探测任务选定"福布斯"作为登陆器，探测器将用约三年时间多次登陆并采集沙土等样本，检测该卫星表面的元素组成和氢元素含量等。

54. 9 月 25 日，第 68 届国际宇航大会在澳大利业阿德莱德会展中心开幕，逾 4000 名来自世界各地的航天员、航天机构和企业代表、专家学者、青年学生等出席，为期 5 天的第 68 届国际宇航大会展示了航天领域国际合作交流的多样性。

55. 9 月 25 日，澳大利亚宣布该国将成立国家航天局，进军利润丰厚且发展迅速的航天市场。澳国家航天局将从事以和平为目的的空间研究项目，以及研制与运用航天领域的新技术。

56. 9 月 27 日，NASA 与俄罗斯联邦航天机构签署一份联合声明，同意就"深空之门"空间站项目开展合作。按照构想，该空间站建成后可作为通往月球表面和深空目的地的门户。

57. 9 月 29 日，NASA 副局长威廉·格斯登美尔在第 68 届国际宇航大会上表示，将在 2033 年前后抵达火星轨道，而开展地月空间任务将是近期重要工作之一。NASA 深空探索计划分三步走，当前阶段 NASA 将继续利用国际空间站作为实验和研究平台，解决太空探索遇到的问题，优化解决方案。第二阶段，NASA 将展开地月空间任务，2024 年前后在月球轨道上建成"深空之门"空间站，作为通往月球表面和深空目的地的门户。第三阶段，深空运输系统预计于 2029 年建成，经过为期 1 年的验证飞行，到 2030 年至 2033 年，NASA 将准备进军并抵达火星。

58. 10 月 5 日，国际空间站上的两名美国航天员兰迪·布莱斯尼克和马克·范德海完成了出舱活动，出舱活动共历时 6 小时，执行了更换机械臂上出现故障的一个"锁合末端效应器"等任务。

59. 10 月 10 日，国际空间站上的两名美国航天员兰迪·布莱斯尼克和马克·范德海完成了出舱活动，出舱活动共历时 6 小时 26 分钟，执行了安装一部高解析摄影机，进一步修理实验室的机械手臂等任务。

60. 10 月 11 日，日本文部科学省的报告称，日本应该发挥货运飞船等擅长的技术，参与载人航天探索领域的国际计划。日本政府将在宇宙政策委员会上进一步研究这份报告，并在 2018 年 3 月日本担任东道主在东京举行的"国际太空探索论坛"之前决定最终方针。

61. 10 月 14 日，俄罗斯"联盟"2-1a 火箭在拜科努尔发射场成功搭载"进步"MS-07 货运飞船发射升空。"进步"货运飞船将为空间站送去燃料、物资补给和空间站硬件，以供国际空间站运行及生活在空间站内的航天员提供生活支持。

62. 10 月 19 日，NASA 成功测试了 RS-25 发动机，测试整个过程达 500 秒。RS-25 发动机将安装至"猎户座"载人飞船，参与 2019 年的发射任务。该发动机经过改进后将会安装至 2030 年的载人登陆火星的飞船上。

63. 10 月 23 日，印度空间研究组织（ISRO）发布消息称，印度计划 2018 年 3 月发射月球探测器"月船"2。此次发射 ISRO 使用"静地卫星运载器"2 型火箭代替 2008 年发射"月船"1 探测器时使用的"极轨卫星运载器"火箭，"月船"2 的任务是继续研究月球表面的矿物和组成元素。

64. 11 月 9 日，NASA 称，该机构的人类深空探测首次重要飞行测试，即探索任务-1（EM-1），将为航天发射系统（SLS）和"猎户座"飞船的第一次载人飞行奠定基础。NASA 已经完成了对其发射时间表的全面审查，首次发射定于 2020 年 6 月。

65. 11 月 11 日，"追梦者"号航天飞机试验样机在美国加利福尼亚州爱德华空军基地成功完成滑翔试验。此次滑翔试验是该公司商业乘员协议中的重要里程碑，将支撑该公司按照 2016 年获得的 NASA 第二轮商业补给服务合同研制货运型号太空飞机的工作。

66. 11 月 12 日，NASA 弗吉尼亚州沃勒普斯飞行中心成功发射"安塔瑞斯"火箭，火箭携带"天鹅座"货运飞船执行该公司第八次商业补给服务任务，为国际空间站送去约 3500 千克物资和科学实验装备。飞船飞行 45 小时，于 14 日与国际空间站成功对接，创造了"天鹅座"飞船从发射到交会的最短飞行时间记录。

67. 11 月 28 日，NASA 介绍了美国下一代火星车——2020 年火星车的更多技术细节，包括车轮将重新设计，并使用更多的自动化技术。这辆火星车将于 2020 年夏天发射，2021 年 2 月抵达火星。

68. 12 月 1 日，NASA 发表声明称，"旅行者"1 号探测器一组休眠 37 年的推进器成功重启。"旅行者"1 号探测器于 1977 年发射，2012 年离开太阳系进入星际空间，是星际空间中唯一的人造探测器。NASA 计划 2018 年 1 月切换使用探测器上的备用"轨道校正操作推进器"，希望把"旅行者"1 号的寿命延长 2~3 年。

69. 12 月 4 日，NASA 宣布将开始对核发动机进行测试，该发动机将为航天员登陆火星并在火星表面开展任务提供能源。这个发动机项目被称为 Kilopower，将采用一个只有卫生卷纸大小的铀反应堆来产生热能，这些热能由一台高效率的斯特林发动机转化为电能，整个系统的工作原理与汽车发动机相似。

70. 12 月 11 日，美国总统特朗普在白宫签署命令，指示 NASA 启动太空探索项目，送美国航天员重返月球，并为登陆火星打基础，这一命令的签署将使美国重新聚焦太空探索与发现，并迈出重返月球的第一步。

71. 12 月 12 日，"新谢帕德"亚轨道飞行器新型号首次试飞取得成功。此次"新谢帕德"使用的新一代火箭和 2.0 版载人舱，蓝色起源公司计划利用"新谢帕德"开展亚轨道旅游，时间暂定为 2019 年。

72. 12 月 15 日，SpaceX 公司的"猎鹰"9 火箭于佛罗里达卡纳维拉尔角空军基地起飞将"龙"飞船送入太空，执行该公司第 13 次国际空间站物资运输任务，飞船于 17 日抵达国际空间站，为其送去约 2180 千克的科研硬件设备与其他物资。执行该任务的都是"二手"火箭和飞船，其中"龙"飞船 2015 年曾到访国际空间站，火箭一子级也是 6 月发射后回收的。

73. 12 月 17 日，"联盟"FG 运载火箭搭载"联盟"MS－07 飞船从哈萨克斯坦的拜科努尔发射场发射升空，飞船共搭载三名航天员，他们分别是俄罗斯航天员安东·施卡普列罗夫，美国航天员斯科特·廷格尔以及日本航天员金井香苗。飞船采用了传统的两天交会对接方式，于 19 日与国际空间站顺利对接。

# 美国国家航空航天局
# 《战略技术投资规划》(2017)

## 前言

一个多世纪以来，美国国家航空航天局（NASA）及其前身——美国国家航空顾问委员会（NACA）一直在致力于推动美国最雄心勃勃和最具挑战性的技术研发事业。通过创新技术研发计划，NASA 圆满完成了多项科学和太空探索任务，并丰富了我们对地球、太阳系以及整个宇宙的认识。NASA 技术研发计划促进了我们对航空学的理解，并增强了维持全球运输和贸易的航空系统。为延续和引导这一创新传统，确保未来任务和国家目标的实现，NASA 特制定了 2017 年《战略技术投资规划》（STIP）。

《战略投资规划》是 NASA 全局范围内技术投资组合管理流程中的重要一环。它为 2015 年 NASA 技术路线图中详细列出的技术提供了投资指导原则。STIP 过程以 NASA 战略目标为起始，最终形成未来 20 年 NASA 必须支撑的技术研发需求。《战略投资管理规划》采用一种分析技术，由 NASA 各任务部提供直接输入，并对技术投资进行分类，从而为对整个技术门类的均衡投资提供指导。下文所述的指导原则符合 NASA 的一贯承诺，即在优化技术投资的同时，还将确保投资的透明度，以最大程度地服务国家利益。相关目标、投资分类和指导原则共同构成了一套切实可行的行动规划，帮助 NASA 和相关部门共同推动未来 20 年的技术研发和创新。

NASA 对技术的定义：

为实现特定功能，通过运用多个工程学学科形成某种设备、工艺或子系统的一种方案。

## 背景介绍

此次《战略投资管理规划》(2017)是对 2012 年版《战略航天技术投资规划》的重大升级。这次升级反映了继 2015 年 NASA 技术路线图升级以来技术方面取得的进展以及 NASA 需求发生的变化。升级后的技术路线图按照 15 个重点技术领域进行内容组织，并引入了航空学。技术路线图汇总了 NASA 有望研发的各种技术。但是，路线图涵盖的技术门类超出了 NASA 可以资助的范围。因此，NASA 必须了解各项技术门类对其任务和国家的价值，并慎重进行技术投资。

《战略投资管理规划》对 NASA 整个技术研究和开发投资提供了高层战略指导，并定义了调整 NASA 技术投资组合的指导原则。NASA 技术首席办公室对整个技术研发项目进行年度分析评估，并按照《战略投资管理规划》给出的原则评估当年投资执行情况。相关评估结果通过 NASA 技术执行委员会(NTEC)由各任务部和办公室进行审查①。必要时，NTEC 还会就技术投资组合是否符合 NASA 目标问题提议进行重新调整。

NASA 各任务部和办公室通过各自计划制定和实施 NASA 技术投资组合中的具体内容。这些计划(见图 1)推动了 NASA 全局范围内各个中心与其他政府部门、工业界、学术界建立合作伙伴关系，进行技术研发创新。有些研究活动属于 NASA 重点技术研

---

① NTEC 是 NASA 高级技术顾问机构，就 NASA 技术能力、技术差距和投资问题提供决策咨询。NTEC 相关活动包括：根据任务需要和技术研发进展调整技术优先开发项，协调各任务部之间的重点领域以及使短期、中期和长期投资达到均衡(见 NASA 技术执行委员会章程 NC 1000，38)。

发计划，但在许多聚焦特定任务的计划中也包含了研发活动。NASA 的技术研发活动也会随着任务需求和部门的变化不断调整。

根据《战略投资管理规划》确定的投资门类指导原则，NASA 每年均会对技术投资组合进行评估。NASA 技术投资组合包括 NASA 正在进行的全部技术研发和相关研究活动，体现为 NASA 技术研发计划、大型任务计划的组成部分和基础性的工程活动。表 1 给出了 2016 年 NASA 技术投资组合评估包含的各种计划简要说明。

表 1　2016 年 NASA 技术投资组合评估包含的相关计划简表

| 任务部/办公室 | 项目 |
| --- | --- |
| 载人探索和运行任务部 | 先进探索系统 |
| | 人类研究计划 |
| | 国际空间站 |
| | 猎户座航天器 |
| | 空间生物和物理研究计划 |
| | 空间通信和导航计划 |
| | 空间运载系统计划 |
| 科学任务部 | 先进组件技术 |
| | 先进信息系统技术 |
| | 天体物理学研究分析计划 |
| | 太阳物理学：科学技术和仪器开发 |
| | 自耕农（欧罗巴技术） |
| | 地球科学技术的太空验证 |
| | 仪器孵化器 |
| | 火星技术 |
| | 太阳系探索设备成熟度 |
| | 南希·格蕾丝·罗曼技术基金 |
| | 推动太阳系观测的星际仪器概念 |
| | 行星科技仿真研究 |
| | 放射性同位素动力系统技术 |
| | 战略天体物理技术 |
| | 研究/先进技术倡议 |

续表

| 任务部/办公室 | 项目 |
|---|---|
| 空间技术任务部 | 百年挑战计划 |
| | 中心创新基金计划 |
| | 飞行机遇计划 |
| | 颠覆性研发计划 |
| | NASA 先进创意计划 |
| | 小企业创新研究/小企业技术转让 |
| | 小型航天器技术计划 |
| | 空间技术研究基金计划 |
| | 技术演示任务计划 |
| 航空研究任务部 | 先进航空飞行器计划 |
| | 空天作业和安全计划 |
| | 一体化航空系统计划 |
| | 革命性航空创意计划 |
| 安全和任务保障办公室 | 非破坏性评估计划 |
| 首席信息官办公室 | IT 创新挑战系列 |

NASA 未来的成功很大程度上将取决于在科学研究和技术研发方面的投资和创新。NASA 重视发现、发明和新技术演示，以推动太空探索和科学研究，推动航空学发展，提高地球人类福祉。这一激情和目标正是 NASA 愿景和使命的推动力。

## 2017 版《战略投资管理规划》的制定过程

2017 版《战略投资管理规划》体现了对 2015 版《NASA 技术路线图》进行的分析，是 NASA 技术投资组合管理流程的一部分（如图 1 所示）。通过从 NASA 全局视角提供指导原则，这一投资组合管理流程是对各任务部内部预算制定和项目选择流程的一种补充。为编制《战略投资管理规划》，除《路线图》提供的相关信息外，

NASA 还从多种信息源，包括美国国家科学院国家研究委员会（NRC）[①]近期所做的技术路线图分析报告中收集信息。国家研究委员会对更新后 NASA 技术路线图进行了评估，并对各种技术的轻重缓急进行了分类，明确了最优先、较优先、次优先技术。为明确支持 NASA 的空间科学、地球科学或探索任务，国家研究委员会确定了应最优先和较优先研发的技术门类。对那些尚不清楚如何克服相关技术障碍的技术、已经经过验证的相关技术，或者NASA 能轻松从外部技术发展中借鉴的技术，国家研究委员会将其划归为次优先技术。

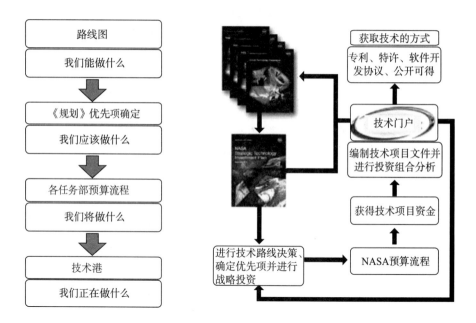

图 1　NASA 技术项目管理流程

NASA 在确定《战略投资管理规划》初步架构时，国家研究委员会信息只是若干信息输入之一。国家研究委员会独立确定的技术优先项划分与 NASA 的分类有所不同，这是因为 NASA 的分类

①　国家科学、工程与医学院，2016 年，《NASA 航天技术路线图和优先事项的修订》，华盛顿特区：美国国家科学院出版社，数字对象识别码：10.17226/23582。

采用了不同的分析准则，并得到了各任务部的一手资料。除此之外，《战略投资管理规划》分析还吸收了一些主要文件的相关信息，包括美国太空政策和 NASA 战略规划等。综合上述各种信息，初步形成了技术分类，为由来自 NASA 各任务部代表、中心技术委员会、首席科学家办公室、首席工程师办公室、首席技术专家办公室和首席信息官办公室等单位的代表组成的《战略投资管理规划》领导小组就最终技术分类共识的达成提供了基础。综合考虑技术成熟度、最终能力目标和 NASA 技术投资目标等因素，对各项技术进行了全面评估。

## 驱动技术研发的战略目标

2014 年 NASA《战略规划》文件详细指出了三大目标：拓展知识和能力的边界，增加在太空中的机遇；增强对地球的了解，开发技术以改善人类在地球家园的生活品质；服务美国民众，并通过有效管理人力资源、技术能力和基础设施，完成 NASA 使命。在上述目标激励下，《战略投资管理规划》确定了指导 NASA 技术投资组合的四大目标，如图 2 所示。

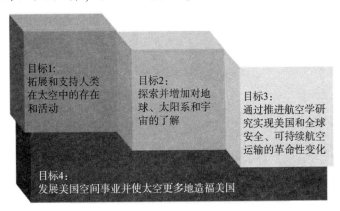

图 2　驱动技术研发的四大战略目标全面涵盖 NASA
航空航天、科学和探索任务所需的各种能力

### 目标 1：拓展和支持人类在太空中的存在和活动

为实现持续时间较长的深空载人探索，人们必须进行创新，以克服众多挑战。将人类安全可靠地送入近地轨道以外的太空，是未来载人太空探索的基本要求，并需要在推进系统和环境控制等许多系统方面都取得创新。

### 目标 2：探索并增加对地球、太阳系和宇宙的了解

扩展人类对地球、太阳系和宇宙的科学知识是未来实现载人探索任务的基本前提。同样重要的是，科学任务还为人们提供相关知识，从而了解地球，以及与之相关的气候和环境面临的挑战。技术创新不仅能增强人类探索能力，还能支持人类雄心勃勃的科学任务。

### 目标 3：通过推进航空学研究实现美国和全球安全、可持续航空运输的革命性变化

长期航空学研究为那些能够引领工业创新和社会发展的新概念奠定了基础。未来航空系统面临着新的挑战，包括不断发展以满足全球的新需求，如何整合无人飞行器系统，以及如何研发其他创新理念的飞行器，以满足不同需要①。

### 目标 4：发展美国空间事业并使太空更多地造福美国

NASA 通过与行业和外国政府机构建立富有成效的合作伙伴关系，不断强化与商业航天部门的合作。NASA 这一努力帮助整个航天事业拓展相关知识，并推动了创新。与此同时，商业航天的繁荣以及由此形成的专业能力也使 NASA 受益。

## 规划实施的指导原则

如下原则用于帮助指导 NASA 技术投资战略和投资组合的执

---

① 本战略技术研发目标与航空技术研究任务部的战略实施计划保持一致：https：//www. nasa. gov/aeroresearch/strategy。

行。这些战略尤其有益于 NASA 对技术投资组合进行实时分析，以保持与战略目标的一致性。图 3 为技术成熟度水平描述。

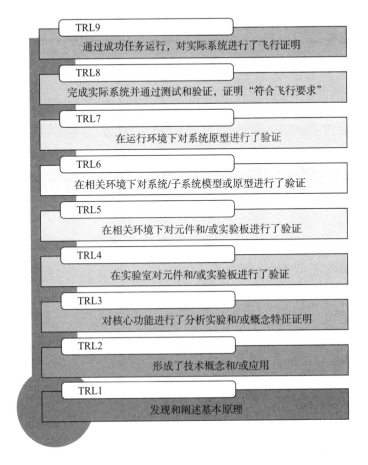

图 3　技术成熟度水平( 来源：NPR 7123.1 B)

### NASA 将对路线图中确定的 15 个技术领域进行均衡投资

15 个技术领域主要关注未来任务所需能力并对每个技术领域相关的技术研发需求进行了详尽描述。对 15 个技术领域的恰当投资能确保全面和稳健的技术能力。2017 年《战略投资管理规划》对 15 个技术领域的投资重点和投资水平给出了指导原则，必要时，各任务部和 NASA 技术执行委员会(NTEC)对这些指导原则可重新定义。

### NASA 将对各种技术成熟度技术进行均衡投资

技术成熟度水平分为 9 个档次，在 1 级技术成熟度水平，通过基础研究掌握的信息将从一个创意转向一个具体技术应用。处于第 9 级技术成熟度水平的技术，已经完全达到运行状态，并整合进完整的系统，并经过验证，达到设计工作要求，具有合适的可靠度。对处于不同技术成熟度水平的技术进行综合投资可确保稳步形成新能力，同时满足当前的技术需要。为保持这种均衡发展，并将长期创新始终作为优先项，根据国家研究委员会 (NRC) 建议，NASA 将至少把 10% 的技术投资用于技术成熟度水平为 1 或 2 的技术，包括关键技术、增强技术和革命性技术。

### NASA 将对三个投资类别进行均衡投资

2017 年《战略投资管理规划》分析给出了三大投资类别，以指导未来技术研发。三大投资类别分别为关键技术、增强技术和革命性技术类别。下节将详细论述 NASA 对这三大类别进行均衡投资。这些技术类别涵盖 NASA 为实施未来任务所必须开发的基础工程工具、方法和物理资产。《战略投资管理规划》并未将基础工程划分为一个独立类别。因此基础工程属于跨领域技术，对关键技术、增强技术和革命性技术的均衡投资已涵盖这一内容。

### NASA 将保持对公众的透明度

技术港网站 TechPort (图 4) 全面披露了 NASA 资助的技术研发活动。通过全面披露 NASA 正在进行的活动，TechPort 网站向学术界、工业界和公众提供一个机会，以评估整个技术研发项目，研究他们自己的特定关注领域，并与 NASA 技术路线图和优先投资项目进行对比，从而确定自己擅长领域的未来机会，并发现在技术研发方面潜在的合作机遇。TechPort 可方便人们查找、获取和利用技术开发信息，帮助 NASA 助力创业、创新和科学发现。

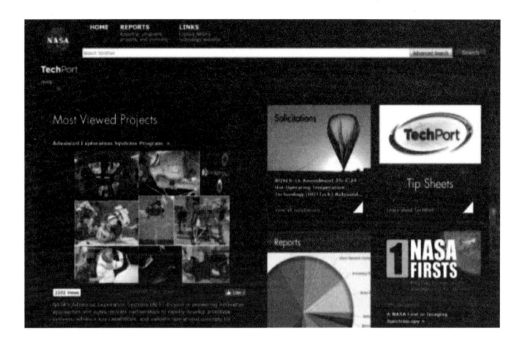

图 4 技术港网站首页

## NASA 投资分类

2017 年根据《战略投资管理规划》分析标准和规划制定领导小组的建议，2015 年路线图中的技术被分为关键技术、增强技术和革命性技术三大类。这种分类旨在帮助 NASA 分配技术投资。《战略投资管理规划》建议比例为 70/20/10，即 70% 投资用于关键技术，20% 用于增强技术，10% 用于革命性技术研发。需要注意的是，这种分配比例只是 NASA 对各技术门类进行均衡投资的一种设想。附件 A 给出了每个技术分类的完整列表。具体的技术性能参数的目标值可参见 2015 年 NASA 技术路线图。

### 关键技术

此类技术是 NASA 为完成计划和预期任务所必不可少的决定

性技术①。关键技术通常能帮助实现多项任务并显著降低风险。这类技术是满足近期需求或具有较长开发周期的能力建设所必须的技术。在许多情况下，关键技术开发都是 NASA 专用技术。

### 增强技术

增强技术是那些能够显著改善任务性能的技术。这类技术一般是对现有技术或能力的一种改良。增强技术能增加投资回报、安全性或可靠性。通过增强技术实现的性能改善可缓解其他技术系统的局限性，因此对整体任务设计具有较大作用。

### 革命性技术

革命性技术属于未来变革性技术，能够提供未来任务所需的新能力。革命性技术的研发旨在应对复杂或以前尚未解决的问题。一个可靠的方案或会需要数次迭代，并需要较长的研发时间。能满足上述需要的解决方案通常具有高风险，同时也具有较高回报。这类技术通常成熟度较低，常作为现有解决方案的备选方案。同时，此类技术通常对成本、安全性或可靠性方面往往具有较大影响。

《战略投资管理规划》还明确了一些辅助性技术，即对现有技术性能有所改善，也是关键技术和增强技术研发所需的辅助性技术。虽然 NASA 在整个技术研发周期内会根据需要投资某项辅助技术，但对此类技术不需要进行战略评估。

《战略投资管理规划》确定的投资类型可确保 NASA 能优先开发近期科学发现、载人探索和航空任务所需的技术，与此同时，还能确保未来任务所必须的基础技术的研发。

## 关键技术投资

NASA 将关键技术分为十大投资领域，按照这种划分方式，

---

① NASA 计划和预期任务详见 NASA 任务规划模型（AMPM），其他预期任务需要由各任务委员会提出。

对 2015 年 NASA 技术路线图中一个或多个领域的关键技术进行分组。2015 年 NASA 技术路线图确定的关键技术通常属于交叉技术，能满足多项特定任务需求，且能显著降低风险。关键技术还包括能推动航空研究的技术。NASA 的关键技术投资占总技术投资组合的 70%。这些关键技术在 NASA 科学、机器人和载人探索任务中扮演着举足轻重的角色。十大关键技术投资领域(见图 5)分别为：

1. 推进和运载系统；

2. 人类健康、生命维持及居住系统；

3. 目的地系统；

4. 机器人和自主系统；

5. 科学仪器、传感器及光学通信；

6. 太空轻质结构和材料；

7. 再入、下降和着陆系统；

8. 太空能源系统；

9. 先进信息系统；

10. 航空技术。

《战略投资管理规划》领导小组认为，上述十大关键技术领域对落实 NASA 投资战略至关重要。按照相关技术首次投资时间节点，《战略投资管理规划》确定的每项关键技术又可分为近期或中期投资。近期关键技术需要从现在开始就启动相关技术研发投资，以满足计划和预计任务的需要。相比之下，中期关键技术是指从现在算起，相关投资可推迟三年进行的技术研发投资。这类技术未来还可能增加投资。下节重点论述相关技术挑战和 NASA 如何应对这些挑战，以及这些挑战对 NASA 和美国的影响。本节信息主要来源于 2015 年 NASA 技术路线图，NASA 相关技术数据库资料、TechPort 信息，以及各任务部提供的信息。

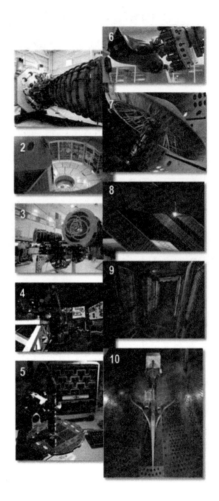

图 5　关键技术门类的十大领域

## 增强技术的投资

2017 年《战略投资管理规划》关注改善任务表现。增强型技术占 NASA 整个技术投资组合比重的约 20%。为支持《战略投资管理规划》确定的战略，必须对增强性技术进行投资。增强技术能够对现有技术或能力加以完善，提升其性能、安全性和可靠性，从而降低系统风险。

增强性技术涵盖众多的技术研发需求。例如，放射性同位素和化学发电、机器人系统的活动部件、科学仪器中的光学元件以及结构测试工具和方法，都属于增强性技术领域。除 NASA 外，国际社会和其他国家政府机构也把增强性技术列为优先开发内容。例如，美国政府其他机构和国外空间机构对合作开发化学传感器、小型化遥测装置、居所和先进制造等增强技术表现出浓厚兴趣。商业界则比较关注医疗诊断和预后技术、无源热控制技术以及低温液体传输机制。总之，通过为已知任务需求提供能力改善，增强性技术可帮助 NASA 实现其四大战略投资目标。

# 革命性技术的投资

2017 年《战略投资管理规划》确定的革命性技术投资将为未来任务提供全新的技术。这类技术投资比例将占 NASA 总技术投资额的 10% 左右。革命性技术通常是不够成熟的技术，也为现有解决方案提供了一个全新选择。革命性技术的研发投资通常具有更高的风险，同时也有较高的回报，与此同时，革命性技术能显著降低成本、提高安全性和可靠性，并使能力得到极大提升。革命性技术投资令 NASA 始终处于创新前沿，这类技术涵盖深空推进系统、革命性通信和导航技术以及纳米技术等众多技术领域。

通信和导航方面的革命性创意，包括 X 光和量子技术，有望给现有的光学和无线电系统带来颇有价值的替代方案。然而，只有对这些领域持续的投资，才能推动革命性技术的不断进步，帮助 NASA 更好地了解和验证未来通信和导航的潜力，并有望使 NASA 的任务发生革命性转变。

NASA 另一项革命性技术投资是美国空天系统中的自主飞行系统，具有深远的意义。用于检测、验证、认证的方法将帮助可信的人机系统协作，并应用于自主系统。通过对此类革命性技术的投资，加之对其他更为成熟技术的投资，NASA 将更能有效权衡高风险、高回报技术的研发投入。

# 美国国家航空航天局 2016 技术路线图再评估

## 概要

历史上，在航空航天领域，美国政府机构和商业部门一直是全球的引领者。保持这一领导地位的关键因素是不断研发先进技术，这对实现美国的太空梦想，包括载人火星探索任务，都至关重要。NASA 正在实施一系列航空和航天技术计划，通过制定路线图流程，确定技术需求，并改善整个技术研发管理能力。2010年，NASA 制定了 14 个技术领域路线图草案，以指导航天技术的研发。这些路线图经过国家科学、工程和医学院的外部评审①。相关评估报告参见 2012 年国家研究委员会报告《NASA 航天技术路线图和优先排序：重振 NASA 技术优势与辅平航天新纪元之路》，该报告指出："随着美国航天任务的扩展，所需技术的研发变得更为模糊，因此应加倍努力，制定和评估具有前瞻性的技术研发计划②。

2015 年，NASA 发布经过修订的技术路线图。来自载人探索和运行任务部及科学任务部的一个重大变化是，根据特定设计参考任务（DRMs），把技术分为使能技术和增强技术，并对技术与

---

① 从 2015 年 7 月 1 日起，该机构被命名为国家科学、工程和医学院，在此之前从事该活动的机构在本报告中沿用其历史上的国家研究委员会这一说法。

② 国家研究委员会主编，《美国航空航天局空间技术路线图和优先事项》，2012 年，p. 11。

任务的相关性进行了评估①。同年，NASA 要求国家研究委员会对 2015 年技术路线图中新引入技术的优先级进行评估②。负责组织上述评估任务的 NASA 技术路线图委员会还被要求就未来技术路线图的更新提出独立评估的方法建议，每 4 年进行一次评估。

### 技术领域分解结构

2015 年 NASA 路线图采用 4 级技术领域分解结构进行组织。第一层级为技术领域(TA)，也是各个技术路线图的名称：

- 技术领域 1：发射推进系统；
- 技术领域 2：空间推进技术；
- 技术领域 3：空间动力和储能；
- 技术领域 4：机器人与自主系统；
- 技术领域 5：通信、导航和轨道碎片的跟踪和表征系统；
- 技术领域 6：人类健康、生命保障及居住系统；
- 技术领域 7：载人探索目的地系统；
- 技术领域 8：科学仪器、观测站和传感器系统；
- 技术领域 9：再入、下降及着陆系统；
- 技术领域 10：纳米技术；
- 技术领域 11：建模、仿真、信息技术和信息处理；
- 技术领域 12：材料、结构、机械系统及制造；
- 技术领域 13：地面及发射系统；
- 技术领域 14：热管理系统；
- 技术领域 15：航空技术。

每个路线图还包含第二层级(技术分领域)、第三层级(相关

---

① NASA《技术路线图：引言，跨学科技术及附录》，华盛顿特区，2015 年，7 月，从 i-61 到 i-67 页。

② 本项研究并未对航空技术进行评估。航空技术首次列入 2015 年路线图，因此 2012 年国家研究委员会报告没有给出进行评估的基准。

技术)和第四层级(研究任务)。2012 年国家研究委员会报告重点关注对层级 3 技术的评估。2010 年 NASA 路线图草案的技术领域分解结构包含了 320 项三级技术。2012 年国家研究委员会评估报告建议修改为包含 295 项三级技术。2015 年 NASA 路线图技术领域分解结构包含 340 项三级技术。不同版本中技术领域分解结构数量的净增加源于多种因素：增加、删除、修订、合并了许多技术。通过对比 2010 年、2012 年和 2015 年技术领域分解结构(参见附录 B)可以发现，42 项技术符合本报告定义的"新"技术标准，这些新技术所在技术领域如下：

- 技术领域 1：发射推进系统(11 项新技术)；
- 技术领域 4：机器人和自主系统(11 项新技术)；
- 技术领域 5：通信、导航和轨道碎片的跟踪和表征系统(4 项新技术)；
- 技术领域 7：载人探索目的地系统(1 项新技术)；
- 技术领域 9：再入、下降及着陆系统(3 项新技术)；
- 技术领域 11：建模、仿真、信息技术和信息处理(8 项新技术)；
- 技术领域 13：地面及发射系统(3 项新技术)；
- 技术领域 14：热管理系统(1 项新技术)。

## 高优先级技术

委员会沿用了 2012 年评估报告采用的优先级制定程序，对上述新技术进行了评估，其中，5 项新技术被列为高优先级。

发现 1：根据对 2015 年 NASA 路线图列为三级的 42 项新技术的评估分析，其中 5 项新技术被增加到 2012 年国家研究委员会确立的 83 项高优先级技术列表(按编码排序)中，分别是：

- 4.3.7 抓取技术；
- 4.4.8 远程交互；

- 9.2.7 地形相关传感和表征；
- 9.2.8 自主目标锁定；
- 14.3.2 热防护系统建模和仿真。

### 技术 4.3.7 抓取技术

抓取系统被列为高优先级技术，因为此类技术可以实现对小行星及源于小行星天体的物理捕获，还可以实现在上述天体上固定无人航天器，以及捕捉自由飞行的航天器。因此，抓取技术有助于将小行星由原来轨道上转移至绕月轨道、人工收集绕月轨道天体的采样并送返、缓解轨道碎片、保护地球免于小行星碰撞，并帮助在轨装配大型航天器，支撑未来探索任务。潜在的商业应用包括安全地对巨石大小的小行星进行细致采样和处理，以进行商业航天资源开发，以及把失效卫星安全带返、处理、营救或修复。近期签署的美国《商业航天发射竞争法案》赋予美国公民相关权利，即可享有从任意小行星上获取（抓取并带回地球）太空资源的权利，这一法案可能引发人们对小行星进行商业开采的兴趣。即便如此，NASA 仍把抓取技术视为高优先级，这是因为国家其他政府机构和行业的相关研究工作很可能无法满足 NASA 的特定需要，尤其是即将面临小行星重定向任务时间节点。

4.3.7 节"抓取技术"与 4.6.3 节"对接和捕捉机构及接口"存在部分重复。但是，4.6.3 节"对接技术"更注重两个航天器之间的对接，而 4.3.7 节"抓取技术"还涉及两个自然物体的相互作用，例如小行星或小行星上的石块抓取。小行星属于大质量翻滚目标，具有结构不规则的物理特性，需要新的抓取技术以实现抓取小尺寸的小行星，或从大尺寸小行星上抓取岩石。

从小行星表面抓取、装载前机动、样品送返是 NASA 无人和载人探索从未面临的新任务，难以从国防部或其他机构的航天航空研究中借鉴相关经验。可以实现对石块、其他自然天体和空间飞行器可靠物理捕捉的抓取技术研发将大大简化对抓取系统机器控制指令的需求。人们对技术领域 4 的路线图中这一技术的缺失表示了关注，其中仅包含了一项四级研究任务，也没有像三级技术那样给出细致描述。另一项 4 级任务可以是非刚性抓取方式，从而捕捉大型旋转的物体(例如探讨固定在可调节系绳上的抓手)，以阻止旋转并将物体可靠固定在航天器上(或将航天器及其发动机可靠固定在该物体上)。

### 技术 4.4.8 远程交互

远程交互被赋予高优先级，因为根据定义，远程交互是指人们利用控制和通信方法远程操控自主系统和机器人系统。监督式控制需要利用较高的目标指令而非低端命令控制对机器人，这要求机器人系统具有全自主或半自主能力。这一技术有助于实现颠覆性科学和探测任务，例如在遥远星球的无人任务及很少需要人工监督的同步无人任务。远程交互所涉及技术还包括对远程系统的人工控制、对系统状态的人工监控、评估任务进展、观察遥远环境以及进行操作决策，如战术规划等。

### 技术 9.2.7 地形相关传感和表征

近期继新地平线到冥王星探索任务成功完成后，NASA 完成了对整个太阳系的探索。NASA 正继续着行星探索任务，更加注重在行星表面进行探索。该项技术将实现"对科学关注区域或预先部署资产安全精确着陆的高速、高精度测量算法。"[①]因此，9.2.7 技术将在这方面实现许多关键任务，可能会引起很多惊人的发现。对技术领域 9 的三级技术所做的评估中，地形相关传感和表征技术最有发展前景。该项颠覆性技术有助于未来 20 年实现目前尚无法完成的新任务。在载人和无人探索领域，该技术将对多项任务产生较大影响。该技术对航空航天领域具有广泛意义，

---

① 2015 年 NASA 技术路线图：技术领域 9：再入、下降和着陆系统，华盛顿特区，p. TA9 - 25.

且已为商业和军用自主车辆,如快速发展的无人机所运用。

### 技术 9.2.8 自主目标锁定

自主目标锁定与 9.2.7 节"地形相关传感和表征"关联度极高,也被视为需要优先发展的技术门类,原因是这一技术具有颠覆性潜力,可以帮助实现数项新任务,例如新疆界任务。通过改善车辆着陆点和探测点地形评估和表征能力,该项技术有助于实现下一步目标自主锁定,这一技术能力十分关键,因为遥远的星际间距离令远程引导变得十分困难甚至完全没有可能。即便对载人任务,该项技术对确保安全着陆也十分关键。与技术 9.2.7 一样,该项技术对航空界很多商业和军用自主车辆具有中度影响。

### 技术 14.3.2 热防护系统建模和仿真

热防护系统(TPS)建模和仿真被定为高优先级技术,原因是在高速进入地球、火星和其他星体大气层过程中,有效热防护层的设计面临的一个主要局限性在于较高辐射震动建模存在不确定性。早期热防护系统的设计大多基于经验,或在地球大气层中进行的全面直接(费用不菲)试验。由于大气层再入面临极端环境,因此建造地面测试设施既昂贵又困难。基于物理模型的计算方法,包括建模材料,正在改善实验室试验和飞行试验热防护系统的验证方法,上述模式可以更可靠地预测热防护系统性能。但是还应进行进一步研发,以便大幅度降低设计余量,从而为降低重量树立更大信心。提升再入冲击物理建模的精度、热辐射建模精度,以及精确评估热冲击、热辐射和热烧蚀层之间的相互作用,均面临重大挑战。借助这一技术,可有些应对上述挑战。目前,火星往返任务的不确定性范围在 +80% ~ −50% 之间,其他目的地探索任务的不确定性也各有不同①。对所有行星探索任务来说,技术 14.3.2 的建议研究目标是将不确定性降低至 25% 以下。不确定性

---

① 2015 年 NASA 技术路线图,技术领域 14:热管理系统,p. TA14 - 32。

的降低将能够使热防护层质量减少，从而降低空间飞行器质量和/或增加有些载荷质量。该类技术与 2012 年被认定为具有高优先级的 X.5 再入、下降和着陆热保护系统关系密切，而前者包含刚性和柔性系统。为推动该类技术发展和实现其最大潜力，必须改善其建模技术。如技术领域 14 路线图所述，"该技术发展面临的重大挑战是，此类技术的飞行和地面试验数据的不足"（第 TA14-93 页）。

### 最高优先级技术

2012 年，国家研究委员会报告根据相关技术对下述三大技术目标的重要程度，确定了最优先发展的技术门类：

● 技术目标 A，载人太空探索：将载人太空探索的范围扩展到近地轨道以远。该目标主要关注载入探索任务。

● 技术目标 B，现场测量：探索太阳系的演变以及地外生命的可能性。这一目标包括无人和载人探索任务。

● 技术目标 C，远程测量：增加人类对地球和宇宙的认识。该目标主要关注无人探索任务。

NASA 进行的空间科学、地球科学和宇宙探索任务均针对上述三大目标。2012 年国家研究委员会报告并未评估或论述上述技术目标的相对优先程度。

2012 年报告给出了 16 项最高优先级技术。但是其中 5 项是相关技术群，分别命名为 X.1 至 X.5。因此这 16 项最高优先级技术（单项技术或技术群）总共包含 31 项单项技术①。

在 2012 年国家研究委员会报告的基础上，委员会将新增加的 5 项高优先级技术中的 3 项列为最高优先级技术。新的最高优先级技术群构成如下，其中还引入了 2012 年国家研究委员会报告中建议的两项技术，新的最高优先级技术情况如表 S.1 所示。在上

---

① 如表 S.1 所示，16 门类技术分别针对不同的技术目标。

述相关列表中，新增加的技术项用阴影表示。

X.1 载人太空飞行的辐射缓解

6.5.1 辐射风险评估和建模

6.5.2 辐射缓解①

6.5.3 辐射防护系统

6.5.4 辐射预测

6.5.5 辐射监视技术

X.2 轻质和多功能材料及结构

10.1.1(纳米)轻质材料及结构

12.1.1 材料：轻质结构

12.2.1 结构：轻质概念

12.2.2 结构：设计及验证方式

12.2.5 结构：创新、多功能概念

X.3 环境控制和生命维持系统(ECLSS)

6.1.1 环境控制和生命维持系统：空气净化

6.1.2 环境控制和生命维持系统：水回收和管理

6.1.3 环境控制和生命维持系统：垃圾管理

6.1.4 环境控制和生命维持系统：居所

X.4 引导、导航和控制(GN&C)②

4.6.2 相对引导算法(用于自主机动和对接)③

5.4.3 机载自主导航和机动(用于定位、导航和授时)

9.2.7 地形相关传感和表征(用于下降和目标锁定)

---

① 在 2015 年技术领域分解结构中，该类技术被重新命名为辐射缓解和生物应对措施。

② 技术 9.4.7 引导、导航和控制传感器及系统(用于再入、下降和着陆)在 2012 年国家研究委员会报告中被分为 X.4 类，但由于缺少技术内容，在 2015 年 NASA 技术路线图技术领域 9 中被删除。

③ 在 2015 年技术路线图中被重新命名为引导、导航和控制。

9.2.8 自主目标锁定(用于下降和目标锁定)

X.5 再入、下降和着陆(EDL)热防护系统(TPS)

9.1.1 刚性热防护系统

9.1.2 柔性热防护系统

14.3.1 上升/再入热防护系统

X.6 抓取、对接和处理

4.3.6 样品采集和处理(之前的机器人钻探和样品处理)

4.3.7 抓取技术

4.6.3 对接和捕捉机构及接口

表S.1 委员会2016年报告最优先技术门类最终列表

(基于技术目标,包含17项单项和群技术,每个技术目标包含9项技术)

| 技术目标A对应的最高优先级技术——载人太空探索 | 技术目标B对应的最高优先级技术——现场测量 | 技术目标C对应的最高优先级技术——远程测量 |
|---|---|---|
| 载人太空飞行的辐射缓解(X.1) | 引导、导航和控制(X.4) | 光学系统(仪器和传感器)(8.1.3) |
| 长期任务航天员健康(6.3.2) | 太阳能发电(光伏和热能)(3.1.3) | 高对比度成像和光谱技术(8.2.4) |
| 环境控制和生命维持系统(X.3) | 电推进(2.2.1) | 探测器和焦平面(8.1.1) |
| 引导、导航和控制(X.4) | 核裂变发电(3.1.5) | 轻质和多功能材料及结构(X.2) |
| (核)热推进(2.2.3) | 再入、下降和着陆热防护系统(X.5) | 低温系统的主动热控制(14.1.2) |
| 轻质和多功能材料及结构(X.2) | 现场仪器和传感器(8.3.3) | 电推进(2.2.1) |
| 核裂变发电(3.1.5) | 轻质和多功能材料及结构(X.2) | 太阳能发电(光伏和热能)(3.1.3) |

续表

| 技术目标 A 对应的最高优先级技术——载人太空探索 | 技术目标 B 对应的最高优先级技术——现场测量 | 技术目标 C 对应的最高优先级技术——远程测量 |
| --- | --- | --- |
| 再入、下降和着陆热保护系统(X.5) | 极端地形的移动性(4.2.1) | |
| 抓取、对接和处理(X.6) | 抓取、对接和处理(X.6) | |

发现 2：在评估分析的基础上，5 项新的三级技术列为高优先级技术，其中 3 项（分别为 4.3.7、9.2.7 和 9.2.8）和出现在 2012 国家研究委员会报告临时最高级优先技术清单中的 2 项（分别为 4.3.6 和 4.6.3）技术，被列入了 16 项最高优先级技术清单中，分别是：

● 技术群 X.4，即引导、导航和控制被扩充至 9.2.7 节技术"地形相关传感和表征"（用于下降和目标锁定）及 9.2.8 节"自主目标锁定"（用于下降和目标锁定）。技术 9.4.7"引导、导航和控制传感器及系统"（用于再入、下降和着陆），因无技术内容，在 2015 年 NASA 技术路线图技术领域 9 中被删除。

● 增加了一个新的技术群：X.6 抓取、对接和处理。该类技术包括 4.3.6 技术"样品采集和处理"（之前的机器人钻探和样品处理）、4.3.7"抓取技术"和 4.6.3"对接和捕捉机构及接口"。由于技术目标 A（载人太空探索任务）和技术目标 B（现场测量），X.6 技术群被新增为最高优先级技术。

# 美国国家航空航天局新型航天发射系统(火箭)任务规划指南

## 一、前言

### (一) 目的

本航天发射系统(SLS)火箭任务规划指南(MPG)主要是为未来有效载荷研制人员和用户充分了解和掌握 SLS 火箭任务初步规划保障而编制的。该文件不是作为有效载荷操作的要求性文件,而是 SLS 火箭接口/配装的组织和详细性说明性文件,类似于目前一次性运载火箭(ELV)前期可行性评估的用户指南。与 ELV 项目一样,一旦 SLS 火箭发射任务得到批准,就会编制专门的有效载荷具体要求文件。SLS 火箭用户应联系 SLS 火箭的飞船/有效载荷综合与发展(SPIE)办公室,要求提供更多有关任务规划的信息或更加详细的有关 SLS 火箭具体配装的技术意见交换。

### (二) 范围

本指南的内容主要根据用户所提出的有关 SLS 火箭适用及总体利用率等问题而编制。由于 SLS Block1 型火箭即将于 2018 年实施首次试验性飞行,以验证后续 SLS Block 1B 型火箭飞行任务中的"猎户座"飞船与 SLS 火箭系统。因此,SLS Block 1 型火箭的相关数据可能将作为 SLS Block 1B 型火箭的某些有效载荷适用及环境与飞行利用率的依据，而本指南将对这些应用的数据给予清晰的说明。随着SLS Block 1B型火箭的有效载荷的具体操作、接口及运行条件不断成熟，本指南将会陆续更新以提供最新的基础性工艺要求。

本指南中所描述的代表性工艺要求完全是代表性内容，而不是美国国家航空航天局(NASA)空间探索目的、规划、投资或要求的体现。由于SLS火箭为美国提供的是独特的发射能力且并无其他可替换的系统，因此，SLS的有效载荷应遵守美国法典50131章第51条"实施商业航天运输服务的要求"以及美国国家航天政策关于"除非国家安全或公众安全要求，应避免开展对美国商业航天活动形成阻碍、妨碍或竞争的美国政府性航天活动"的指令。

# 二、文件

## (一)应用文件

本指南仅用于参考，因此没有其他可适用的文件。

## (二)参考文件

以下文件包含了可指导用户应用本指南过程中所需的补充信息：

(1)MIL‐STD‐461F——分系统和设备的电磁干扰特性的控制要求(2007年12月10日)；

(2)NASA‐STD‐4003A——NASA运载火箭、飞船、有效载荷和飞行设备的电气联结(基本要求，2013年2月5日)；

(3)NASA‐STD‐6016——飞船的标准材料与工艺要求(基本要求，2016年11月30日)；

(4)NP‐2015‐08‐2018‐HQ——NASA火星探索任务；

（5）NPD 2570.5——NASA 电磁频谱管理（2011 年 7 月）；

（6）SLS－SPEC－159——自然环境的跨项目设计说明（DSNE）（D 版 2015 年 11 月 4 日）；

（7）SLS－SPIE－HDB－005——航天发射系统（SLS 火箭）二次有效载荷用户指南（基本要求，2015 年 2 月 6 日）。

## 三、SLS 火箭总体概况

NASA 计划于 2018 年实施其首次发射的新一代航天发射系统（SLS 火箭），能将 70 吨以上的载人空间探索有效载荷送入低地球轨道（LEO）并开展 LEO 以远的探索任务，这在过去 40 多年的美国航天史上尚属首次。SLS 火箭所具备的能力要比处于同一时期的其他运载火箭都大，运载有效载荷能力是航天飞机的两倍多。NASA 在研发 SLS 火箭的同时，还开展了其他两个探索系统——"猎户座"飞船项目和地面系统研制与运营（GSDO）项目。"猎户座"飞船可通过探索任务将航天员送入深空，而 GSDO 项目则是将肯尼迪航天中心（KSC）及其地面设施设备改造成能具备保障多类型运载火箭发射的新一代航天港。

在完成首次飞行任务后，SLS 火箭将逐步具备把更大质量的有效载荷送入 LEO 及以远之处。虽然 NASA 设计 SLS 火箭主要是用于载人空间探索，但它还可为科学研究及其他国家重要任务提供专门的有效载荷运送、体积以及操作灵活性。图 1 为上述实施能力的主要效益。

## （一）SLS 火箭各型号说明

为了能在未来载人月球和火星探索任务中最终实现将 130 吨的有效载荷送入 LEO 的目标，NASA 开展了分阶段设计的三种型号（亦称"Block"）SLS 火箭（见图 2）。

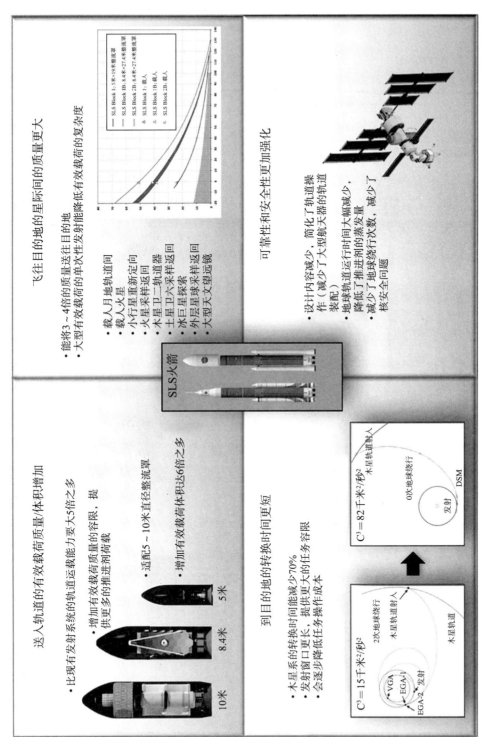

图1　SLS 火箭主要特性与任务获取的效益示意

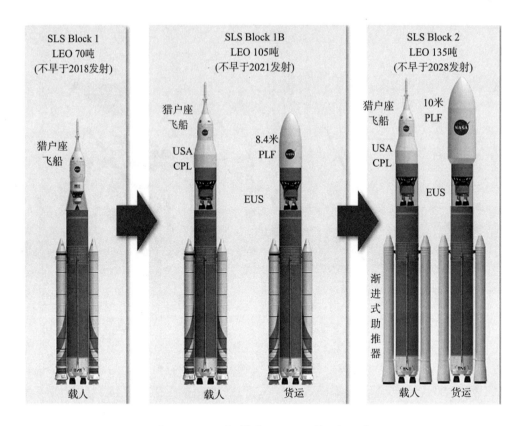

图 2　SLS 火箭各 Block 构型示意

ICPS—过渡低温推进芯级；USA—通用型芯级适配器；CPL—附属有效载荷；

EUS—探索上面级；PLF—有效载荷整流罩

SLS Block 1 型火箭的 LEO 有效载荷运载能力为 70 吨。即将在 2018 年实施的首次 SLS 火箭试验性飞行任务将携载一个无人"猎户座"飞船和若干个二次有效载荷(SPL)。命名为"探索任务"(EM－1)的该次任务的目的是验证 SLS 火箭的能力以及"猎户座"飞船从月球轨道外进行航天员安全返回的能力。

SLS Block 1B 型火箭将使用一个新研制的探索型上面级(EUS)，以达到将 105 吨的有效载荷送入 LEO 的任务目标。其载人型火箭将携载"猎户座"飞船以及通过通用型芯级适配器(USA)将搭载有效载荷(CPL)与 SPL 并合成的一个组合体。其载货型火箭能携带直径 8.4 米的有效载荷罩和 SPL。SLS Block 1B 型火箭的首飞时间将不早于 2021 年。

SLS Block 2 型火箭将使用 EUS,并将 Block1 型火箭的固体火箭助推器(SRB)替换成新研制渐进式助推器(EB),以达到将 130 吨的有效载荷送入 LEO 的任务目标。其载人型火箭将携带"猎户座"飞船以及通过 USA 将 CPL 与 SPL 并合成的一个组合体。其载货型火箭能携载直径 8.4 米和 10 米的有效载荷罩和 SPL。SLS Block 2 型火箭的首飞时间将不早于 2028 年。

从 Block1 型到 Block 1B 型,SLS 火箭的演进与发展是无法逆向兼容的。一旦 Block 1B 型火箭服役,则不再支持 Block 1 型火箭。类似的,当从 Block 1B 型发展到 Block2 型,NASA 所有任务均采用 Block 2 型火箭,则不再支持 Block 1B 型火箭。这三种型号火箭均会依据各自所携载的飞船或有效载荷(如整流罩、适配器、附属配件、分离系统及伺服装置等)而配置专用的设备。在本指南中,"飞船"是指所指定的有效载荷,如"猎户座"飞船或科研/仪器承载设备;而"货物"则是指不携载"猎户座"飞船的 SLS 火箭运送任务。

NASA 针对 SLS 火箭各型号采用的是结构体系式设计研制方法,其主要作用是:减少寿命周期项目成本,实现深空探索任务,保有关键性技术,并将现有发射场地面设施设备进行有效转换。沿用航天飞机的技术能够有效利用已经为航天飞机系统建立的各种资源,如人力、加工技术、制造工艺、供应链、运输后勤保障、地面发射设施设备、大型固体火箭发动机生产能力以及液氧/液氢推进剂设施等。

## (二)SLS 火箭坐标系统

SLS 火箭采用了航天飞机项目传统的笛卡尔右旋箭体坐标系,见图 3。

图 3　SLS 火箭坐标系

- $+X_{SLS}$ 指向火箭轴线的尾部向下位置；
- $+Y_{SLS}$ 指向右旋 (RH) 助推器中心线；
- $+Z_{SLS}$ 完成右旋法则。

注：当 SLS 火箭竖立在活动发射平台上时，右旋助推器是位于火箭的右侧 (即火箭的 $+Y_{SLS}$)。从火箭渲染视图看，$-Y_{SLS}$ 助推器反映出的是鼻锥体下方的黑色条带。

## (三) SLS Block 1B 型火箭

在 NASA 目前积极准备 SLS 火箭试验性任务 (Block 1 型火箭) 之际，也早已开始 Block 1B 型火箭的设计研制，EUS 的设计研制是为了使 Block 1B 型火箭的 LEO 运载能力达到 105 吨。Block 1B 型火箭的主芯级仍采用 Block 1 型火箭的主芯级，只有少量分系统进行了改动。这种保持与 Block 1 型火箭类似的飞行硬件和地面系统接口的通用性设计研制策略能够有效地减少 Block 1B 型火箭的设计研制成本与风险。图 4 为载人型 Block 1B 型火箭的详细构成，图 5 则为载货型 Block 1B 型火箭的详细构成。

### 1. SLS Block 1B 火箭的主芯级

SLS Block 1B 火箭的主芯级直径 8.4 米，高 61 米，由 NASA 马歇尔航天飞行中心 (MSFC) 的米楚德装配制造厂 (MAF) 建造。MAF 曾建造过"土星"火箭各芯级和航天飞机的外贮箱。SLS Block 1B 火箭的 RS－25 主发动机使用液氧/液氢推进剂。RS－25 发动机有着 135 次飞行任务 (400 多次的飞行中发动机燃烧成功) 达到 100%成功率的记录，地面热战火试验的燃烧时间累积达到超过 100 万秒。

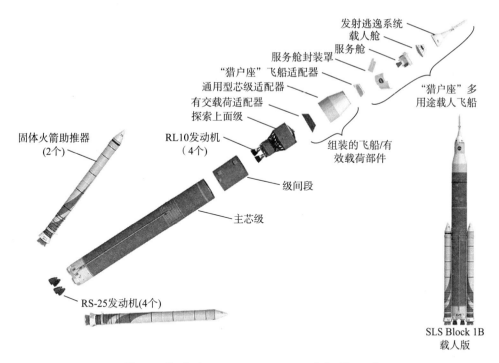

图 4 载人版 SLS Block 1B 型火箭示意

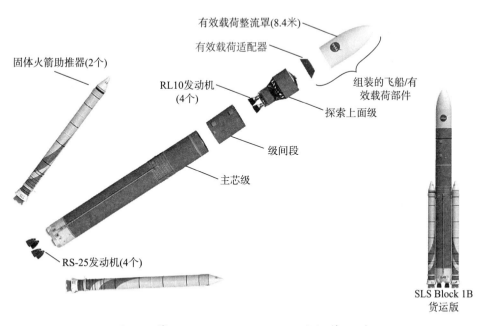

图 5 货运版 SLS Block 1B 型火箭示意

### 2. SLS Block 1B 火箭的固体火箭助推器

发射 SLS 火箭的推力大部分来自其捆绑的两个固体火箭助推器(SRB)，这也是沿用航天飞机项目的产品。NASA 针对 SLS 火箭项目的任务需求，将航天飞机时期的 4 段式 SRB 升级改造成更强大的 5 段式 SRB，将固体火箭发动机、电子设备与控制系统和无石棉绝缘材料等进行更新升级，但同时保留航天飞机时期的前端结构件、金属壳件、后裙、推力向量控制部件等。

### 3. SLS Block 1B 火箭的探索上面级

图 6 为 NASA 目前正在设计研制新型的探索上面级(EUS)，它主要为有效载荷提供相应的上升/圆化和空间运输。EUS 配置了 4 台 RL10 - C3 液氧/液氢发动机来提供动力。在 EUS 运行期间，当使用无源热控制系统减少低温推进剂蒸发时，则由箭载电池提供电子动力。EUS 通过一个直径 8.4 米的级间段与 SLS 火箭主芯级连接。8.4 米的 EUS 前端适配器与由有效载荷适配器和/通用型芯级适配器(USA)构成的有效载荷组件连接。该有效载荷组件在为搭载有效载荷或二次有效载荷提封闭的同时，还为"猎户座"飞船提供一个标准接口。对于非载人型任务，EUS 则为各类有效载荷适配器或有效载整流罩提供相应的接口。

通用型芯级适配器　　　探索上面级　　　级间级

5.5米　　8.4米

图 6　SLS 火箭探索上面级(EUS)示意

## (四) SLS Block2 型火箭

图 7 为货运版 SLS Block 2 型火箭的主要构成，载人版 SLS Block 2 型火箭则是用猎户座飞船/USA/有效载荷适配器替换 PLF/有效载荷适配器。SLS Block 2 型火箭采用渐进式助推器替换现有的

五段式 SRB，以使该型火箭的 LEO 运载能力达到 130 吨或以上。该型火箭还可利用未来技术发展以具备实现载人探索火星的能力。

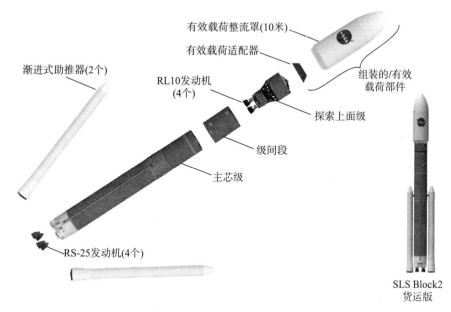

图 7　货运版 SLS Block 2 型火箭示意

## 1. SLS Block 2 型火箭的主芯级

SLS Block 2 型火箭的主芯级基本保持与 Block 1B 型的主芯级相同设计，无变化。

## 2. SLS Block 2 型火箭的渐进式助推器

采用渐进式助推器替换现有的五段式 SRB，可为 SLS Block 2 型火箭提供超过 Block 1B 型火箭更多的改进性特性。

## 3. SLS Block 2 型火箭的探索上面级

EUS 的直径 8.4 米前端适配器能够配装采用有效载荷适配器/USA 组成的"猎户座"飞船和搭载有效载荷，或带有效载荷适配器的有效载荷整流罩。目前，SLS Block 2 型火箭可以配装各种长度的直径 8.4 米和 10 米的有效载荷整流罩。

# （五）SLS 火箭设计研制的初始时间表

图 8 为 2018 年 SLS 火箭首飞任务（EM－1）及其相关地面设施设备测试的设计研制时间表与主要进度。

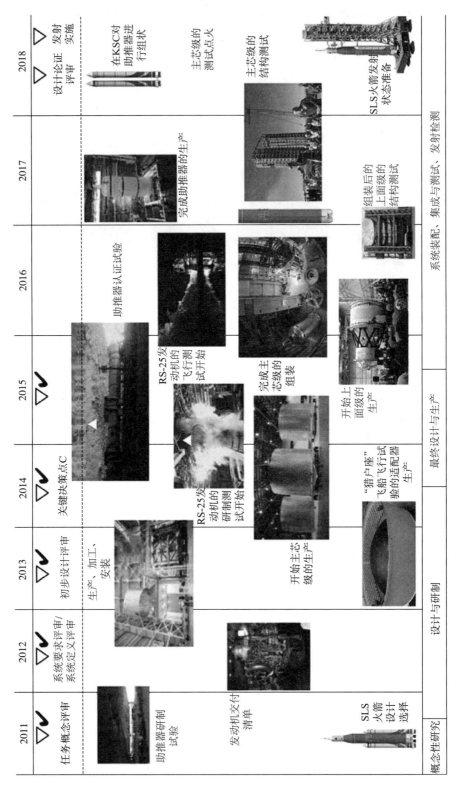

图 8　用于 SLS 火箭首次飞行任务（EM-1）的设计研制时间与主要流程示意

EM‒2 任务将按照 EM‒1 任务的设计研制与飞行测试方法进行实施，并增加新研制的 EUS、USA 或 PLF 以及有效载荷适配器，以完成 2021 年的 SLS Block 1B 型火箭的发射。

# 四、SLS 火箭任务设计与技术性能

## (一)任务轨迹与技术性能选项

NASA 的火星探索之旅将要经过三个发展阶段，每个阶段都会随着载人飞行任务距离地球愈远而面临不断出现的技术挑战。见图 9。

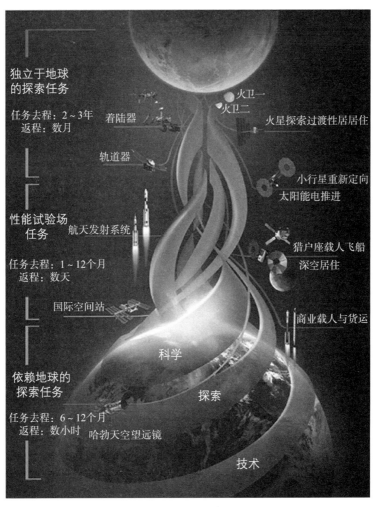

图 9　NASA 火星探索之旅的三个实施阶段示意

(1)依靠地球的探索任务

依靠地球的探索(Earth Reliant Exploration)任务主要针对国际空间站(ISS)上的各项研究。NASA 将在 ISS 上测试验证各种技术,推进人类健康与性能研究,以此实现深空、长期性的探索任务。主要包括:

- 人类健康与行为研究;
- 先进通信系统;
- 材料可燃性测试;
- 舱外操作;
- 火星任务级环境控制与生命保障系统;
- 3D 打印;
- 针对原位资源利用演示验证的材料处理试验。

(2)技术性能试验场任务

在性能试验场(Proving Ground)任务中,NASA 可以掌握如何实施让航天员在深空环境经过数天时间返回地球的复杂性操作。通过月地轨道空间的初期操作,NASA 可以推进和验证用于火星载人探索任务的各项技术能力。主要包括:

- 始于 2018 年 EM‐1 任务的一系列探索任务;
- 2020 年实施的小行星重新定向机器人任务将从近地球小行星上采集一大块砾石,并将其送到性能试验场,然后通过小行星重新定向载人任务让航天员对该小行星砾石进行研究与取样;
- 针对用于测试诸如交会与对接以及先进信息技术方案等自主操作的长期性系统而建立的初期深空居住设施;
- 通过对消耗品、包装和材料的减少、再利用和循环来降低补给需求的概念性研究;
- 能具备独立于地球探索任务所需的其他关键性运行能力。

(3)独立于地球的探索任务

独立于地球的探索(Earth Independent Activities)任务主要基于

NASA 在 ISS 和月地轨道间探索任务所积累的技术知识与经验，实现包括火星"月球"及最终火星表面在内的近火星区域载人探索任务。NASA 拟通过火星载人探索任务，以推进目前只能通过机器人探索所开展的各项科学技术。未来火星探索任务将代表着 NASA 及其合作方的共同努力———项标志着人类探索火星将从参观游览转为居住的全球性成果。主要包括：

- 在可为居住者保障数年的过渡与表面居住地内进行工作和生活，只进行常规性维护；

- 采集火星资源，以生成所需的燃料、水、氧，并制造相应的材料；

- 利用先进的通信系统，在 20 分钟内将科学探索任务的数据和成果进行传递。

图 10 为保障火星探索之旅的三个阶段而设定的标准 SLS 火箭目的地飞行任务：地球轨道、近月区域以及地球逃逸。

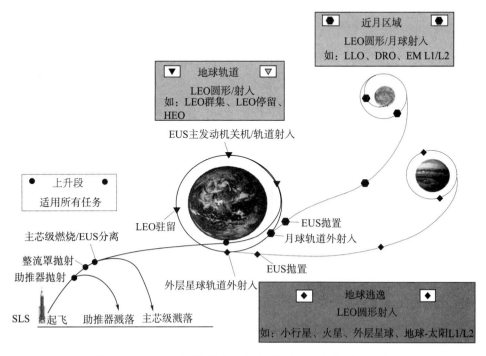

图 10    SLS 火箭的标准飞往目的地任务示意

## 1. 标准上升段曲线图

图 11 为 SLS Block 1B 型火箭的标准上升段曲线图。

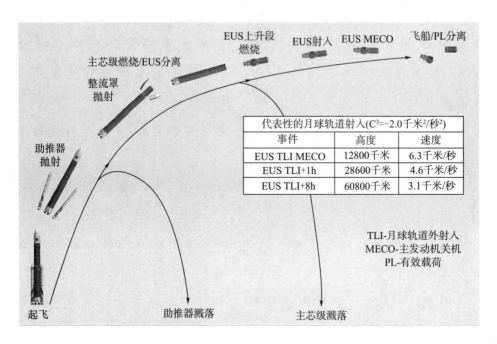

| 代表性的月球轨道射入(C³=-2.0千米²/秒²) | | |
|---|---|---|
| 事件 | 高度 | 速度 |
| EUS TLI MECO | 12800千米 | 6.3千米/秒 |
| EUS TLI+1h | 28600千米 | 4.6千米/秒 |
| EUS TLI+8h | 60800千米 | 3.1千米/秒 |

TLI-月球轨道外射入
MECO-主发动机关机
PL-有效载荷

**图 11　SLS Block 1B 型火箭的标准上升段曲线图**

探索上面级(EUS)不仅应用于 SLS Block 1B 型火箭在上升段穿过地球大气层，而且还能为运载器提供所需的空间射入燃烧。EUS 可实施数次发动机启动，其中一次就是在上升段。在图 11 中给出可代表所有飞行任务事例的上升段曲线的同时，还给出了具代表性的月球射入能量公式 $-C^3=-2.0$ 千米²/秒²，以此为运行在月球轨迹上的飞船/有效载荷所用的高度与速度提供参考。

在具体任务的详细设计阶段，上升段曲线会基于若干决定因子而发生变化，其中一个决定因子是主芯级须在轨迹内燃烧而尽，以免对陆地产生影响，而另一个决定因子则是推进主芯级燃烧时的高度与速度矢量的有效载荷与探索上面级的质量。

需注意的是，为避免地面超界飞行或为确定目标轨道而启动轨道平面调整所实施的特殊上升操纵可能会影响到相应的任务技术性能与地面落点区。虽然整流罩分离会基于上升段的有效载荷要求、运载火箭性能及大气加热等因素而发生变化，但通常整流罩是在主芯级燃烧过程中自由分子加热率降到 1136 瓦/平方米时进行抛置。如果某一任务要求一个低轨迹，则整流罩可能会在火箭芯级分离过程中保持原状态而在 EUS 燃烧时进行抛置。基于燃料的消耗率和不同的有效载荷质量与目标轨道，助推器及后续主芯级的分离会在上升段的不同轨迹位置进行。

## 2. 地球轨道的轨迹

图 10 标出的地球轨道的轨迹包含 185 千米低轨至 3700 千米高轨范围内的活动。

对于 SLS Block 1B/2 型火箭，EUS 将完成上升段燃烧的最后部分，并将自己和相应的有效载荷射入至某一地球轨道。EUS 可在该轨道上来回飞行(驻留)一段时间以实施其最后燃烧，而具体驻留时长则基于任务推进需求与 LEO 的推进剂蒸发度之间的平衡。EUS 的最后燃烧可将有效载荷送入一个较高的地球轨道。载人任务的有效载荷与 EUS 的分离则在"猎户座"飞船和通用型芯级适配器完成分离并获得一定安全距离后方可实施，而此项操作将根据具体的任务要求在发射后约 5~8 小时内进行。货运任务的有效载荷与 EUS 的分离则在有效载荷整流罩抛置后方可实施，而此项操作将根据具体的任务要求在发射后约 1~8 小时内进行。

对于 LEO 运输任务，EUS 将会在进入某一椭圆轨道后按需进行一次圆化/近地点燃烧，然后将有效载荷置入 LEO。在有效载荷分离后，EUS 将返回地球大气层进行最后处置。而另外一种方案则是由 EUS 直接将有效载荷置入某一圆形轨道，然后进行 EUS 的最后处置。

## 3. 近月区域的轨迹

对于近月区域的飞行任务，在 EUS 启动月球轨道外射入(TLI)燃烧之前，有效载荷在 LEO 上的停留时间有限。图 12 所示意的是一个代表性的 SLS Block 1B 火箭绕月球飞行任务(即近直线晕轨道, NRHO) 曲线, 其中, EUS 在将其本身和有效载荷射入 LEO 之前进行最后的上升段燃烧。

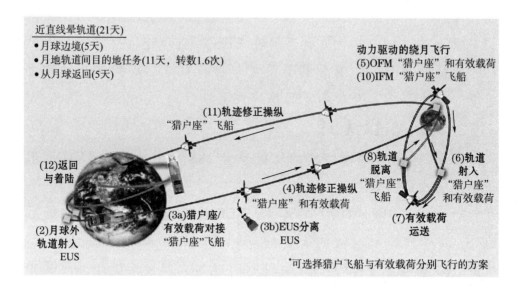

图 12　代表性的 SLS Block 1B 型火箭绕月飞行任务曲线(NRHO)示意

EUS 在完成其最后燃烧之前可按预定的时间要求在 LEO 上停留, 而这段时间的长短则基于任务推进需求与 LEO 的推进剂蒸发度之间的平衡。随后, EUS 将进行一次月球转移轨道射入燃烧。对于载人型任务, 其有效载荷则届时在"猎户座"飞船和通用型芯级适配器完成分离并获得一定安全距离后与 EUS 分离, 而此项操作将根据具体的任务要求在发射后约 5~8 小时内进行。对于货运型任务, 有效载荷则在有效载荷整流罩抛置后方可与 EUS 的分离, 而此项操作将根据具体的任务要求在发射后约 1~8 小时内进行。

## 4. 地球的轨迹

图 10 已标出了地球逃逸的轨迹线。在完成上升及有效载荷整流罩分离后, SLS 火箭的 EUS 将进行上升段的最后燃烧并将其本身和相关有效载荷射入至圆形或椭圆形轨道。EUS 在 LEO 完成其最后燃烧之前可按预定要求在该轨道上停留一段时间, 而具体时

长则基于推进剂荷载与 LEO 的推进剂蒸发度之间的平衡。随后，EUS 将进行一次地球重力逃逸的射入燃烧，而此项操作则可根据具体任务的需求在在发射后约 1~8 小时内的任一时段实施。

## (二) SLS 火箭目的地任务技术性能

### 1. SLS 火箭质量输送技术性能定义

鉴于 SLS 火箭所配置的有效载荷的可行范围，用户在为飞船/有效载荷确定"可用性"技术性能数据时，了解和掌握 SLS 火箭目的地任务的技术性能数据统计是很重要的。

为此，本指南在图 13 中给出了货运版飞行任务应使用的 SLS 火箭质量输送定义。

图 13　货运版 SLS 火箭的质量运送定义

(1) 在 LEO 的射入质量(IMLEO)

● 包括上面级的干质量、未用的上面级在轨燃料及有效载荷系统质量。

（2）有效载荷系统质量（PSM）

● 货运版的有效载荷体积（整流罩单独计算）；

● PSM 等于 IMLEO 减去上面级燃烧质量；

● 包括飞船／有效载荷及需与上面级接口的有效载荷适配器的质量。

（3）可用性有效载荷系统质量（可用 PSM*）

● 可用性有效载荷系统质量等于 PSM 减去项目经理掌握的裕量（PMR）；

● 见 4.2.2 了解 SLS 火箭的 PMR 计算方法。

（4）飞船／有效载荷

即用户提供的、由 SLS 火箭送往空间目的地的物品。可参照"德尔它"4 火箭的可用荷载质量及"宇宙神"5 火箭的有效载荷系统重量。

由于增加了通用型芯级适配器，因此与载人型飞行任务的飞船／有效载荷运送（如搭载有效载荷，CPL）相关的技术性能计算与一般性的 ELV 火箭飞行任务的有所不同。见 4.2.5 了解 CPL 的技术性能定义。

## 2. SLS 火箭技术性能裕度／裕量计算方法

由于目前 SLS Block 1B 型和 2 型火箭仍处于研制中，因而所有技术性能估算数据还包括适当的 SLS 火箭技术性能数据的裕量。本指南对这些技术性能裕度／裕量给予充分说明，但不可用于有效载荷（如：可用性 PSM 不包括项目经理掌握的任何技术性能裕量）。

质量增长裕度（MGA）是在硬件质量进入全部设计和构建之前用于准确预测硬件质量的指标，包含在硬件质量估算值中。MGA 的具体值则基于每项设计范围的精确度而在系统间存在差异。项目经理裕度（PMR）是包含在裕量中的技术性能分配指标，主要应对设计研制过程中的意外事件（如运载火箭要求的变更等）。尽管存在着 SLS 火箭惰性质量的潜在增长或火箭推进系统的技术性能低于预期，但在 SLS 火箭的整个设计研制过程中将始终保有 MGA和 PMR 这两个指标，以确保技术性能能满足项目目标。除了MGA 和 PMR 这两个设计研制性裕度外，飞行技术性能裕度（FPR）则是一个操作性裕度。这项包含在火箭裕量中的技术性能分配指标能反映出发射环境中的每天变化情况和硬件技术性能的允许变量。本指南中的有效载荷技术性能预测值无需采用上述裕度/裕量进行删减。

## 3. SLS 火箭地球轨道任务技术性能

SLS Block 1B/2 型火箭在各种地球轨道上的技术性能数据见图 14、图 15 和图 16。

除非另有说明，则本指南中的所有轨道均为 28.5 度倾角，有效载荷整流罩直径 8.4 米，长 27.6 米。由于一直未确定主芯级的抛置位置，因此最后的技术优化将包括主芯级抛置目标确定，而这将可能影响到技术性能的预测。任务规划人员可以逐案评估的方式对更具体的技术性能指标进行鉴定。

图 14 列出了使用 8.4 米整流罩的 SLS Block 1B/2 型火箭在圆形地球轨道上的可用性有效载荷系统质量。针对 Block 1B 型火箭所给出的最小和最大技术性能数据，是基于目前采用 8.4 米整流罩的火箭型号的设计研制研究而分别表示初始技术性能(最小)和目标技术性能(最大)。Block 2 型火箭的技术性能数据则基于采用 8.4 米整流罩的渐进型助推器方案的最小技术性能数据的当前估算值。

图 15 列出了使用 8.4 米整流罩的 SLS Block 1B/2 型火箭在椭圆形地球轨道上的可用性有效载荷系统质量。推进剂从 EUS 上卸载以使有效载荷的提升能力最大化。针对 Block 1B 型火箭所给出的最小和最大技术性能数据，是基于目前设计研制研究而分别表示初始技术性能(最小)和目标技术性能(最大)。Block 2 型火箭的技术性能数据则基于渐进型助推器方案的最小技术性能数据的当前估算值。

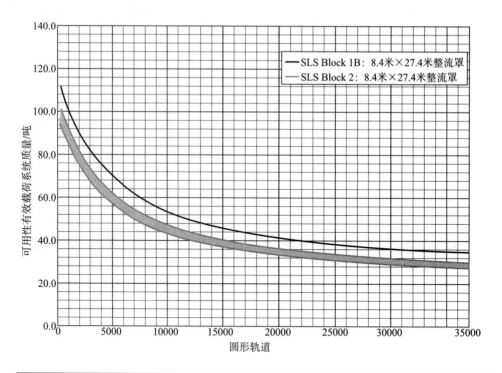

| 可用性有效载荷系统质量/吨 | | | | | | | | | |
|---|---|---|---|---|---|---|---|---|---|
| 远地点 | SLS Block 1B 直径8.4米 整流罩/吨 | | SLS Block 2 直径8.4米 整流罩/吨 | 远地点 | SLS Block 1B 直径8.4米 整流罩/吨 | | SLS Block 2 直径8.4米 整流罩/吨 | 远地点 | SLS Block 1B 直径8.4米 整流罩/吨 | | SLS Block 2 直径8.4米 整流罩/吨 |
| | 最小 | 最大 | | | 最小 | 最大 | | | 最小 | 最大 | |
| 463 | 94.0 | 100.7 | 108.3 | 2593 | 72.7 | 77.9 | 84.2 | 9260 | 46.7 | 50.2 | 55.1 |
| 556 | 92.7 | 99.3 | 106.9 | 2963 | 70.1 | 75.1 | 81.2 | 11112 | 43.4 | 46.7 | 51.4 |
| 648 | 91.6 | 98.1 | 105.6 | 3334 | 67.7 | 72.6 | 78.6 | 12964 | 40.9 | 44.0 | 48.4 |
| 741 | 90.4 | 96.8 | 104.3 | 3704 | 65.6 | 70.2 | 76.1 | 14816 | 38.9 | 41.9 | 46.0 |
| 926 | 88.2 | 94.4 | 101.8 | 4074 | 63.5 | 68.1 | 73.9 | 16668 | 37.2 | 40.2 | 44.1 |
| 1111 | 86.1 | 92.2 | 99.5 | 4445 | 61.7 | 66.1 | 71.8 | 18520 | 35.9 | 38.7 | 42.4 |
| 1296 | 84.1 | 90.1 | 97.2 | 4815 | 60.0 | 64.3 | 69.9 | 22224 | 33.8 | 36.4 | 39.9 |
| 1482 | 82.2 | 88.1 | 94.8 | 5556 | 56.9 | 61.1 | 66.6 | 25928 | 32.2 | 34.7 | 37.9 |
| 1667 | 80.4 | 86.1 | 92.8 | 6482 | 53.7 | 57.7 | 63.0 | 29632 | 30.8 | 33.4 | 36.6 |
| 1852 | 78.7 | 84.3 | 90.9 | 7408 | 51.0 | 54.8 | 60.0 | 33336 | 30.0 | 32.4 | 35.4 |
| 2222 | 75.6 | 81.0 | 87.4 | 8334 | 48.7 | 52.3 | 57.4 | 37040 | 29.2 | 31.5 | 34.5 |

图 14　用于地球圆形轨道的 SLS 火箭

(直径 8.4 米整流罩) 的可用性 PSM

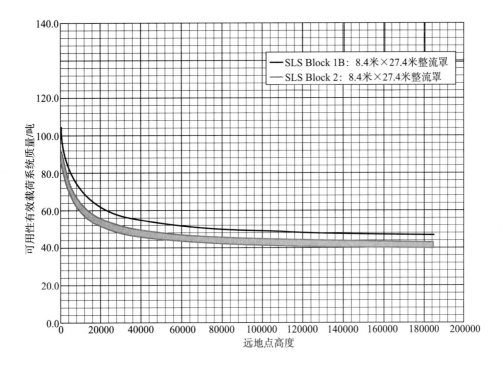

| 可用性有效载荷系统质量/吨 | | | | | | | | |
|---|---|---|---|---|---|---|---|---|
| 远地点 | SLS Block 1B 直径8.4米 整流罩/吨 | SLS Block 2 直径8.4米 整流罩/吨 | 远地点 | SLS Block 1B 直径8.4米 整流罩/吨 | SLS Block 2 直径8.4米 整流罩/吨 | 远地点 | SLS Block 1B 直径8.4米 整流罩/吨 | SLS Block 2 直径8.4米 整流罩/吨 |
| | 最小 | 最大 | | | 最小 | 最大 | | | 最小 | 最大 | |
| 407 | 91.4 | 97.7 | 105.2 | 3704 | 75.3 | 80.6 | 87.2 | 27780 | 49.3 | 53.0 | 58.1 |
| 556 | 90.4 | 96.7 | 104.1 | 4630 | 72.4 | 77.5 | 83.9 | 37040 | 46.8 | 50.3 | 55.4 |
| 741 | 89.2 | 95.4 | 102.7 | 5556 | 69.8 | 74.8 | 81.0 | 55560 | 44.0 | 47.4 | 52.1 |
| 1111 | 87.0 | 93.0 | 100.2 | 7408 | 65.8 | 70.4 | 76.5 | 74080 | 42.5 | 45.8 | 50.3 |
| 1482 | 84.9 | 90.7 | 97.9 | 9260 | 62.6 | 67.1 | 72.9 | 92600 | 41.5 | 44.8 | 49.1 |
| 1852 | 83.0 | 88.7 | 95.7 | 13890 | 57.1 | 61.2 | 66.8 | 138900 | 40.2 | 43.4 | 47.5 |
| 2778 | 78.8 | 84.3 | 91.1 | 18520 | 53.5 | 57.5 | 62.9 | 185200 | 39.5 | 42.6 | 46.6 |

图 15　用于地球椭圆轨道任务的 SLS 火箭

(直径 8.4 米整流罩) 的可用性 PSM

## 4. SLS 火箭的近月球区域任务技术性能

图 16 和表 1 以 C³ 曲线与相应的 C³ 数据形式列出了 SLS Bloc 1B/2 型火箭通过 TLI（C³＝−0.99 千米²/秒²）可运送的可用性有效载荷系统质量。SLS Bloc 1B 型火箭的技术性能数据呈多个曲线是主要基于目前仍在鉴定中的不同技术性能设计研制路径；而 SLS Bloc 2 型火箭的技术性能数据则基于渐进型助推器方案的最小技术性能数据的当前估算值，随着设计方案的成熟可以获得更多的技术性能数据。目前可应用于任务规划的 SLS Bloc 1B 型和 2 型火箭主有效载荷技术性能数据则通过直径 8.4 米、长 27.4 米的整流罩来表示。直径 10 米整流罩的技术性能数据目前仍在鉴定中。

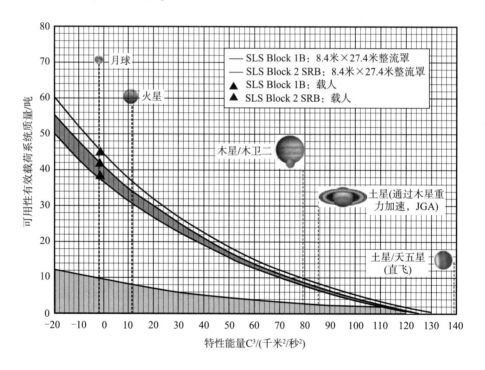

图 16　用于地球逃逸轨道任务的 SLS Block 1B/2 型
火箭的可用性 PSM

表 1　地球逃逸任务的可用性有效载荷系统质量一览表

| SLSBlock 1B 型火箭 (8.4 米×27.4 米整流罩) | | | SLSBlock 2 型火箭 (8.4 米×27.4 米整流罩) | |
|---|---|---|---|---|
| 实际 $C^3$/ (千米²/秒²) | 最小有效 载荷/吨) | 最大有效 载荷/吨) | 实际 $C^3$/ (千米²/吨²) | 有效载荷/ 吨 |
| −20 | 49.9 | 55.2 | −20 | 59.8 |
| −10 | 42.8 | 47.4 | −10 | 51.8 |
| −0.99 | 37.3 | 41.3 | −0.99 | 45.0 |
| 0 | 36.7 | 40.7 | 0 | 44.3 |
| 10 | 31.5 | 34.9 | 10 | 37.6 |
| 20 | 26.8 | 29.6 | 20 | 31.7 |
| 30 | 22.6 | 24.9 | 30 | 26.6 |
| 40 | 18.9 | 20.7 | 40 | 22.1 |
| 50 | 15.6 | 17.0 | 50 | 18.2 |
| 60 | 12.6 | 13.8 | 60 | 14.9 |
| 70 | 10.0 | 10.9 | 70 | 11.9 |
| 80 | 7.7 | 8.3 | 80 | 9.3 |
| 83 | 7.0 | 7.6 | 83 | 8.6 |
| 90 | 5.6 | 6.0 | 90 | 7.0 |
| 100 | 30.8 | 4.0 | 100 | 5.0 |
| 110 | 2.1 | 2.2 | 110 | 3.2 |
| 120 | 0.6 | 0.6 | 120 | 1.6 |
| 130 | | | 130 | 0.2 |

SL Block 1B/2 型火箭可根据需求通过通用型芯级适配器世(USA)将"猎户座"飞船和搭载有效载荷(CPL)同时运送至 LEO 或

TLI 目的地。

表 2 列明的是所估算的应用于目的地任务的 SLS Block 1B/2 型火箭的 CPL 质量数据，而其也相当于载人任务中的飞船/有效载荷质量及 USA 中的有效载荷适配器质量的总和。SLS Block 1B 型火箭的技术性能数据则是基于目前处于鉴定中的不同 Block 1B 技术性能设计研制路径而分别标示为"阈值"或"目标值"。SLS Block 2 型火箭的技术性能数据则是基于采用渐进型助推器概念的下限技术性能数据的目的地任务的 CPL 质量估算值。目的地任务的 CPL 技术性能数据将随着 Block 1B/2 型火箭的技术性能的不断成熟而进一步完善与更新。表中的相关数据应仅为初始用户进行评估所用。

表 2　目的地任务可用的 SLS Block 1B/2 型火箭多种质量一览表

| 目的地任务 | Block 1B 型搭载有效载荷质量/吨 | |
|---|---|---|
| | 初始 | 目标 |
| LEO* | 20.0 | – |
| TLI($C^3 = -0.99$) | 5.0 | 10.0 |
| 目的地任务 | Block 2 型搭载有效载荷质量/吨 | |
| LEO* | 20.0 | |
| TLI($C^3 = -0.99$) | 20.0 | |
| *可用的 CPL 的密度与体积将是 LEO 规定参数，而非 CPL 质量 | | |

### 5. SLS 火箭地球逃逸任务技术性能

图 16 给出了采用 8.4 米整流罩的载人型 SLS 火箭将有效载荷送入地球逃逸轨道所对应的特性能量（亦称 $C^3$）。在实施 C3 射入前，假定过渡型圆形轨道的高度为 185 千米。表 1 列出了每组曲线的具体数据点。

# 国际空间站第 51 长期考察团乘组简介

### （任务时间：2017 年 4 月—2017 年 6 月）

从左至右为：飞行工程师 NASA 航天员杰克·费舍尔（Jack Fischer），飞行工程师俄罗斯航天员费奥多尔·尤尔奇欣（Fyodor Yurchikhin），飞行工程师欧洲航天局航天员托马斯·佩斯凯（Thomas Pesquet），指令长 NASA 航天员佩吉·惠特森（Peggy Whitson），飞行工程师俄罗斯航天员奥列格·诺维茨基（Oleg Novitskiy）。

### 指令长　佩吉·惠特森

　　现年 57 岁，莱斯大学生物化学博士，首位国际空间站女指令长。1996 年入选 NASA 航天员，随后在航天员办公室从事技术工作，1998—1999 年担任驻俄罗斯乘组试验保障小组组长。2002 年担任国际空间站第 5 长期考察组飞行工程师。2003—2005 年任航天员办公室副主管。2005 年任航天员办公室空间站业务主管。2007 年成为国际空间站第一任女指令长，完成第 16 长期考察组任务。2016 年担任第 51 长期考察组指令长，出色地带领考察组完成数百项科学实验，成为第一位两次担任指令长的女性航天员，也成为迄今为止驻留太空最年长的女性航天员。2017 年担任第 52 长期考察组工程师，总太空飞行时间为 665 天，保持美国最高纪录，执行了 10 次舱外活动任务。

**飞行工程师　奥列格·诺维茨基**

现年46岁，加加林空军学院军事学专业毕业，后加入空军。2006年入选俄罗斯航天员。2012年担任国际空间站第33/34长期考察组飞行工程师，2016年担任空间站第50/51长期考察组飞行工程师。

**飞行工程师　托马斯·佩斯凯**

现年39岁，法国人，国立高等航空航天学院航天系统与航天器工程硕士。2009年入选欧洲航天局航天员，成为欧洲航天员大队最年轻的成员，2013年参加洞穴训练，2014年参加"宝瓶座"海底模拟实验（NEEMO-18）。在第50/51任务期间，他成为进入太空时最年轻的法国航天员，并开启了Proxima任务，该任务将完成欧洲航天局和法国航天局50项科学实验，他还完成了2次舱外活动，更换空间站供电系统电池。

# 国际空间站第 52 长期考察团乘组简介

（任务时间：2017 年 6 月—2017 年 9 月）

从左至右为：飞行工程师 NASA 航天员杰克·费舍尔（Jack Fischer），指令长俄罗斯航天员费奥多尔·尤尔奇欣（Fyodor Yurchikhin），飞行工程师 NASA 航天员佩吉·惠特森（Peggy Whitson），飞行工程师欧洲航天局航天员保罗·内斯波利（Paolo Nespoli），飞行工程师 NASA 航天员伦道夫·布雷斯尼克（Randolph Bresnik），飞行工程师俄罗斯航天员谢尔盖·梁赞斯基（Sergey Ryazansky）。

### 指令长 费奥多尔·尤尔奇欣

现年 58 岁，莫斯科航天研究所航空航天器机械工程专业学士，莫斯科国立大学经济学硕士毕业。1983 年进入俄罗斯能源公司，随后担任工程师、高级工程师，直到航天飞机"和平"号计划总工程师。1997 年入选能源公司航天员。2002 年参加航天飞机 STS-112 为期 10 天的空间站组装任务。2007 年担任国际空间站第 15 长期考察组飞行工程师，完成 3 次舱外活动。2010 年参加第 24/25 长期考察团考察组，完成 2 次舱外活动。2013 年担任第 36 长期考察组飞行工程师和 37 长期考察组指令长，完成 4 次舱外活动。2017 年担任第 51 长期考察组飞行工程师和第 52 考察组指令长。

## 飞行工程师 杰克·费舍尔

现年 43 岁，美国空军学院航空工程学士，麻省理工航空航天工程硕士。在美国空军服役期间任空军上校，执行过阿富汗和伊拉克军事任务，随后进入国防部担任参谋。2009 年入选 NASA 航天员。2017 年参加国际空间站第 52/53 长期考察组，担任飞行工程师，期间完成 2 次舱外活动，替换多路复用器。

## 飞行工程师　佩吉·惠特森

现年 57 岁，莱斯大学生物化学博士，首位国际空间站女指令长。1996 年入选 NASA 航天员。2002 年担任国际空间站第 5 长期考察组飞行工程师。2007 年担任第 16 长期考察组指令长。2016、2017 年担任第 51 长期考察组指令长，第 52 长期考察组工程师。

# 国际空间站第 53 长期考察团乘组简介

（任务时间：2017 年 9 月—2017 年 12 月）

从左至右为：飞行工程师 NASA 航天员约瑟夫·阿卡巴（Joseph Acaba），飞行工程师俄罗斯航天员亚历山大·米苏尔金（Aleksandr Misurkin），飞行工程师 NASA 航天员马克·范德海（Mark T. Vande Hei），飞行工程师俄罗斯航天员谢尔盖·梁赞斯基（Sergey Ryazanskiy），指令长 NASA 航天员伦道夫·布雷斯尼克（Randolph Bresnik），飞行工程师欧洲航天局航天员保罗·内斯波利（Paolo Nespoli）。

### 指令长　伦道夫·布雷斯尼克

现年 50 岁，田纳西州诺克斯维尔大学航空系统硕士，空军战争学院毕业。2004 年入选 NASA 航天员。2009 年参加航天飞机 STS-129 任务，执行 2 次舱外活动。2009—2011 年成为航天飞机 STS-135 任务备份乘组首席航天员。2010 年参加欧洲航天局洞穴训练。2012—2015 年，担任 SpaceX 公司与 NASA 合作首席航天员参与"龙"飞船的设计和研发工作。2014 年参加 NASA "宝瓶座"海底模拟实验（NEEMO-19）乘组。2017 年担任国际空间站第 52 长期考察组飞行工程师和 53 长期考察组指令长。

### 飞行工程师　谢尔盖·梁赞斯基

　　现年 43 岁，毕业于莫斯科大学生物化学系，毕业后进入俄罗斯生物医学问题研究所。2003 年入选成为研究和实验航天员，2009 年参加"火星 –500"实验的 105 天任务。2013 年担任国际空间站第 37/38 乘组飞行工程师，完成 3 次舱外活动。2017 年加入国际空间站第 52/53 乘组，担任飞行工程师，完成 1 次舱外活动，测试新版本的"海鹰"航天服，部署 5 颗微型卫星并安装了外部实验设备。

### 飞行工程师　保罗·内斯波利

　　现年 60 岁，意大利人，欧洲航天局航天员。纽约理工大学航空航天工程硕士。早年在部队服役，1998 年入选意大利航天局，随后成为欧洲航天局航天员。2007 年随航天飞机 STS–120 任务进入国际空间站，担任任务专家，并执行欧洲航天局"Esperia"任务。2010 年，担任国际空间站第 26/27 考察组飞行工程师，完成 ATV–2 货运飞船、HTV–2 的对接任务，以及大量的"哥伦布"实验舱科学研究任务。2017 年，担任第 52/53 考察组飞行工程师，执行欧洲航天局"VITA"任务。

# 国际空间站第 54 长期考察组

（任务时间：2017 年 12 月—2018 年 2 月）

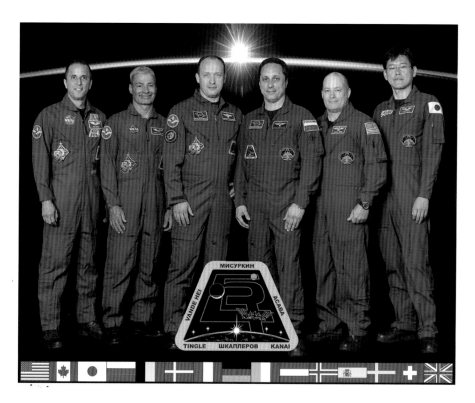

从左至右为：飞行工程师 NASA 航天员约瑟夫·阿卡巴（Joseph Acaba），飞行工程师 NASA 航天员马克·范德海（Mark Vande Hei），指令长俄罗斯航天员亚历山大·米苏尔金（Alexander Misurkin），飞行工程师俄罗斯航天员安东·什卡普洛夫（Anto Shkaplerov），飞行工程师 NASA 航天员斯科特·廷格尔（Scott Tingle），飞行工程师日本航天员金井宣茂（Norishige Kanai）。

## 指令长　亚历山大·米苏尔金

现年 40 岁，高等空军飞行员学院毕业。2006 年成为预备航天员，2009 年正式获得航天员资格。2009-2011 年接受国际空间站计划高级训练。2013 年参加国际空间站第 35/36 长期考察团乘组，期间参加完成第一次"联盟"号飞船快速交会对接任务。2017 年担任国际空间站第 53 长期考察团指令长，2018 年 2 月完成 8 小时 13 分钟的舱外活动，打破了俄罗斯历史上最长的舱外活动记录。

**飞行工程师　马克·范德海**

　　现年 51 岁，斯坦福大学应用物理学硕士，曾任西点军校物理学教授，参加过伊拉克战争。2009 年入选 NASA 航天员，2011 年完成预备航天员训练，随后担任指令长通讯员。2012-2013 年担任航天员办公室驻俄罗斯主管，2017 年担任国际空间站第 53/54 乘组飞行工程师。

**飞行工程师　约瑟夫·阿卡巴**

　　现年 50 岁，地质学和教育学硕士，曾在海军陆战队服役。2004 年入选 NASA 航天员。2009 年参加"发现"号航天飞机 STS-119 任务，期间完成 2 次舱外活动。2012 年担任国际空间站第 31/32 长期考察团飞行工程师，主要负责"龙"飞船和日本 HTV3 货运飞船的机械臂捕获和释放操作支持，以及美国航天员舱外活动机械臂操作员，并完成了大量科学研究实验。